IDC认证（初级）
——运维方向

仁知学院编委会 ◎ 著

華中科技大学出版社
http: //press.hust.edu.cn
中国 · 武汉

图书在版编目(CIP)数据

IDC 认证：初级. 运维方向/仁知学院编委会著. —武汉：华中科技大学出版社，2019.8(2024.9 重印)
(仁知学院系列丛书)
ISBN 978-7-5680-5553-6

Ⅰ.①I… Ⅱ.①仁… Ⅲ.①机房管理 Ⅳ.①TP308

中国版本图书馆 CIP 数据核字(2019)第 184614 号

IDC 认证(初级)——运维方向
IDC Renzheng (Chuji)—Yunwei Fangxiang

仁知学院编委会 著

策划编辑：康 序
责任编辑：郑小羽
封面设计：孢 子
责任监印：朱 玢
出版发行：华中科技大学出版社(中国·武汉) 电话：(027)81321913
武汉市东湖新技术开发区华工科技园 邮编：430223
录 排：武汉三月禾文化传播有限公司
印 刷：武汉市籍缘印刷厂
开 本：787mm×1092mm 1/16
印 张：14
字 数：356 千字
版 次：2024 年 9 月第 1 版第 3 次印刷
定 价：55.00 元

前言

PREFACE

仁知学院结合金石集团十多年的行业积累与资源沉淀，对 IDC（互联网数据中心）行业的发展与需求进行了有效分析，特规划了 IDC 认证课程体系。IDC 认证课程体系，融合 IDC 行业技术与互联网技术，结合职业人的相关综合技能需求，针对 IDC 行业与 IT 行业进行层次划分，分为初级、中级、高级与专家级四个级别，旨在培养 IDC 复合型人才、规范 IDC 行业技术标准、促进 IDC 行业发展。

IDC 认证课程体系分为初级、中级、高级、专家级四个级别，分别对应着“IDC 认证初级工程师”“IDC 认证中级工程师”“IDC 认证高级工程师”“IDC 认证技术专家”证书。课程学习结束，学员可通过仁知学院的考核系统进行等级考核，考核通过即可获取相应级别的证书。仁知学院建立了人才资源管理系统，通过 IDC 认证的学员可以进入仁知学院人才资源库。针对仁知学院人才资源库成员，仁知学院会给予定期跟踪回访的福利，并为其提供永久性就业服务。

本书是 IDC 运维岗位入门的必备书籍，书中内容是根据 BAT 等公司的大型数据中心的运维体系、运维流程和运维技术总结而成的，是入职 IDC 运维岗位必须要掌握的知识。IDC 运维岗位要求工程师必须掌握 Linux 操作系统基础、路由交换基础、IDC 现场操作规范和 CDN 节点运维等相关板块的知识点，以实现岗位的基本操作。

本书的每章内容都配有相对应的视频课程，读者可通过扫描每章章首处的二维码进行在线视频学习。在学习过程中遇到任何问题或者学习完成后想参加与本书配套的 IDC 初级认证考试，欢迎通过“仁知微学堂”微信公众号联系我们。感谢各位读者的支持，祝大家学习愉快！

编　者

2019 年 1 月

目录

CONTENTS

第1章 Linux操作系统的介绍

学习本章内容，可以获取的知识：

- 熟悉 Linux 的特点
- 了解 Linux 不同的发行版本
- 了解 IDC 机房中常见的 Linux 版本

本章重点：

△ Linux 发行版本的判别

△ 在 IDC 机房中查看 Linux 操作系统版本的方法

1.1 Linux 在 IDC 中的应用

云已经成为数字化转型（DX）计划的重要基础，并且正在影响当今企业的 IT 战略。企业逐渐将自身的 IT 基础架构扩展至云端，以运行业务关键型应用程序，开发新的应用程序，并交付基于云的新服务。应用程序是现代企业的命脉，它们是企业维持现有收入来源以及研究、创造新收入来源的基础。企业要想成功地在数字经济中提高自身的竞争能力，就必须具备完善的应用程序战略。操作系统（OS）作为一种常见的基础层，能够让 IT 在传统的 IT 环境中、自身的私有云和公共云上运行当前和新一代的应用程序，并能够灵活应用众多的计算选项，如裸机、虚拟化和集装化。操作系统提高了云端 IT 的可靠性，加快了对开源操作系统的应用，Linux 便是其中的主要对象。过去十年，Linux 已经演变成一个多样化平台，可运行当前和新一代的应用程序，不仅能够在云端或内部运行，还支持用于开发现代应用程序的开源工具和框架。企业平台的功能与支持让商业 Linux 成了在云端和内部运行企业级别应用程序的首选操作系统。

1.2 Linux 的发展历史

Linux 是一套免费使用和自由传播的类 Unix 操作系统，是基于 POSIX 和 UNIX 的一

扫码观看本章视频课程▶

个支持多用户、多任务、多线程和多CPU的操作系统。Linux能运行主要的UNIX工具软件、应用程序和网络协议。它支持32位和64位硬件。Linux继承了UNIX以网络为核心的设计思想,是一个性能稳定的多用户网络操作系统。

Linux操作系统诞生于1991年10月5日(第一次正式对外公布时间)。Linux有许多不同的发行版本,它们都使用了Linux内核。Linux操作系统可以安装在各种计算机硬件设备中,比如手机、平板计算机、路由器、视频游戏控制台、台式计算机、大型计算机和超级计算机。

严格来讲,"Linux"这个词本身只表示Linux内核,但实际生活中人们已经习惯用"Linux"来形容整个基于Linux内核,并且使用GNU工程、各种工具和数据库的操作系统。

Linux操作系统的诞生、发展和成长始终依赖着五个重要支柱:UNIX操作系统、MINIX操作系统、GNU计划、POSIX标准和Internet网络。

1981年,IBM公司推出微型计算机IBM PC。

1991年,GNU计划已经开发出了许多工具软件,最受期盼的GNU C编译器已经出现,GNU的操作系统核心HURD一直处于试验阶段,没有任何可用性。虽然在实质上没能开发出完整的GNU操作系统,但是GNU奠定了Linux的用户基础和开发环境。

1991年初,林纳斯·托瓦兹开始在一台386sx兼容微机上学习MINIX操作系统。1991年4月,林纳斯·托瓦兹开始酝酿并着手编制自己的操作系统。

1991年7月3日,第一个与Linux有关的消息是在comp. os. minix上发布的(当然,此时还不存在"Linux"这个名称,此时林纳斯·托瓦兹的脑海里想的可能是"FREAX")。

1991年10月5日,林纳斯·托瓦兹在comp. os. minix新闻组上发布消息,正式对外宣布了Linux内核(free minix-like kernel sources for 386-AT)的诞生。

1993年,100余名程序员参与了Linux内核代码的编写/修改工作,其中核心组由5人组成,此时Linux 0.99的代码大约有10万行,用户大约有10万人。

1994年3月,Linux 1.0发布,代码量17万行,当时是按照完全自由免费的协议发布的,随后正式采用GPL协议。

1995年1月,Bob Young创办了红帽软件公司,以GNU/Linux为核心,集成了400多个源代码开放的程序模块,开发了一种冠以品牌的Linux,即RedHat Linux,称之为Linux发行版,在市场上出售这种Linux。这在经营模式上是一种创新。

1996年6月,Linux 2.0内核发布,此内核大约有40万行代码,支持多个处理器。此时的Linux已经进入了实用阶段,全球大约有350万人在使用。

1998年2月,以Eric Raymond为首的一批年轻的"老牛羚骨干分子"终于认识到,GNU/Linux体系的产业化道路的本质并非是自由哲学,而是市场竞争的驱动,从而举起了复兴"Open Source Intiative"(开放源代码促进会)的大旗,在互联网世界里展开了一场历史性的Linux产业化运动。

2001年1月,Linux 2.4发布,它进一步提升了SMP系统的扩展性,同时也集成了很多用于支持桌面系统的特性，例如支持 USB、PC 卡、内置卡等。

2003 年 12 月，Linux 2.6 版内核发布，相对于 2.4 版，2.6 版在对系统的支持上有很大的变化。

1.3 Linux 内核及发行版本

1.3.1 Linux 内核简介

Linux 内核(Linux kernel)以 C 语言和汇编语言写成，它符合 POSIX 标准，以 GNU 通用公共许可证发布。Linux 内核最早是由芬兰黑客林纳斯·托瓦兹为了在自己的英特尔 x86 架构计算机上安装自由免费的类 Unix 系统而开发的。Linux 内核计划开始于 1991 年，林纳斯·托瓦兹当时在 comp. os. minix 新闻组上登载帖子，这份著名的帖子表示着 Linux 内核计划的正式开始。

1.3.2 查看 Linux 内核相关信息的方法

在 Windows 的使用过程中，大多数软件是有对应 Windows 版本的软件版本的，比如某些软件在 Windows 7 上可以运行但却无法在 Windows 10 上运行，所以下载软件时要考虑到 Windows 的版本。同样，Linux 有很多种发行版本，在安装软件之前需要了解当前 Linux 系统的版本及其内核版本号，然后再去下载相应版本的软件。在 Linux 系统下查看内核版本的命令如下。

```
[root@ ezsvs ~]# uname -a          【输出内核所有信息】
Linux ezsvs.example.com 3.10.0-123.el7.x86_64 # 1 SMP Mon May 5 11:16:57 EDT 2014 x86_64 x86_64 x86_64 GNU/Linux
```

【这说明当前 Linux 的内核版本是 3.10.0-123.el7.x86_64，即主版本号为 3，次版本号为 10，修订号为 0，第 123 次编译，el 表示该内核为企业级 Linux(Enterprise Linux)。SMP 表示对称多处理器，x86_64 表示 64 位版本】

也可以拆分查看上面的输出结果，下面的命令依次对应上述命令的输出结果。

```
[root@ ezsvs ~]# uname -s          【输出内核名称】
Linux
[root@ ezsvs ~]# uname -n          【输出网络节点上的主机名】
ezsvs.example.com
[root@ ezsvs ~]# uname -r          【输出内核发行号】
3.10.0-123.el7.x86_64
[root@ ezsvs ~]# uname -v          【输出内核版本】
# 1 SMP Mon May 5 11:16:57 EDT 2014
[root@ ezsvs ~]# uname -m          【输出主机的硬件架构名称】
x86_64
[root@ ezsvs ~]# uname -p          【输出处理器类型或“unknown”】
```

```
x86_64
[root@ ezsvs ~]# uname -i            【输出硬件平台或"unknown"】
x86_64
[root@ ezsvs ~]# uname -o            【输出操作系统名称】
GNU/Linux
```

1.3.3 Linux 内核版本的判别

每个产品都会有测试版本和发行版本。Linux 内核也一样，分为内核开发版本和内核稳定版本。Linux 内核版本的格式为：

X. YY. ZZ

(1) X——主版本号：表示内核在结构、功能等方面的重大升级，主版本号升级比较慢。

(2) YY——次版本号：用于区分内核版本是开发版本还是稳定版本，奇数为开发版本，偶数为稳定版本。

(3) ZZ——修订版本号：表示对同一内核次版本(稳定版或开发版)的不断修订和升级，对内核进行较小的改变。

Linux 内核版本的判别命令如下。

```
[root@ ezsvs ~]# uname -r            【查看内核版本】
3.10.0-123.el7.x86_64                【此内核版本为稳定版本】
```

1.3.4 常见的 Linux 发行版本及其应用

Linux 发行版(Linux distribution)，也被叫作 GNU/Linux 发行版，是为一般用户预先集成好的 Linux 操作系统及各种应用软件。在安装 Linux 发行版之后，一般用户不需要重新编译，只需要小幅度更改设置就可以直接使用。通常以软件包管理系统来进行应用软件的管理。Linux 发行版通常包括了桌面环境、办公包、媒体播放器、数据库等应用软件，其操作系统通常由 Linux 内核、来自 GNU 计划的大量函数库和基于 X Window 的图形界面构成。有些 Linux 发行版考虑到容量大小而没有预装 X Window，而选择使用轻量级软件，如 BusyBox、uClibc 和 dietlibc。目前有 300 多个 Linux 发行版，大部分处于活跃的开发中，在不断地进行改进。

由于大多数软件包是自由软件和开源软件，所以 Linux 发行版的形式多种多样——从功能齐全的桌面系统以及服务器系统到小型系统(通常在嵌入式设备或者启动软盘)。除了一些定制软件(如安装和配置工具)，Linux 发行版通常只是将特定的应用软件安装在一堆函数库和内核上，以满足特定用户的需求。

Linux 发行版可以分为商业发行版(如 Ubuntu、Fedora、openSUSE 和 Mandriva Linux)和社区发行版(由自由软件社区提供支持，如 Debian 和 Gentoo)，有的 Linux 发行版既不是商业发行版也不是社区发行版，如 Slackware。机房常见的 Linux 发行版本的基本介绍如表 1-1 所示。

表 1-1

发行版本	网站	描述
Redhat	www.redhat.com	Redhat 是一个比较成熟的 Linux 版本，在销售量和装机量上都比较可观，是 Linux 常用培训版本。 Redhat 推出一系列认证： RHCSA(英文全称为 Red Hat certified system administrator，中文全称为红帽认证系统管理员)、RHCE(英文全称为 Red Hat certified engineer，中文全称为红帽认证工程师)、RHCA(英文全称为 Red Hat certified architect，中文全称为红帽认证架构师)、RHCSS(英文全称为 Red Hat certified security specialist，中文全称为红帽认证安全专家)、RHCDS(英文全称为 Red Hat certified datacenter specialist，中文全称为红帽认证数据中心专家)、RHCVA(英文全称为 Red Hat certified virtualization administrator，中文全称为红帽认证虚拟化管理员)
CentOS	www.centos.org	CentOS 是 Red Hat Enterprise Linux 的 100%兼容的重新组建，并完全符合 Red Hat 的再发行要求，是 Redhat 的免费服务版本。CentOS 面向追求企业级操作系统稳定性的人们，而且不涉及认证和支持方面的开销。 CentOS 是目前 IDC 机房中采用最多的 Linux 发行版本，因此本书主要以 CentOS 操作系统为例讲解 Linux 的相关知识
Ubuntu	www.ubuntu.com	Ubuntu 基于 Debian，旨在为桌面和服务器提供一个最新且一贯的 Linux 系统。Ubuntu 囊括了大量来自 Debian 发行版的软件包，同时保留了 Debian 强大的软件包管理系统，以便简易地安装或彻底地删除程序。Ubuntu 的软件包清单只包含那些高质量的重要应用程序。Ubuntu 最易上手，Ubuntu 的软件安装包为 Debian 的 DEB，安装包管理软件为 APT
Debian	www.debian.org	Debian 提供了 20 000 多套软件，这些软件是已经编译好了的软件，并按一种出色的格式打成包，可以供用户在机器上方便地安装，且可以免费获得。该系统超级稳定，是 Ubuntu 等其他系统的基础
openSUSE	www.opensuse.org	openSUSE 项目有三个主要目标：让 openSUSE 成为任何人都能容易获得且广泛使用的 Linux 发行；利用开源软件的联合，使 openSUSE 成为世界上可用性最强的 Linux 发行及新老用户的桌面环境；显著地简化并开放 openSUSE 的开发及打包过程，使其成为 Linux 开发人员及软件提供商所选择的平台

1.3.5 查看 Linux 发行版本的方法

每个 Linux 发行版本的桌面都是不一样的，但是不能仅仅通过桌面判别该 Linux 系统的发行版本，因为桌面都是可以改动和定制的。可通过如下命令查看 Linux 的发行版本。

```
[root@ ezsvs ~]#  cat /etc/redhat-release                    【查看红帽的发行版本】
Red Hat Enterprise Linux Server release 7.0 (Maipo)          【该系统为红帽企业版 7.0】
[root@ ezsvs6 ~]#  cat /etc/issue                             【通用查看发行版本的方法】
CentOS release 6.7 (Final)                                   【该系统为 CentOS 6.7】
Kernel \r on an \m
```

大型的互联网公司会基于 Linux 操作系统开发在公司内部使用的操作系统，比如腾讯 TEG 操作系统组于 2010 年成立，是专业的内核团队，负责维护、研发腾讯内部 Linux 操作系统 TLinux，保证百万级服务器高效、稳定地运行，为腾讯的业务提供有力支撑。

1.4 Linux操作系统在企业中的应用

1. 作为 Internet 网络服务器的应用

(1) 使用 BIND 服务软件可以构建 DNS 域名解析服务器。

(2) 使用 Apache 服务软件可以构建 Web 站点服务器。

(3) 使用 vsFTPd 服务软件可以构建 FTP 服务器。

2. 作为中小型企业内部服务器的应用

(1) 使用 Linux 中的 iptables 构建网关及防火墙服务器。

(2) 使用 DHCP 服务软件构建代理上网服务器。

(3) 使用 Samba 或 NFS 服务软件构建企业内部的文件和打印共享服务器。

3. 作为软件开发环境的应用

(1) 支持 C、C++、Pascal 等在内的众多高级汇编语言。

(2) 支持 Perl、Python 等脚本语言，可实现跨平台的开发和运行。

(3) 支持 PHP 等网页编程语言的开发和运行。

4. 作为桌面计算机的应用

Linux 也可以作为桌面计算机的操作系统，在 Linux 平台中可以运行各种办公软件、浏览器，以及 QQ、MSN 等软件。

本章练习

1. 简单描述一下什么是 Linux。

2. 如何区分 Linux 的内核版本号和发行版本号？

3. 机房常见的 Linux 发行版本有哪些？

4. 信息“Linux ezsvs.example.com 3.10.0-123.el7.x86_64 #1 SMP Mon May 5 11:16:57 EDT 2014 x86_64 x86_64 x86_64 GNU/Linux”体现出 Linux 操作系统的内核版本是什么？

第 2 章 Linux 操作系统的安装

学习本章内容，可以获取的知识：

- Linux 操作系统的多种安装方式
- Linux 安装盘的制作
- CentOS 7.0 在虚拟机中的安装

本章重点：

△ Linux 操作系统的安装过程

△ Linux 安装盘的制作

2.1 Linux 操作系统的安装方式

Redhat Enterprise Linux 支持如下几种安装方式：

(1) 光盘：需要一张 Redhat Enterprise Linux 7 的引导光盘。

(2) U 盘：使用软碟通制作 U 盘 Linux 安装盘，然后选择从 U 盘启动进行安装。

(3) PXE(preboot execute environment，预启动执行环境)是 Intel 公司开发的最新技术，工作于 Client/Server 网络模式，支持工作站通过网络从远端服务器下载映像，从而支持通过网络启动操作系统，在启动过程中，终端要求服务器分配 IP 地址，再用 TFTP(trivial file transfer protocol)或 MTFTP(multicast trivial file transfer protocol)协议下载一个启动软件包到本机内存中执行，由这个启动软件包完成终端(客户端)的基本软件设置，从而引导预先安装在服务器中的终端操作系统。

在 IDC 机房中，一般采用的安装方式是进行 PXE 自动化部署。在半智能的机房中，新上架的服务器需要选择一台“母机”并使用 U 盘安装 Linux 操作系统，在“母机”上搭建 PXE 部署环境，其他服务器只要能与“母机”进行二层协议通信，则可通过按【F12】键进行远程下载，实现自动安装。在全智能的机房中，在网络部署已完成的情况下，新上架的服务器在计算机开机后即可实现自动化安装。

本章中，我们利用 VMware 软件在自己的笔记本上搭建 Redhat Enterprise Linux 7 的

扫码观看本章视频课程▶

学习环境。

2.2 用 UltraISO 制作 U 盘启动盘

用 UltraISO 制作 U 盘启动盘需要准备的工具有 UltraISO(软碟通)、镜像文件、U 盘(4 GB以上),具体步骤如下。

步骤1 安装软碟通,完成安装后打开软碟通,单击"文件"→"打开",打开 ISO 镜像文件,如图 2-1 所示。

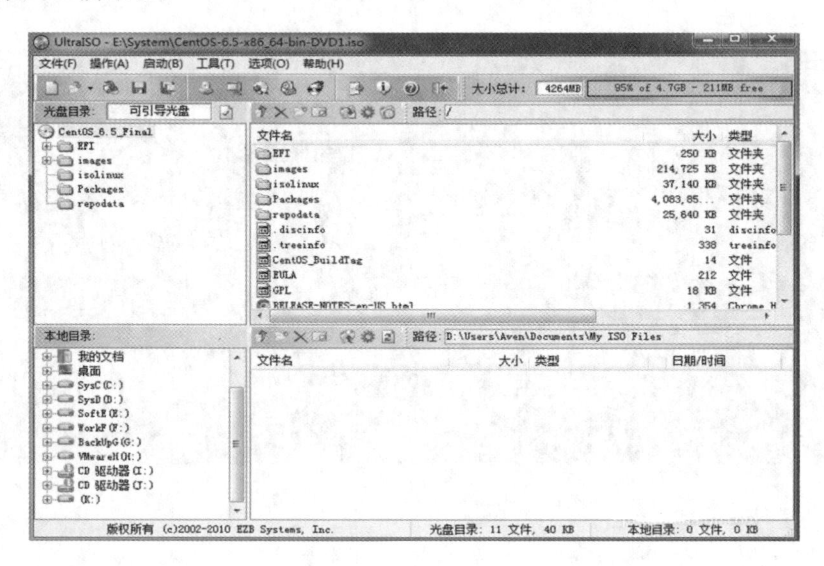

图 2-1

步骤2 在菜单中单击"启动"→"写入硬盘映像",如图 2-2 所示。

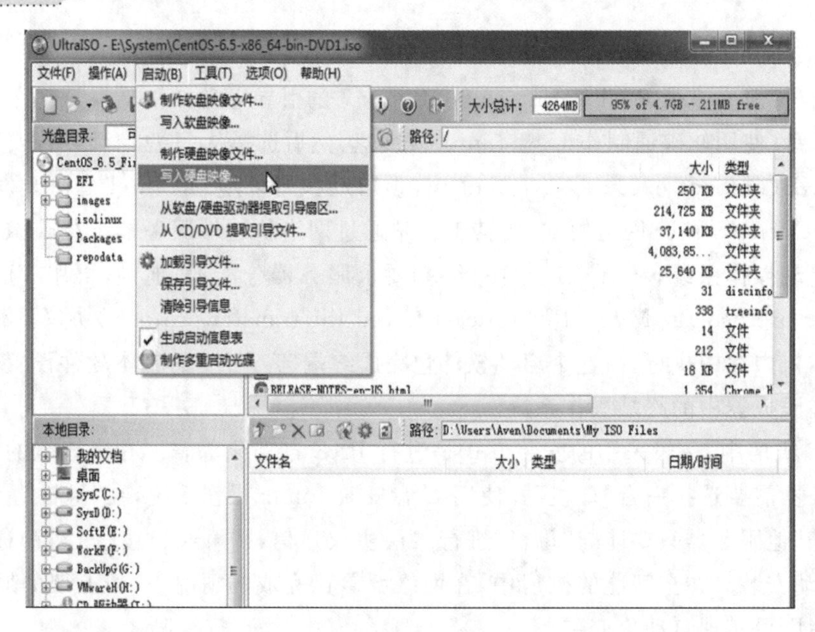

图 2-2

步骤 3 硬盘驱动器选择的是自己的 U 盘，为保证写入正确需勾选"刻录校验"，写入方式选择"USB－HDD＋"，单击"写入"，如图 2-3 所示。

图 2-3

步骤 4 弹出提示对话框，确认信息没有错误，单击"是"，如图 2-4 所示。

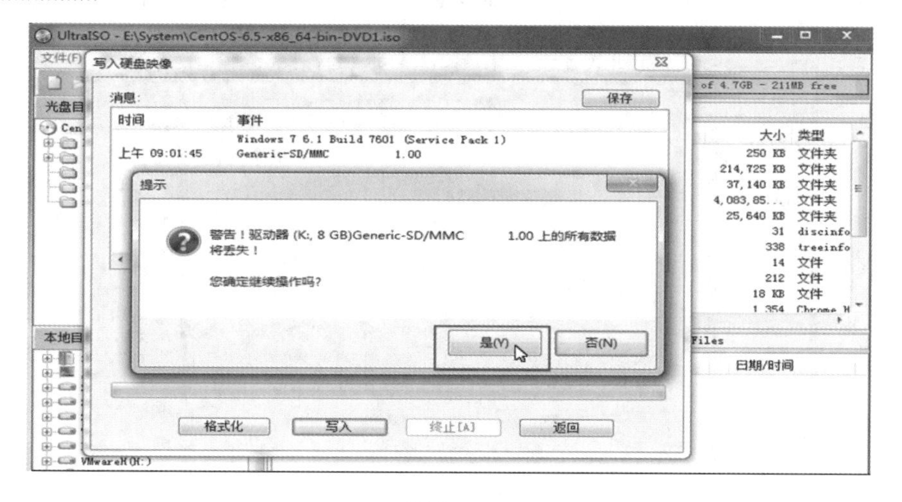

图 2-4

步骤 5 开始写入硬盘映像，写入的过程可能比较慢，需耐心等待，如图 2-5 所示。

步骤 6 开始校验数据，如图 2-6 所示。

步骤 7 硬盘映像写入成功，接下来可以安装系统了，如图 2-7 所示。

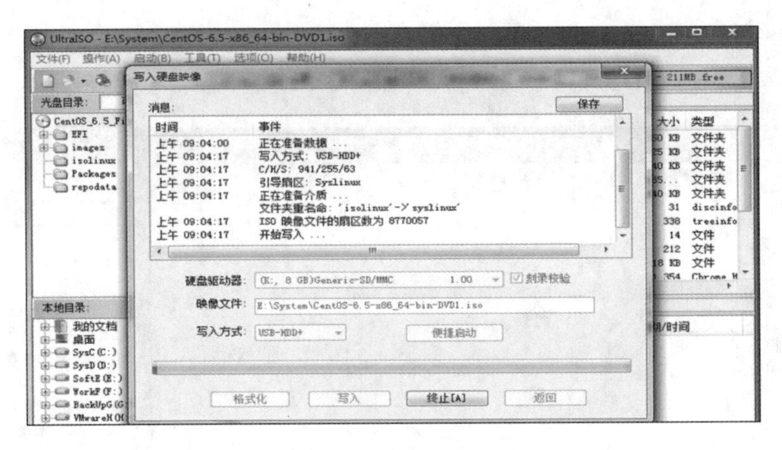

图 2-5

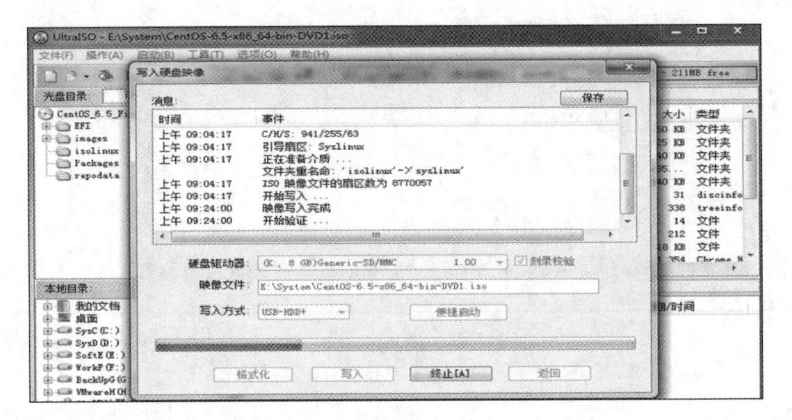

图 2-6

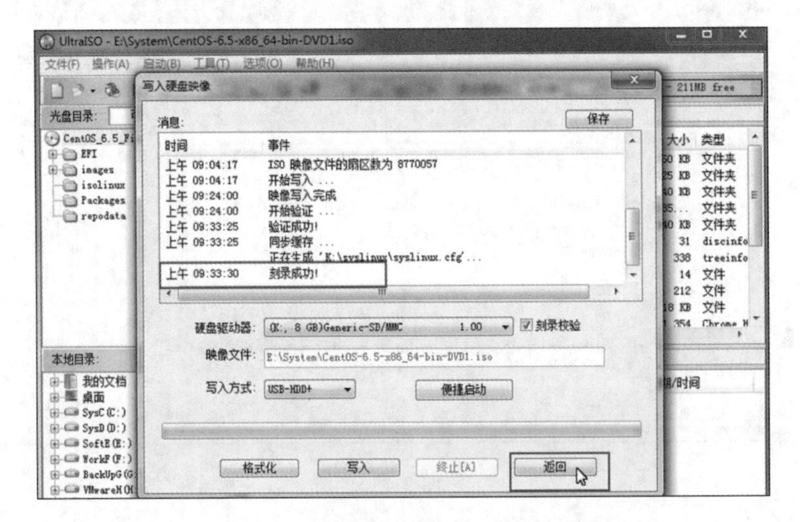

图 2-7

注意:

如果使用 U 盘启动盘安装系统,一般首先需要进入 BIOS 将启动项设置为"U 盘启动"。

2.3 在 VMware 上安装 CentOS 7.0

1. 安装环境

虚拟机版本：VMware Workstation_12.1.1。

Linux 系统版本：CentOS_7 64 位，要和计算机系统的位数保持一致。

物理机版本：Windows 7 旗舰版 64 位。

2. 安装步骤

步骤 1 启动虚拟机后单击"创建新的虚拟机"，在弹出的界面中选择"典型(推荐)"类型的配置，然后单击"下一步"，如图 2-8 所示。

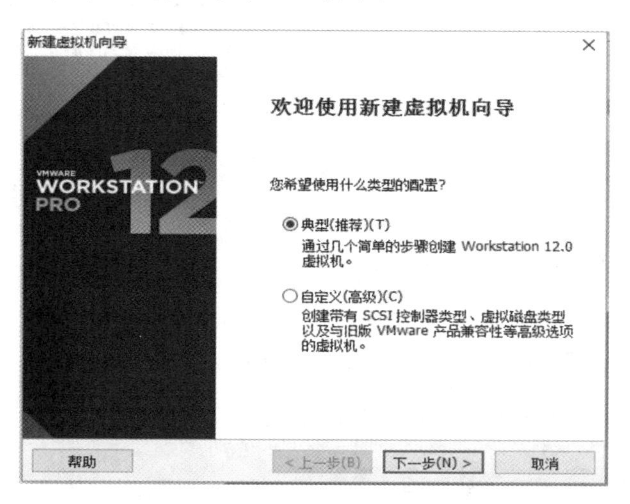

图 2-8

步骤 2 选择"稍后安装操作系统"，然后单击"下一步"，如图 2-9 所示。

步骤 3 选择"Linux"后，单击"下一步"，如图 2-10 所示。

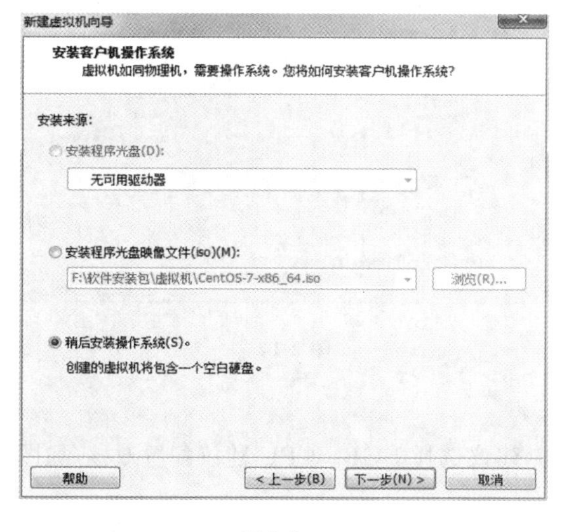

图 2-9

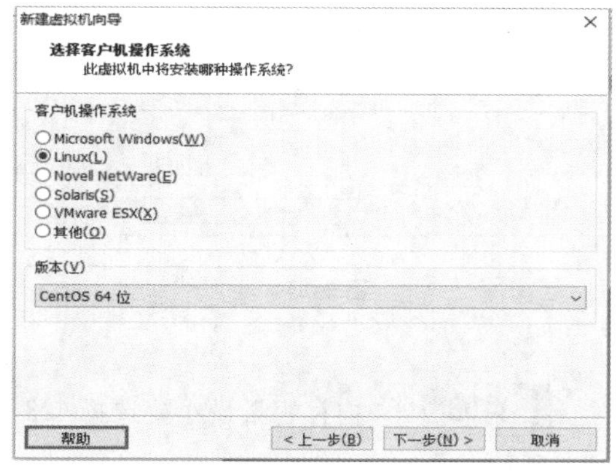

图 2-10

步骤 4 设置名称和位置，这个位置就是以后打开虚拟机时所需要用到的地址，所以需记牢，设置好后单击“下一步”，如图 2-11 所示。

步骤 5 最大磁盘容量默认为 20 GB 即可，单击“下一步”，如图 2-12 所示。

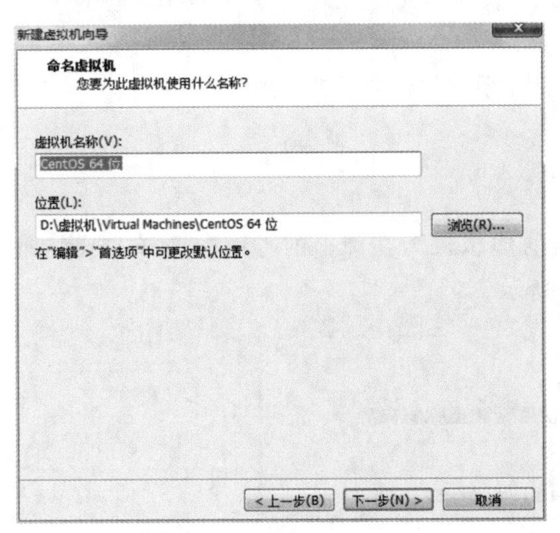

图 2-11

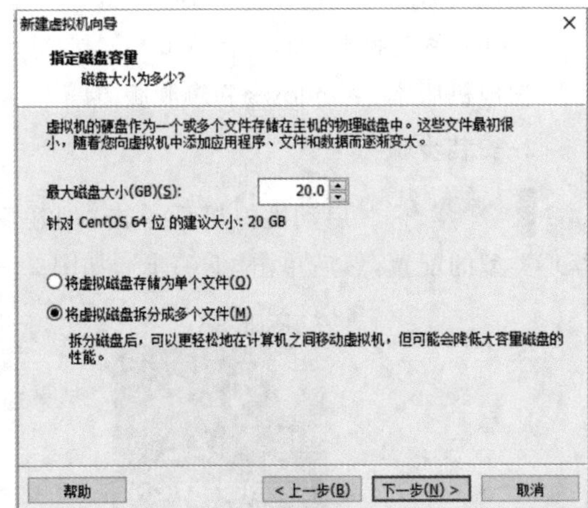

图 2-12

步骤 6 单击“自定义硬件”，如图 2-13 所示。

步骤 7 进入虚拟机硬件配置界面，如图 2-14 所示。

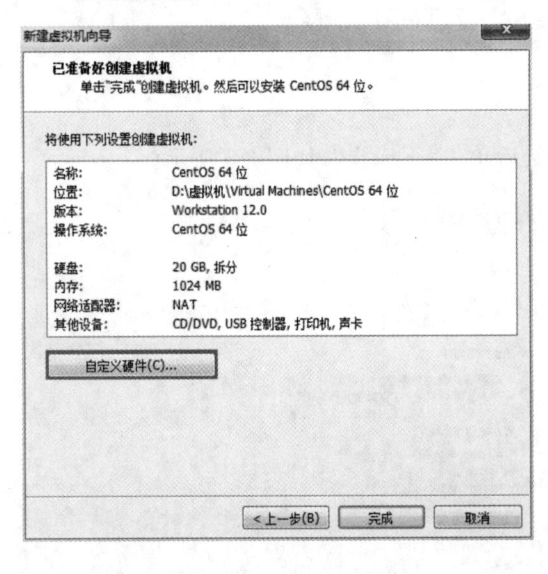

图 2-13

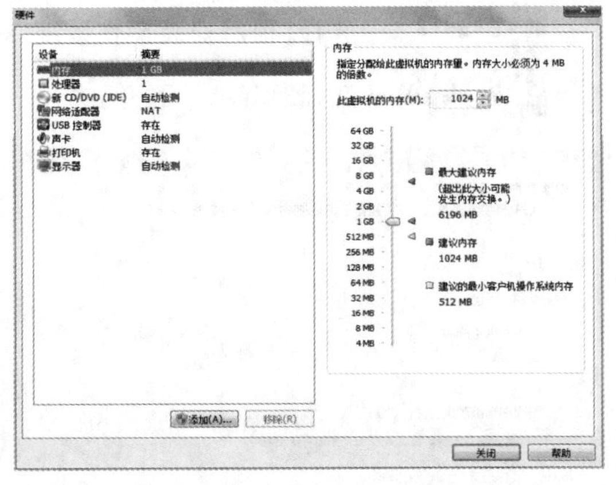

图 2-14

步骤 8 内存容量最小要选择 628 MB，建议选择 1 GB。CPU 建议配置双核，如图 2-15 所示。

步骤 9 光驱此处选择“使用 ISO 映像文件”，选择已下载 ISO 的存储路径。其他配置项均默认即可。设置好后，单击“关闭”按钮，如图 2-16 所示。

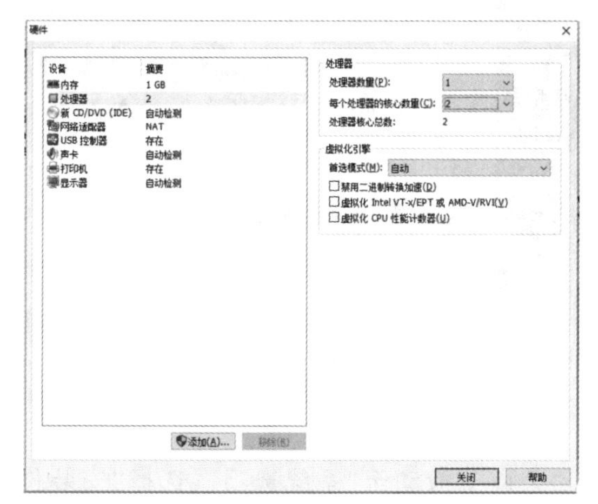

图 2-15

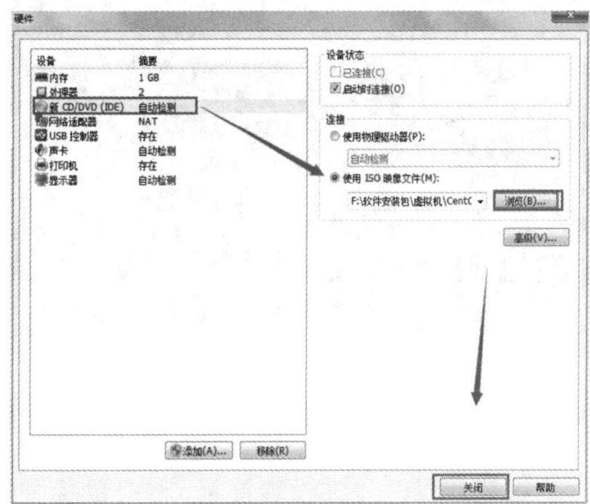

图 2-16

步骤 10 虚拟机硬件配置已经完成，单击“完成”，如图 2-17 所示。

步骤 11 单击“开启此虚拟机”，如图 2-18 所示。

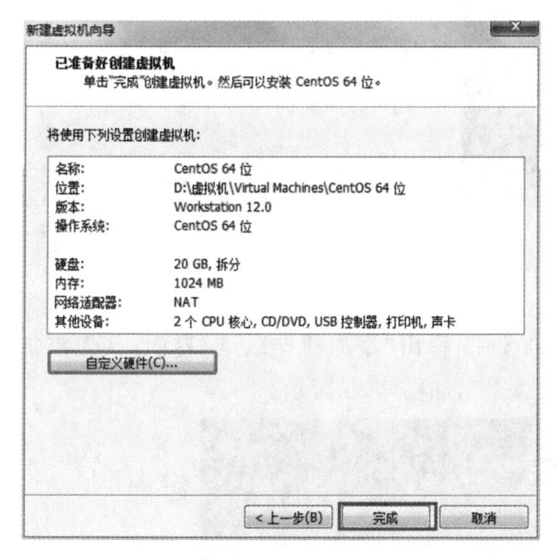

图 2-17

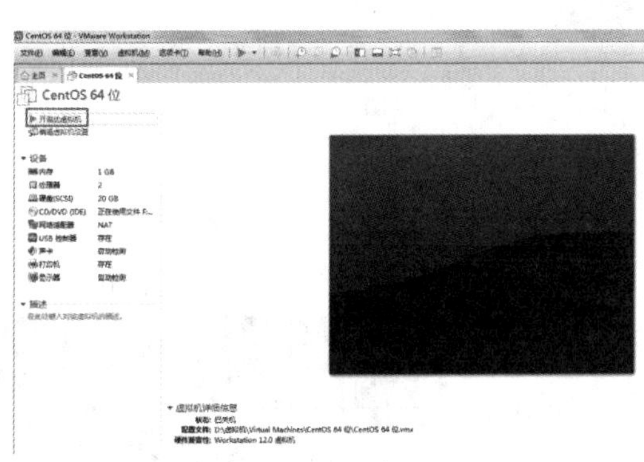

图 2-18

步骤 12 进入如图 2-19 所示的界面。

如果在服务器上已安装有 Linux 操作系统，以上虚拟机相关操作步骤均不需要，把 U 盘制作成 Linux 安装盘之后插在服务器上，服务器开机后按相应的按键使 U 盘启动。

步骤 13 进入如图 2-20 所示的界面选择语言，这里用鼠标将滚动条拉到页面底部选择“中文”，单击“继续”。

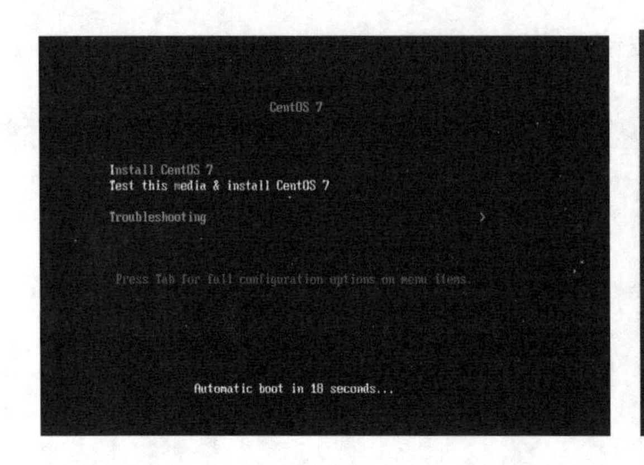

图 2-19

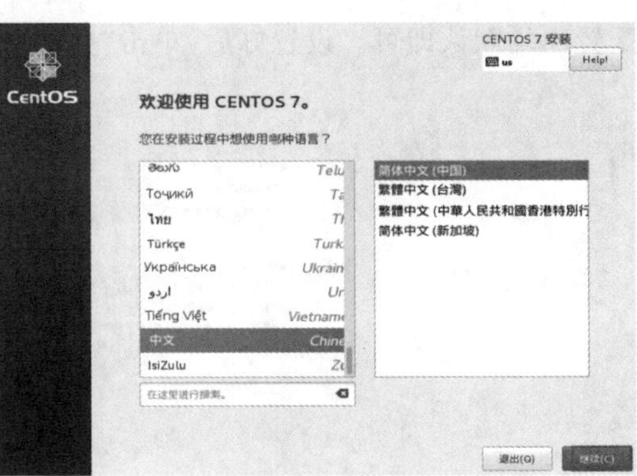

图 2-20

步骤 14 在设置首页，利用鼠标使滚动条向下滑动至“系统选项”，选择“安装位置”，如图 2-21 和图 2-22 所示。选中磁盘，单击“我要配置分区”→“完成”。

图 2-21

图 2-22

步骤 15 在“手动分区”页面，单击加号按钮，弹出“添加新挂载点”界面，首先添加一个 swap 分区，容量输入“2048”，单击“添加挂载点”，如图 2-23 所示。

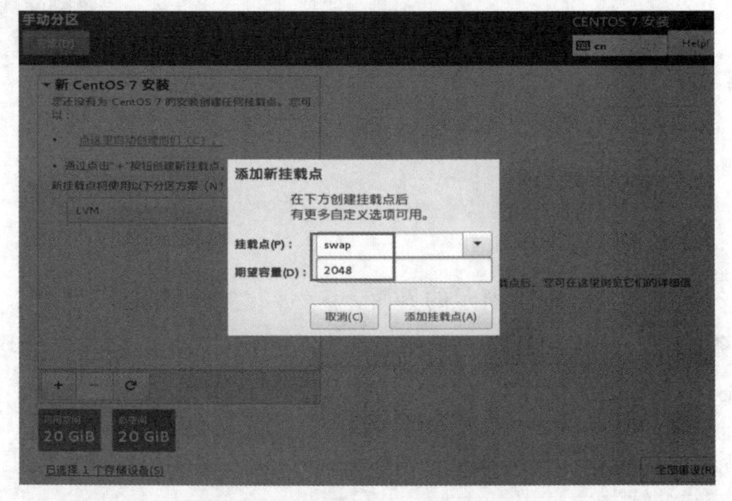

图 2-23

采用同样的方法，再次单击加号按钮，添加根分区，挂载点选择“/”，输入可用空间容量（这里输入 16 GB），单击“添加挂载点”。最后，以同样的方法再添加一个/boot 分区。将添加的 3 个分区的设备类型都设置为“标准分区”，如图 2-24 所示。单击页面左上角的“完成”按钮，在弹出的页面上单击“接收更改”即可。

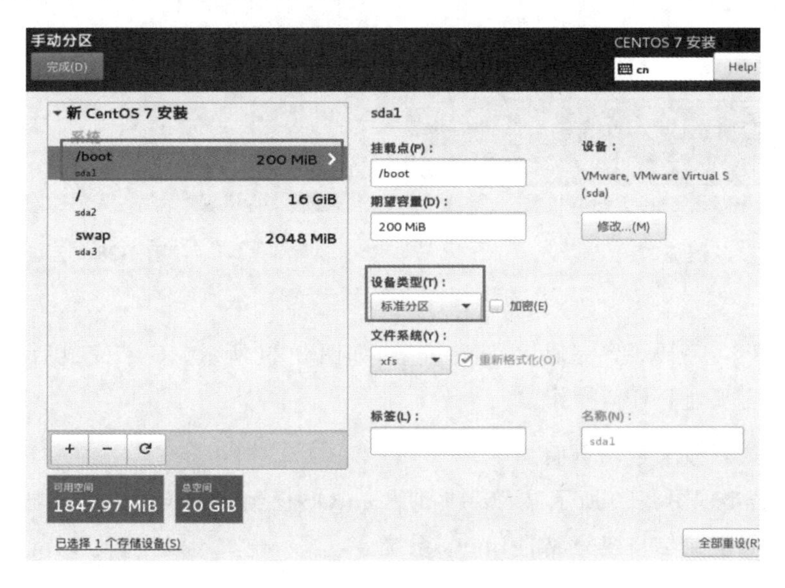

图 2-24

步骤 16 在设置首页单击“网络和主机名”，如图 2-25 所示。

安装环境网络是 NAT 模式，它会通过 DHCP 自动获取 IP，我们把网络开启后单击页面左上角的“完成”按钮，如图 2-26 所示。返回设置首页后，单击页面右下角的“开始安装”即可。

图 2-25

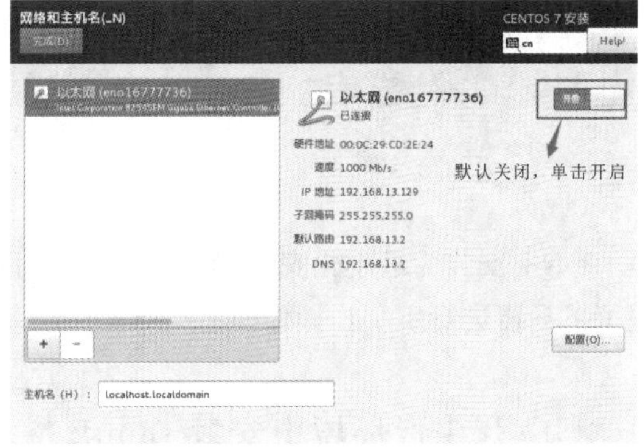

图 2-26

步骤 17 在配置页面，单击“ROOT 密码”，进行 root 用户的密码设置，如图 2-27 和图 2-28 所示。如果设置的密码太简单系统会提示我们，并且需要单击两次完成。

当然，我们也可以创建一个普通用户，在图 2-27 中单击“创建用户”，输入账号、密码，下次登录时可用普通用户账号和密码登录。这里我们不进行普通用户的创建，有需求的同学可以自行创建普通用户。

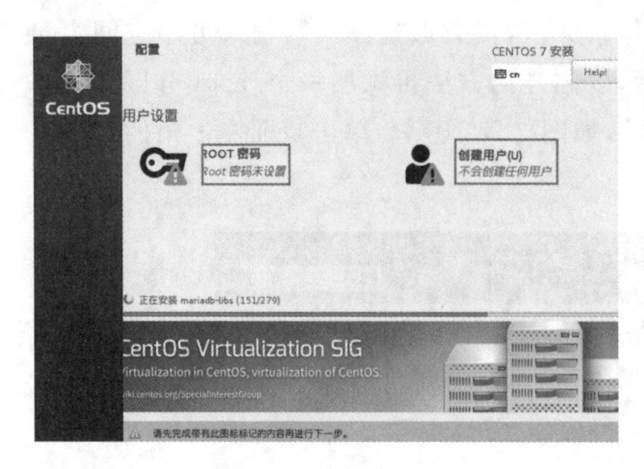

图 2-27

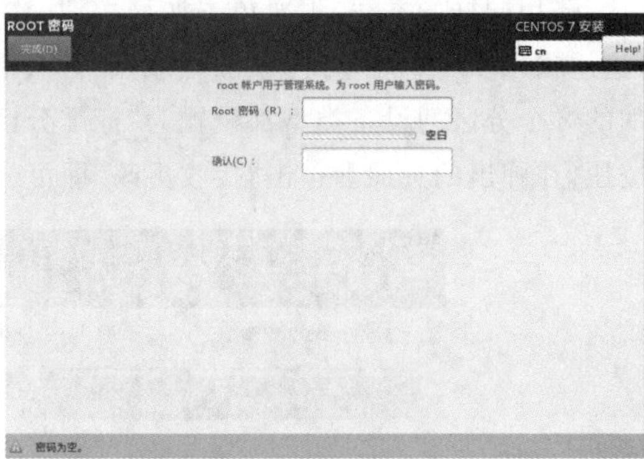

图 2-28

步骤 18 密码设置完成后，等待安装，如图 2-29 所示。安装完成后，单击“重启等待”即可，再不需要进行任何操作。

步骤 19 安装成功页面。

重启后，若出现图 2-30 所示界面，就说明 CentOS 已经安装成功。输入配置好的用户名 root 和密码即可登录已搭建完成的 Linux 系统。

图 2-29

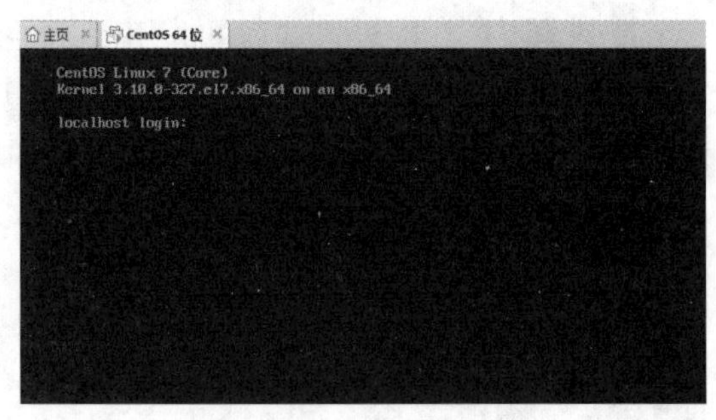

图 2-30

本次安装为最小化安装，如果需要安装图形化界面，则要在软件选择选项中选择“桌面软件”后再进行下一步操作。

2.4 在生产环境中安装 Linux 系统需要注意的问题

IDC 机房中给服务器安装系统前需要进行 iLO 配置和硬 RAID 配置。

1. iLO 配置

iLO (integrated Lights-Out) 是惠普公司开发的对服务器进行远程管理和维修的系统。它通过服务器上的一个附加的网络端口把服务器与网络相连。通过 iLO 可以对服务器进行远程开机和关机、管理 BIOS、设置控制器、查找错误。利用付费的高级 iLO，可以使用显示器、鼠标、键盘，甚至光驱。

iLO 是一组芯片，其内部是 VxWorks 嵌入式操作系统，在服务器的背后有一个标准 RJ45 接口对外连接生产用交换机或带外管理的交换机。iLO 有自己的处理器、存储器和网卡，默认的网卡配置是 DHCP，服务器启动后，可以进入 iLO 的 ROM based configuration utility 修改 IP、DHCP、static。

企业级服务器更多关注的是远程管理，所以需注意 iLO 远程管理配置。

2. 硬 RAID 配置

RAID 就是独立冗余磁盘阵列，由阵列控制器把多个硬磁盘驱动器按照一定的要求管理组织成一个储存系统。随着硬盘技术的发展，现在的磁盘阵列采用了冗余信息的方式，从而具有数据保护的功能。

1）提供容错功能

普通的磁盘驱动器是无法提供容错功能的，而磁盘阵列可以通过数据校验提供容错功能，服务器会将数据写入多个磁盘，在某个磁盘发生故障时仍能保证信息的可用性，重要数据不会丢失，也不会耽误服务器的正常运转。

2）提高传输速率

磁盘阵列将多个磁盘组成一个阵列，并将该阵列当作一个单一的磁盘使用，把数据以分段的形式存储在不同的硬盘之中。发生数据存取变动时，阵列中的相关磁盘一起工作，这可以大幅缩短数据存储的时间，同时还能使磁盘拥有更佳的空间和使用率。

本章练习

1. 使用 UltraISO 制作 U 盘启动盘。
2. 将服务器的 Windows 系统更改为 Linux 系统，要求安装的 Linux 版本为 CentOS 6.5。
3. 安装 Linux 操作系统时必须设置哪两个分区？
4. swap 分区一般设置为多大的空间？
5. 给单台服务器安装 Linux 操作系统时有哪些准备工作？

第 3 章 文件与目录管理

学习本章内容，可以获取的知识：

- 熟悉 Linux 系统目录结构
- 熟悉 Linux 系统中文件、目录的相关操作

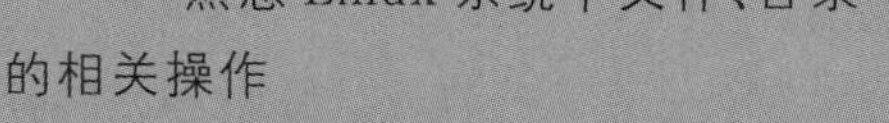

- 熟悉 Linux 系统中的归档、压缩操作
- 熟悉 Vim 编辑器的使用

本章重点：

△ 文件、目录的操作命令

△ 归档及压缩的相关操作

△ Vim 编辑器的使用

3.1 Linux 文件及目录

3.1.1 Linux 系统目录结构

在 Linux 或 Unix 操作系统中，所有的文件和目录都被组织成以一个根节点开始的树状结构，如图 3-1 所示。文件系统的最顶层是由根目录开始的，系统使用“/”来表示根目录。在根目录之下的既可以是目录，也可以是文件，且每一个目录又可以包含子目录文件。如此，就可以构建一个庞大的文件系统。

在 Linux 文件系统中有两个特殊的目录，一个是用户所在的工作目录，也叫当前目录，可以用一个下圆点“.”来表示；另一个是当前目录的上一级目录，也叫父目录，可以使用两个下圆点“..”来表示。如果一个目录或文件的名以一个点“.”开始，表示这个目录或文件是一个隐藏目录或文件(如.bashrc)，即以默认方式查找时不显示该目录或文件。

3.1.2 一级目录及其作用

/boot：存放的是系统的启动文件及内核。

/dev：设备文件主目录。

/etc：系统主配置文件主目录。

◀扫码观看本章 1～4 小节视频课程

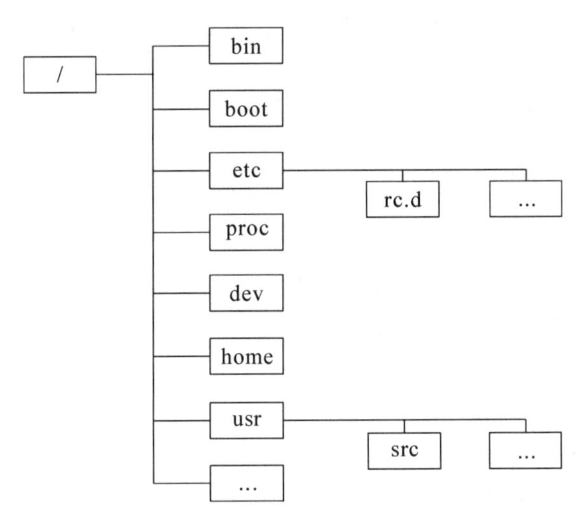

图 3-1

/home:普通用户的家目录,通常默认为/home/USERNAME。

/root:超级管理员的家目录。

/lib:系统库文件主目录。

/media:挂载点目录,移动设备。

/mnt:挂载点目录,额外的临时文件系统。

/opt:可选目录,第三方程序的安装目录。

/proc:系统进程主目录。

/sys:伪文件系统,跟硬件设备相关的属性映射文件。

/tmp:临时文件。

/var:系统配置文件主目录。

/bin: 存放的是系统的命令。

/sbin:存放的是管理命令。

/usr:系统大文件及说明文档存放目录。

3.1.3 文件及目录的命名规则

(1) 除了"/"之外,所有字符都合法。

(2) 最好不要使用特殊字符,如@、#、¥、&、()、-、空格等,当使用空格作为文件名时,执行命令会出错。

(3) 避免使用"."作为文件名的第一个字符,因为在 Linux 系统中以"."为开头的文件名代表隐藏,系统将自动隐藏文件名以"."为开头的文件。

(4) Linux 系统区分大小写,因此文件名也区分大小写。

(5) Linux 文件的后缀名无意义,但是为了方便识别,需定义后缀(.txt、.PHP 等)。同时,后缀在大多数情况下亦能将文件与目录区分开来。

(6) 文件位置最好设置在 Linux 专用目录下,如配置文件大多数时候放置于/etc 目录下。

(7) 文件夹及文件的名称应尽量具有其特定的含义。

(8) 有三个特殊目录:“.”代表当前目录,“..”代表上一级目录,“/”代表根目录。

3.2 目录操作命令

3.2.1 ls 命令

ls 命令用来显示目标列表,在 Linux 中是使用率较高的命令。ls 命令的输出信息可以进行彩色加亮显示,以分区不同类型的文件。

(1) 蓝色——目录。

(2) 绿色——可执行文件。

(3) 红色——压缩文件。

(4) 浅蓝色——链接文件。

(5) 加粗黑色——符号链接。

(6) 灰色——其他用法文件。

[root@ ezsvs ~]# ls -a 【显示当前目录中的所有子目录、文件、隐藏文件和文件夹】

.aaa .txt .bash_logout .bbb .config .esd_auth .local 模板 视频 图片 文档 下载 音乐 桌面

[root@ ezsvs ~]# ls 【显示当前目录包含的子目录、文件列表信息(不包括隐藏文件、隐藏目录)】

模板 视频 图片 文档 下载 音乐 桌面

[root@ ezsvs ~]# ll 【以长格式显示文件、目录列表(包含权限、大小等),等同于 ls-l】

总用量 8

drwxr-xr-x. 2 root root6 5 月 5 10:31 公共

drwxr-xr-x. 2 root root6 5 月 5 10:31 模板

drwxr-xr-x. 2 root root6 5 月 5 10:31 视频

drwxr-xr-x. 2 root root6 5 月 5 10:31 图片

drwxr-xr-x. 2 root root6 5 月 5 10:31 文档

drwxr-xr-x. 2 root root6 5 月 5 10:31 下载

drwxr-xr-x. 2 root root6 5 月 5 10:31 音乐

drwxr-xr-x. 2 root root6 5 月 5 10:31 桌面

[root@ ezsvs ~]# ls_ld 【以长格式显示当前目录的详细属性,目录本身】

dr-xr-x---. 16 root root 4096 5 月 17 08:52 .

3.2.2 pwd 命令

pwd 命令以绝对路径的方式显示用户当前工作目录。该命令将当前目录的全路径名称(从根目录开始)写入标准输出。目录之间用“/”分隔,第一个“/”表示根目录,最后一个目录是当前目录。执行 pwd 命令可立刻得知用户目前所在的工作目录的绝对路径名称。

[root@ ezsvs ~]# pwd

/root

3.2.3 du 命令

du 命令用于查看磁盘的使用空间,但是与 df 命令不同的是,du 命令是对文件和目录磁盘使用空间的查看。

-a:统计磁盘占用空间时需统计所有的文件,而不仅仅只统计目录。

-h:显示为K、M等(表示单位)。

-s:只统计每个参数所占用空间总的大小,而不统计每个子目录、文件的大小。

```
[root@ ezsvs ~]# du -ah /boot/vmlinuz*  【分别统计/boot目录中以vmlinuz开头的各文件所占用空间的大小】
4.7M          /boot/vmlinuz-0-rescue-873bf1348f1642bb83d8ce0e261d04fc
4.7M          /boot/vmlinuz-3.10.0-123.el7.x86_64
[root@ ezsvs ~]# du -sh /var/log 【统计/var/log目录所占用空间的大小】
3.0M          /var/log
```

3.2.4 cd命令

cd命令用于改变用户的当前目录。

```
[root@ ezsvs ~]# cd /home/              【切换到家目录】
[root@ ezsvs home]# cd /var/log/        【切换到日志目录,使用的是绝对路径】
[root@ ezsvs log]# cd -                 【切换到上一次执行cd命令之前所处的目录】
/home
[root@ ezsvs home]# ls
ezsvs  max
[root@ ezsvs home]# cd max/             【切换到/home下的max目录,使用的是相对路径】
[root@ ezsvs max]# cd ..                【切换到上一目录】
[root@ ezsvs home]# ls
ezsvs  max
[root@ ezsvs home]# cd ./ezsvs          【“.”代表当前目录】
```

在Linux系统中表示某个目录(或文件)的位置时,根据其参照的起始目录的不同,可以使用两种不同的路径形式,分别为相对路径和绝对路径。

绝对路径以根目录“/”作为起点来表示根目录下boot子目录中的grub目录。若要确切表明grub是一个目录,而不是一个文件,可以在路径开头加一个目录分隔符“/”,如“/boot/grub”。因为Linux系统中的根目录只有一个,所以不管当前处于哪一个目录中,使用绝对路径都可以非常准确地表示下一个目录(或文件)所在的位置。但是如果路径较长,输入会比较烦琐。

相对路径一般以当前工作目录为起点,在路径开头不使用“/”符号,因此输入更加简便。相对路径主要包括以下四种形式。

(1) 直接使用目录名或文件名,用于表示当前目录中子目录、文件的位置。

(2) 使用一个点号“.”开头,以当前目录为起点。

(3) 使用两个点号“..”开头,以当前目录的上一级目录(父目录)为起点。

(4) 使用“~用户名”的形式开头,以指定用户的宿主目录为起点,省略用户名时缺省为当前用户。

相比较而言,相对路径的形式灵活多变,通常用于表示当前目录附近的目录(文件)位置;而绝对路径常用来表示Linux系统中目录结构相对稳定的目录(文件)位置。因此,在使用相对路径和绝对路径时,应根据实际情况进行选择。

3.2.5 mkdir 命令

mkdir 命令用来创建由 dirname 命名的目录。如果在目录名的前面没有加任何路径名，则在当前目录下创建由 dirname 指定的目录；如果给出了一个已经存在的路径，则会在该路径对应的目录下创建一个指定的目录。在创建目录时，应保证新建的目录与它所在目录下的文件没有重名。

> **注意：**
> 在创建文件时，不要把所有的文件都存放在主目录中，可以通过创建子目录来更有效地组织文件。最好采用前后一致的命名方式来区分文件和目录。例如，目录名以大写字母开头，这样，在目录列表中目录名就会排在前面。

在一个子目录中，应存放类型相似或用途相近的文件。例如，一个子目录包含所有的数据库文件，另一个子目录包含电子表格文件，还有一个子目录包含文字处理文档，等等。目录也是文件，它们和普通文件遵循相同的命名规则，并且可以利用全路径唯一地指定一个目录。

```
[root@ ezsvs tmp]# mkdir aaa                    【创建一个新目录 aaa】
[root@ ezsvs tmp]# ls
aaa
[root@ ezsvs tmp]# mkdir bbb/ccc/ddd
mkdir: 无法创建目录"bbb/ccc/ddd": 没有那个文件或目录
[root@ ezsvs tmp]# mkdir -p bbb/ccc/ddd         【-p:递归创建目录】
[root@ ezsvs tmp]# cd bbb/ccc/ddd/
[root@ ezsvs ddd]# pwd
/tmp/bbb/ccc/ddd
```

3.2.6 rmdir 命令

rmdir 命令用来删除空目录。当目录不再被使用时，或者当磁盘使用空间已达到使用限定值时，就需要删除失去使用价值的目录。利用 rmdir 命令可以从一个目录中删除一个或多个子目录，其中 dirname 表示目录名，如果 dirname 中没有指定路径，则删除当前目录下由 dirname 指定的目录；如果 dirname 中包含路径，则删除指定位置的目录。删除子目录时，rmdir 命令必须具有对其父目录的写权限。

> **注意：**
> 子目录被删除之前应该是空目录，就是说，该目录中的所有文件必须用 rm 命令全部清空。另外，当前工作目录必须在被删除目录之上，不能是被删除目录本身，也不能是被删除目录的子目录。虽然可以用带有-r 选项的 rm 命令递归删除一个目录中的所有文件和该目录本身，但是这样做存在很大的危险性。

```
[root@ ezsvs tmp]# rmdir aaa                 【删除目录 aaa】
```

那么如何删除一个非空目录？

```
[root@ ezsvs tmp]# rmdir bbb                 【bbb 下有 ccc/ddd 目录，无法直接删除】
rmdir: 删除 "bbb" 失败: 目录非空
[root@ ezsvs tmp]# rm -rf bbb                【删除非空目录】
```

3.3 文件操作命令

3.3.1 touch 命令

touch 命令有两个功能：一是把已存在文件的时间标签更新为系统当前的时间(默认方式)，它们的数据将会被原封不动地保留下来；二是创建新的空文件。

```
[root@ ezsvs tmp]# touch 111.txt 222.txt 333.txt          【创建三个文件】
[root@ ezsvs tmp]# ls
111.txt  222.txt  333.txt
```

3.3.2 file 命令

file 命令用来探测给定文件的类型。file 命令对文件的检查分为文件系统检查、魔法幻数检查和语言检查三个过程。

```
[root@ ezsvs tmp]# file /bin/ls          【查看 ls 的类型】
/bin/ls: ELF 64-bit LSB executable, x86-64, version 1 (SYSV), dynamically linked
(uses shared libs), for GNU/Linux 2.6.32, BuildID[sha1]= 0x7dc964034aa8ec7327b3992
e3239a0f50789a3dd, stripped
[root@ ezsvs tmp]# file /etc/passwd          【查看 passwd 的文件类型】
/etc/passwd: ASCII text          【ASCII 格式的普通文本文件】
```

3.3.3 cp 命令

cp 命令用来将一个或多个源文件或者目录复制到指定位置。cp 命令支持同时复制多个文件，当一次复制多个文件时，目标文件参数必须是一个已经存在的目录，否则将出现错误。常见选项如下：

—a：此参数的效果和同时指定“-dpR”参数相同。

—d：当复制符号连接时，把目标文件或目录也建立为符号连接，并指向与源文件或目录连接的原始文件或目录。

—f：强行复制文件或目录，不论目标文件或目录是否已存在。

—i：覆盖既有文件之前先询问用户。

—l：对源文件建立硬连接，而非复制文件。

—p：保留源文件或目录的属性。

—R/r：递归处理，将指定目录下的所有文件与子目录一并处理。

—s：对源文件建立符号连接，而非复制文件。

—u：使用该参数后，只会在源文件的更改时间较目标文件更新时或名称相互对应的目标文件并不存在时，才复制文件。

—S：在备份文件时，用指定的后缀“SUFFIX”代替文件的默认后缀。

—b：覆盖已存在的文件目标前将目标文件备份。

—v：详细显示执行命令的操作。

```
[root@ ezsvs tmp]# cp 111.txt 444.txt          【复制 111.txt 文件，并命名为 444.txt】
```

```
[root@ ezsvs tmp]#  ls
111.txt  222.txt  333.txt  444.txt
```

3.3.4 rm命令

rm命令可以删除一个目录中的一个或多个文件或目录,也可以将某个目录及其下属的所有文件及子目录删除掉。对于链接文件,只是删除整个链接文件,而原有文件保持不变。注意:使用rm命令要格外小心,因为一旦删除了一个文件,就无法再恢复该文件。所以,在删除文件之前,最好再看一下文件的内容,确定是否要删除。rm命令可以用-i选项,使用这个选项,系统会要求用户逐一确定是否要删除。这时,必须输入"y"并按【Enter】键,才能删除文件。如果仅按【Enter】键或输入其他字符,文件不会被删除。常见选项如下:

—d:直接把欲删除的目录的硬连接数据删除成0,删除该目录。

—f:强制删除文件或目录。

—i:删除已有文件或目录之前先询问用户。

—r或—R:递归处理,将指定目录下的所有文件与子目录一并处理。

—v:显示指令的详细执行过程。

```
[root@ ezsvs tmp]#  rm -rf  *              【删除该目录下的所有文件】
```

3.3.5 mv命令

mv命令用来对文件或目录重新命名,或者将文件从一个目录移到另一个目录中。注意事项:mv命令与cp命令的执行结果不同,mv命令好像文件"搬家",文件个数并未增加;而cp命令对文件进行复制,文件个数增加了。常见选项如下:

—b:当文件存在时,覆盖前,为其创建一个备份。

—f:若目标文件或目录与现有的文件或目录重复,则直接覆盖现有的文件或目录。

—i:交互式操作,覆盖前先询问用户,如果源文件与目标文件或目标目录中的文件同名,则询问用户是否覆盖目标文件。用户输入"y",表示允许覆盖目标文件;输入"n",表示取消对源文件的移动。这样可以避免误将文件覆盖。

—strip-trailing-slashes:删除源文件中的斜杠"/"。

—S〈后缀〉:为备份文件指定后缀,而不使用默认的后缀。

—target-directory=〈目录〉:指定源文件要移动到的目标目录。

—u:当源文件比目标文件新或者目标文件不存在时,才执行移动操作。

```
[root@ ezsvs tmp]#  mv aaa.txt /etc/         【移动/tmp/aaa.txt文件到/etc下】
[root@ ezsvs tmp]#  mv bbb ccc               【将bbb文件更名为ccc文件】
```

3.3.6 which命令

which命令用于查找并显示给定命令的绝对路径,环境变量PATH中保存了查找命令时需要遍历的目录。which命令会在环境变量PATH设置的目录里查找符合条件的文件。也就是说,使用which命令可以看到某个系统命令是否存在,以及执行的到底是哪一个位置的命令。

```
[root@ ezsvs tmp]#  which ls                 【查看ls命令文件的位置】
alias ls= 'ls--color= auto'
```

```
/usr/bin/ls
[root@ ezsvs tmp]#  which cd                    【查看 cd 命令文件位置】
/usr/bin/cd
```

3.3.7 ln 命令

ln 命令用来为文件创建链接,链接类型分为硬链接和符号链接两种,默认的链接类型是硬链接。如果要创建符号链接就必须使用“-s”参数。注意:符号链接文件不是一个独立的文件,它的许多属性依赖于源文件,所以给符号链接文件设置存取权限是没有意义的。

硬链接:一个文件有两个名称,占用的空间大小相同,若对其中一个名称进行改动,另一个名称随之发生改变。

符号链接也叫软链接,类似 Windows 下的快捷方式。

硬链接和软链接之间的区别:

(1) 不允许给目录创建硬链接,但是可以给目录创建软链接;

(2) 只有在同一文件系统中的文件之间才能创建硬链接,软链接可以跨文件系统创建。

例:为文件/etc/sysconfig/network-scripts/ifcfg-eno16777736 创建软链接,并保存到/etc 目录下。

```
[root@ ezsvs ~]#  ln  -s /etc/sysconfig/network-scripts/ifcfg-eno16777736 /etc/
【创建软链接带参数-s】
[root@ ezsvs ~]#  ls  -lh /etc/ifcfg-eno16777736  【查看/etc/ifcfg-eno16777736 文件信息】
lrwxrwxrwx. 1 root root 48 5 月   17 14:37 /etc/ifcfg-eno16777736 →/etc/sysconfig/network-scripts/ifcfg-eno16777736  【/etc 下的 ifcfg-eno16777736 文件是/etc/sysconfig/network-scripts/ifcfg-eno16777736 文件的链接文件】
```

3.3.8 find 命令

find 命令用来在指定目录下查找文件。任何位于参数之前的字符串都将被视为欲查找的目录名。使用 find 命令时,如果不设置任何参数,则该命令将在当前目录下查找子目录与文件,并且将查找到的子目录和文件全部进行显示。

find 命令提供了几种条件查找类型,常见的有如下几种:

(1) 按名称查找。关键字为“-name”,根据目标文件的部分名称进行查找,允许使用“*”及“?”通配符。

(2) 按文件大小查找。关键字为“-size”,根据目标文件的大小进行查找,一般使用“+”“-”号设置超过或小于指定的大小作为查找条件。常用的容量单位包括 KB、MB、GB。

(3) 按文件属主查找。关键字为“-user”,根据文件是否属于目标用户进行查找。

(4) 按文件类型查找。关键字为“-type”,根据文件的类型进行查找,这里的类型指的是普通文件(f)、目录(d)、块设备文件(b)、字符设备文件(c)等。块设备指的是成块读取数据的设备(如硬盘、内存等),而字符设备指的是按单个字符读取数据的设备(如键盘、鼠标等)。

例:在/etc 目录中递归查找名称以“pass”开头的文件。

```
[root@ ezsvs ~]#  find /etc  -name "pass*"
/etc/passwd
```

```
/etc/seLinux/targeted/modules/active/modules/passenger.pp
/etc/passwd-
/etc/pam.d/passwd
/etc/pam.d/password-auth-ac
/etc/pam.d/password-auth
```

需要同时使用多个查找条件时，各表达式之间可以使用分别表示而且(and)、或者(or)的逻辑运算符“-a”“-o”。

例：在/boot目录下查找大小超过1 024 Kb或者文件名以“vmlinuz”开头的文件。

```
[root@ ezsvs ~]# find /boot -size + 1024k -o -name "vmlinuz * "
/boot/grub2/fonts/unicode.pf2
/boot/System.map-3.10.0-123.el7.x86_64
/boot/vmlinuz-3.10.0-123.el7.x86_64
/boot/initramfs-0-rescue-873bf1348f1642bb83d8ce0e261d04fc.img
/boot/vmlinuz-0-rescue-873bf1348f1642bb83d8ce0e261d04fc
/boot/initramfs-3.10.0-123.el7.x86_64.img
/boot/initramfs-3.10.0-123.el7.x86_64kdump.img
```

find命令还可以对查找到的结果进行过滤处理，在表达式后添加一个“-exec”关键字，并设置过滤用的命令即可。在过滤命令中，使用“{}”表示find命令的查询输出结果，最后添加“\ ;”表示命令结束(注意前面有空格)。

例：查找在/etc下名为“passwd”的文件，并以长格式显示其详细信息。

```
[root@ ezsvs ~]# find /etc/name passwd-exec ls-ld {} \;
-rw-r--r--. 1 root root 1967 6月   16 16:09 /etc/passwd
-rw-r--r--. 1 root root 188 1月   30 2014 /etc/pam.d/passwd
```

3.4 文件内容操作命令

3.4.1 cat命令

cat命令可以连接文件并将其内容打印到标准输出设备上。cat命令经常用来显示文件的内容，类似于type命令。注意：当文件较大时，文本在屏幕上迅速闪过(滚屏)，用户往往看不清所显示的内容，因此，一般用more等命令分屏显示。为了控制滚屏，按【Ctrl＋S】键可以停止滚屏；按【Ctrl＋Q】键可以恢复滚屏。按【Ctrl＋C】键可以终止cat命令的执行，并且返回Shell提示符状态。

```
[root@ ezsvs ~]# cat /proc/version 【查看版本信息】
Linux version 3.10.0-123.el7.x86_64 (mockbuild@ x86-017.build.eng.bos.redhat.com)
(gcc version 4.8.2 20140120 (Red Hat 4.8.2-16) (GCC) ) # 1 SMP Mon May 5 11:16:57 EDT 2014
```

3.4.2 more命令和less命令

more命令是一个基于Vi编辑器的文本过滤器，它以全屏幕的方式按页显示文本文件的内容，支持Vi编辑器中的关键字定位操作。more命令中内置了若干快捷键，常用的有H(获得帮助信息)、Enter(向下翻滚一行)、空格(向下滚动一屏)、Q(退出命令)。move命令一次显示一屏文本，满屏后会停下来，并且在屏幕的底部会出现一个提示信息，给出目前已显示的该文件的百分比：--More--（XX%）。可以用以下不同方法对提示信息做出回答。

按 Space 键：显示文本的下一屏内容。

按 Enter 键：只显示文本的下一行内容。

按斜线符|，接着输入一个模式：可以在文本中寻找下一个相匹配的模式。

按 H 键：显示帮助屏，该屏上有相关的帮助信息。

按 B 键：显示上一屏内容。

按 Q 键：退出 more 命令。

less 命令的作用与 more 命令十分相似，都可以用来浏览文件的内容，不同的是 less 命令允许用户向前或向后浏览文件，而 more 命令只能向前浏览。用 less 命令显示文件内容时，用【PageUp】键向上翻页，用【PageDown】键向下翻页。要退出 less 程序，应按【Q】键。

```
[root@ ezsvs ~]#  more /proc/cpuinfo          【分页查看 CPU 信息】
processor           : 0
vendor_id           : GenuineIntel
cpu family          : 6
model               : 61
model name          : Intel(R) Core(TM) i3-5005U CPU @  2.00GHz
stepping            : 4
microcode           : 0x1f
cpu MHz             : 1995.383
--More--(0% )   【可翻页】
```

3.4.3 head 命令和 tail 命令

head 命令用于显示文件开头的内容。在默认情况下，head 命令显示文件的前 10 行内容。常见选项如下：

—n〈数字〉：指定显示头部内容的行数。

—c〈字符数〉：指定显示头部内容的字符数。

—v：总是显示文件名的头信息。

—q：不显示文件名的头信息。

tail 命令用于显示文件的尾部内容。tail 命令默认在屏幕上显示指定文件的末尾 10 行内容。如果给定的文件不止一个，则在显示的每个文件前面加一个文件名标题。如果没有指定文件或者文件名为“-”，则读取标准输入。注意：如果表示字节或行数的 N 值之前有一个“+”号，则从文件开头的第 N 项开始显示，而不是显示文件的最后 N 项。N 值后面可以有后缀：b 表示 512，k 表示 1024，m 表示 1048576（1M）。

```
[root@ ezsvs ~]#  head -3 /etc/passwd          【查看 passwd 文件前 3 行内容】
root:x:0:0:root:/root:/bin/bash
bin:x:1:1:bin:/bin:/sbin/nologin
daemon:x:2:2:daemon:/sbin:/sbin/nologin
[root@ ezsvs ~]#  tail -n  5 /etc/passwd       【查看 passwd 文件最后 5 行内容】
sshd:x:74:74:Privilege-separated SSH:/var/empty/sshd:/sbin/nologin
tcpdump:x:72:72::/:/sbin/nologin
```

```
max:x:1000:1000:max:/home/max:/bin/bash
ezsvs:x:1001:1001::/home/ezsvs:/bin/bash
lin:x:1002:1002::/home/lin:/bin/bash
[root@ ezsvs ~]#  tail -f /var/log/messages 【实现实时查看更新日志,默认为 10 行】
May 17 14:46:48 ezsvs NetworkManager[1076]: <info>  nameserver '192.168.136.2'
name= 'org.freedesktop.nm_dispatcher' unit= 'dbus-org.freedesktop.nm-dispatcher.
service'
May 17 14:46:48 ezsvs systemd: Started Network Manager Script Dispatcher Service.
May 17 14:50:01 ezsvs systemd: Starting Session 43 of user root.
May 17 14:50:01 ezsvs systemd: Started Session 43 of user root.
```

3.4.4 wc 命令

wc 命令用来计算数字。利用 wc 命令我们可以计算文件的字节数、字数或列数,若不指定文件名称或所给定的文件名为"-",则 wc 命令会从标准输入设备读取数据。常见选项如下:

—c:统计文件内容的字节数。

—l:统计文件内容的行数。

—w:统计文件内容中的单词个数。

```
[root@ ezsvs ~]#  wc /etc/passwd            【统计 passwd 文件信息】
  40   68 1990 /etc/passwd
[root@ ezsvs ~]#  wc -c /etc/passwd         【统计 passwd 文件字节数】
1990 /etc/passwd
[root@ ezsvs ~]#  wc -l /etc/passwd         【统计 passwd 文件行数】
40 /etc/passwd
[root@ ezsvs ~]#  wc -w /etc/passwd         【统计 passwd 文件单词数量】
68 /etc/passwd
```

3.4.5 grep 命令

grep(global search regular expression(RE) and print out the line,全面搜索正则表达式并把行打印出来)命令是一种强大的文本搜索工具,它能使用正则表达式搜索文本,并把匹配的行打印出来。常见选项如下:

—i:查找内容忽略大小写。

—v:反转查找,即输出与条件不相符的行。

例:在/etc/passwd 文件中查找包含"max"字串的行。

```
[root@ ezsvs ~]#  grep "max" /etc/passwd
max:x:1000:1000:max:/home/max:/bin/bash
```

例:查看/etc/vsftp/vsftpd.conf 文件中除了以"#"开头的行(一般为注释信息)、空行以外的内容。

```
[root@ ezsvs ~]#  grep -v "^# " /etc/vsftpd/vsftpd.conf | grep -v "^$ "
anonymous_enable= YES
local_enable= YES
```

```
write_enable= YES
local_umask= 022
dirmessage_enable= YES
xferlog_enable= YES
connect_from_port_20= YES
xferlog_std_format= YES
listen= NO
listen_ipv6= YES
pam_service_name= vsftpd
userlist_enable= YES
tcp_wrappers= YES
```

3.5 Vim 编辑器

3.5.1 Vim 编辑器简介

Vim 编辑器是一款在 Vi 编辑器上进行改进的、功能强大的、开源的文本编辑器，它的前身是 Vi 编辑器。当操作系统无法使用 Vim 时，可直接使用 Vi。

3.5.2 Vim 编辑器的工作模式

命令模式：Vim 编辑器启动后默认进入命令模式，在该模式中主要完成光标移动，字符串查找以及删除、复制、粘贴文件内容等相关操作。

输入模式：在该模式中的主要操作就是录入文件内容，可以对文本文件的正文进行修改、添加新的内容。处于输入模式时，Vim 编辑器的最后一行会出现"—INSERT—"状态提示信息。

末行模式：在该模式中可以进行设置 Vim 编辑环境、保存文件、退出编辑器，以及查找、替换文件内容等操作。处于末行模式时，Vim 编辑器的最后一行会出现冒号":"提示符。

命令模式、输入模式和末行模式是 Vim 编辑环境的三种状态，通过不同的按键操作可以使 Vim 编辑器在不同的模式间进行切换，如图 3-2 所示。

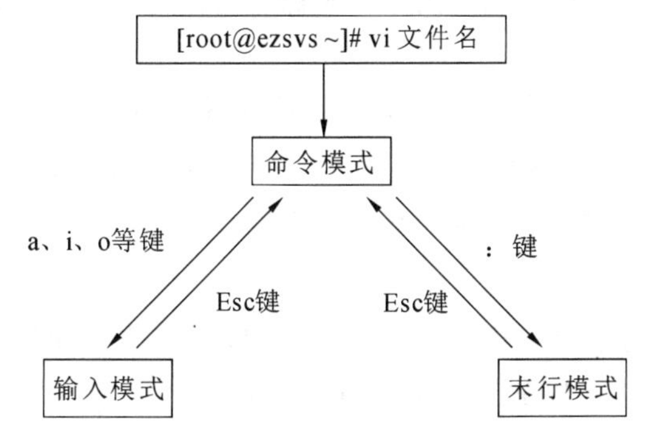

图 3-2

3.5.3 命令模式中的基本操作

在命令模式中，可以输入特定的按键进行基本操作，比如模式切换，光标移动，复制、删除、粘贴、文件内容查找、撤销编辑及保存和退出等操作。这里只介绍最基本、最常用的操作。

1. 模式切换

在命令模式中，使用 a、i、o 等按键可以快速切换至输入模式，同时确定插入点的方式和位置，以便录入文件内容。需要返回命令模式时，按【Esc】键即可。常见的模式切换键及其作用如下：

a：在当前光标位置之后插入内容。

A：在光标所在行的末尾插入内容。

i：在当前光标位置之前插入内容。

I：在光标所在行的开头(行首)插入内容。

o：在光标所在行的后面插入一个新行。

O：在光标所在行的前面插入一个新行。

2. 光标移动

光标方向移动：直接使用四个方向键。

翻页移动：使用【PageDown】键或快捷键【Ctrl+F】向下翻动一整页内容；使用【PageUp】键或快捷键【Ctrl+B】向上翻动一整页内容。

行内快速跳转：按【Home】键可使光标快速跳转到本行的行首，按【End】键可使光标快速跳转到行尾。

行间快速跳转：按【g+g】组合键快速跳转到第一行，按【G+G】组合键快速跳转到最后 1 行，按【10+g+g】组合键快速跳转到第 10 行。

为了便于查看行间的跳转效果，可以在末行模式中执行":set nu"命令显示行号，执行":set nonu"命令取消显示行号。

3. 复制、粘贴、删除

复制操作：按【y+y】组合键复制光标所在的行，按【10+y+y】组合键复制从光标处开始的后 10 行。

粘贴操作：按【p】键粘贴缓冲区的内容到光标当前位置之后，按【P】键粘贴缓冲区内容到光标当前位置之前。

删除操作：按【Del】键删除光标处的单个字符，按【d+d】键删除光标所在行的内容，按【100+d+d】组合键删除从光标处开始的后 10 行内容，按【d+^】组合键删除当前光标之前到行首的所有字符，按【d+$】组合键删除当前光标之后到行尾的所有字符。

4. 文件内容查找

在命令模式中，按/键后可以输入指定的字符串，从当前光标处开始向后进行查找。完成查找后按 n、N 键可以在不同的查找结果中进行选择。

5. 撤销编辑及保存和退出

对文件内容进行编辑时，有时候需要撤销一些失误的编辑，这时可以使用按键命令 u、U

键。其中，u 键命令用于取消最近一次的操作，并恢复操作结果，多次重复按 u 键可以取消已进行的多步操作；U 键命令用于取消对当前行所做的所有编辑。另外，当完成所有编辑之后，按【Z+Z】组合键即可保存并退出编辑。

3.5.4 末行模式中的基本操作

1. 保存文件及退出 Vim 编辑器

保存文件：使用“:w”命令对文件内容进行保存。如果需要另存为其他文件，则需要指定新的文件名，必要时还要指定文件路径。如:w /root/newfile。

退出编辑器：使用“:q”命令退出 Vim 编辑器。如果文件内容已经被修改过却没有被保存，那么需要使用“:q!”命令强制退出，即不保存退出。

保存并退出：使用“:wq”命令可保存文件并退出编辑器，该命令等同于命令模式下的【Z+Z】组合键。

2. 文件内容替换

在 Vim 编辑器的末行模式中，能够将文件中的特定字符串替换成新的内容。当需要大批量改同一内容时，使用替换功能能大大提高编辑效率，替换语法:[替换范围] sub /旧的内容/新的内容[/g]。

```
:s/world/nice/          【替换当前光标所在行】
:% s/world/nice/%       【表示替换所有行】
:% s/world/nice/g       【替换行内所有关键字】
:3s/world/nice/         【替换指定行】
:3,10s/world/nice/      【替换第 3 行到第 10 行】
```

3.6 归档及压缩

3.6.1 归档及压缩介绍

在 Linux 系统中，在需要对文件或目录进行备份时，可以通过 cp 复制文件或目录，但是如果文件或目录所占用空间很大，那么可以对文件或目录进行打包压缩。打包就是将多个文件和目录合并并保存为一个整体的包文件。压缩操作可以进一步降低打包好的归档文件所占用的磁盘空间，充分提高备份介质的利用率。

在 Linux 的环境中，压缩文件的扩展名大多是 *.tar、*.tar.gz、*.tgz、*.gz、*.Z、*.bz2，为什么会有这样的扩展名呢？因为 Linux 支持的压缩命令非常多，且不同的命令所用的压缩技术并不相同，当然彼此之间可能无法互通压缩/解压缩文件。所以，当用户下载了某个压缩文档时，自然就需要知道该文档是由哪种压缩命令制作出来的，以对照着解压缩。

3.6.2 压缩介绍

压缩：将文件或目录压缩成更小的文件存放在磁盘中。文件压缩后所占用磁盘空间更小，解压之后可以恢复到原来的状态。

Linux 中有四种压缩方式,分别介绍如下。

1. gzip

压缩命令:gzip messages。压缩后的文件名默认在源文件名后加了.gz。

解压缩命令:gzip -d messages.gz、gunzip messages.gz。

不解压查看:zcat menssages.gz。

2. bz2

压缩命令:bzip2 messages。

bzip2 -k messages:保存源文件。

解压缩命令:bzip2 -d messages.bz2、bunzip2 messages.bz2。

不解压查看:bzcat messages.bz2。

3. xz

压缩命令:xz messages。

解压缩命令:xz -d messages.xz。

unxz -k messages.xz:保存源文件。

不解压查看:xzcat messages.xz。

4. zip

zip 默认保存源文件,可以压缩目录。

压缩命令:zip me.zip messages。

解压命令:unzip me.zip。

3.6.3 gzip 和 bzip2 命令

gzip 和 bzip2 命令均可以用于创建新的压缩文件,或者将已经压缩过的文件进行解压。两者使用的压缩算法不相同,但使用的命令格式类似,一般来说,bzip2 的压缩效率要好一些。

使用 gzip 制作的压缩文件建议使用扩展名".gz",使用 bzip2 制作的压缩文件建议使用扩展名".bz2"。制作压缩文件时,使用"-9"选项可以有效提高压缩的比率,但文件较大时会需要较多的时间。需要解压文件时,可以使用"-d"选项(使用解压专用命令 gunzip、bunzip2 也可以完成此功能)。gzip 只能压缩文件,不能压缩目录,并且压缩和解压缩都会删除源文件。

压缩命令:

```
[root@ ezsvs ~]# ls -lh /var/log/messages
-rw-------. 1 root root 775K 5月  17 15:12 /var/log/messages    【源文件的大小为 775KB】
[root@ ezsvs ~]# gzip -9 /var/log/messages    【压缩之后会删除源文件】
[root@ ezsvs ~]# ls -lh /var/log/messages.gz
-rw-------. 1 root root 108K 5月  17 15:12 /var/log/messages.gz    【压缩后文件的大小为 108KB】
```

解压缩命令:

```
[root@ ezsvs log]# gzip -d /var/log/messages.gz    【解压缩】
[root@ ezsvs log]# ls -lh /var/log/messages
```

-rw-------. 1 root root 775K 5月 17 15:12 /var/log/messages 【解压缩之后文件的大小与源文件的大小相同:775KB】

3.6.4 tar 命令

tar 命令可以只对目录和文件进行归档,而并不进行压缩。但是在实际的备份工作中,通常在归档的同时也会将包文件进行压缩,以便节省磁盘空间。使用 tar 命令时,选项前的"-"号引导字符可以省略。常用的几个选项如下:

—c:创建.tar 格式的包文件。

—C:解压包文件时指定释放的目标文件夹。

—f:表示使用归档文件。

—j:调用 bzip2 程序进行压缩或解压。

—t:列表查看包内的文件。

—v:输出详细信息。

—x:解开.tar 格式的包文件。

—z:调用 gzip 程序进行压缩或解压。

[root@ ezsvs ~]# tar -zcf sysfile.tar.gz /etc /boot 【/etc 和/boot 目录备份为 sysfile.tar.gz 包文件】

tar: 从成员名中删除开头的"/"

[root@ ezsvs ~]# ls -lh sysfile.tar.gz

-rw-r--r--. 1 root root 91M 5月 17 15:32 sysfile.tar.gz

[root@ ezsvs ~]# tar -jcvf userhome.tar.bz2 /home /etc/passwd

tar: 从成员名中删除开头的"/"

/home/

/home/max/

/home/max/.mozilla/

……

/etc/passwd

[root@ ezsvs ~]# ll -lh userhome.tar.bz2

-rw-r--r--. 1 root root 1.9K 5月 17 15:36 userhome.tar.bz2

解压缩命令:

[root@ ezsvs ~]# tar -zxf sysfile.tar.gz 【解压缩到当前目录】

[root@ ezsvs ~]# tar -jxf userhome.tar.bz2-C / 【解压缩到/目录下】

3.6.5 打包压缩实例

tar-cvf filename.tar 将当前目录下的所有文件归档,但不压缩:

[root@ ezsvs tmp]# tar -cvf tmp.tar . 【将/tmp 目录下的所有文件归档,.表示当前目录】

./

./.XIM-unix/

./.font-unix/

./.Test-unix/

[root@ ezsvs tmp]# ls

```
systemd-private-1rDcEM  systemd-private-hDfqKR  tmp.tar  vmware-root
```

tar-xvf filename. tar 解压 filename. tar 到当前文件夹：

```
[root@ ezsvs tmp]#  tar -xvf tmp.tar.     【解压归档文件 tmp.tar 到当前目录】
./
./.X11-unix/
./.ICE-unix/
./.XIM-unix/
./.font-unix/
./.Test-unix/
```

tar -cvjf filename. tar. bz2 使用 bzip2 程序进行压缩：

```
[root@ ezsvs tmp]#  tar -cvjf tmp.tar.bz2. 【压缩当前目录下的 tmp.tar.bz2 文件】
./
./.X11-unix/
./.ICE-unix/
./.XIM-unix/
./.font-unix/
./.Test-unix/
```

tar -xvjf filename. tar. bz2 解压 filename. tar. bz2 到当前文件夹：

```
[root@ ezsvs tmp]#  tar -xvjf tmp.tar.bz2. 【解压缩 tmp.tar.bz2 文件到当前目录】
./
./.X11-unix/
./.ICE-unix/
./.XIM-unix/
```

tar -cvzf filename. tar. gz 使用 gzip 程序进行压缩：

```
[root@ ezsvs tmp]#  tar -cvzf tmp.tar.gz.   【压缩当前目录下的 tmp.tar.gz 文件】
./
./.X11-unix/
./.ICE-unix/
./.XIM-unix/
```

tar -xvzf filename. tar. gz 解压 filename. tar. gz 到当前文件夹：

```
[root@ ezsvs tmp]#  tar -xvzf tmp.tar.gz.   【解压缩 tmp.tar.gz 文件到当前目录】
./
./.X11-unix/
./.ICE-unix/
./.XIM-unix/
```

tar -tf filename 只查看 filename 归档的文件，不解压：

```
[root@ ezsvs tmp]#  tar -tf tmp.tar      【查看 tmp.tar 文件里的内容，不解压】
./
./.X11-unix/
./.ICE-unix/
./.XIM-unix/
```

本章练习

1. Linux 的目录结构是怎样的，请写出系统默认的一级目录及其作用。

2. 相对路径和绝对路径的区别在哪里？

3. Vim 编辑器中有几个工作模式，各自的特点和作用分别是什么？

4. Vim 编辑器中如何查找文件中特定的字符？

5. Linux 中文件命名有哪些规则？

6. 列出/tmp 目录下的所有文件。

7. 简述软链接（符号链接）和硬链接的区别。

8. 解释“.”“..”“-”这三个符号在 Linux 中的意义。

9. 递归创建目录/China/Hubei/Wuhan/EZSVS。

10. 首先将/etc/passwd 文件复制到/tmp 目录下，重命名为 password，然后打开该文件，将第 5 行到第 10 行的内容剪切并插入到文末。

11. 查找/tmp/password 中关于 root 的行，然后将全文的 root 替换成 Roy。

12. 查看/etc/passwd 文件的前 5 行内容。

第 4 章 用户、组与权限管理

学习本章内容，可以获取的知识：

- 熟悉 Linux 系统中用户与组的概念
- 熟悉 Linux 系统中用户与组的管理
- 熟悉 Linux 系统中权限的概念
- 熟悉 Linux 系统中权限的管理

本章重点：

△ 用户和组的更改操作

△ Linux 权限的管理操作

4.1 用户和组账号概述

Linux 系统是一个支持多用户、多任务的操作系统。任何一个要使用系统资源的用户，都必须首先向系统管理员申请一个账号，然后以这个账号的身份进入系统。用户账号一方面可以帮助系统管理员对使用系统的用户进行跟踪，并控制他们对系统资源的访问权限；另一方面也可以帮助用户管理文件，并为用户提供安全性保护。

4.1.1 用户账号分类

1. 根据帐号位置分类

本地用户(UID:1000+)：在服务器操作系统上创建的用户。

远程(域)用户：典型的例子为 LDAP(轻量目录访问协议)远程用户。

2. 根据帐号功能分类

超级用户：UID 为 0，对主机拥有所有权限。

程序用户：UID 为 1～499，一般不允许登录到系统，仅用于维持系统或程序的正常运行。

普通用户：UID 为 500～60000，一般只有在用户自己的宿主目录中有完全权限。

◀扫码观看本章视频课程

4.1.2 组账号

基于某种特定联系将多个用户集合在一起,形成一个用户组,用于表示该组内所有用户的账号称为组账号。每个用户至少属于一个组,这个组称为该用户的基本组(或私有组);如果该用户同时还在其他组中,则这些组称为该用户的附加组(或公有组)。

4.1.3 UID和GID号

Linux系统中的每个用户账号都有一个数字形式的身份标记,这个身份标记称为UID号。对于系统核心来说,UID号是区分用户的基本依据,原则上每个用户的UID号应该是唯一的。超级用户账号的UID号为固定值0,而程序用户账号的UID号在1～499之间,500～60000的UID号默认分配给普通用户账号使用。

与用户帐号类似,每一个组账号也有一个数字形式的身份标记,这个身份标记称为GID号,超级组账号的GID号为固定值0,而程序组账号的GID号默认在1～499之间,普通组账号使用的GID号默认为500～60000。

4.2 用户和组配置文件

4.2.1 用户信息文件:/etc/passwd

用户信息文件的格式如下:

username:password:uid:gid:comment:home_dir:login_shell

用户信息文件字段简单说明如表4-1所示。

表4-1

字　段	简单说明
username	用户登录系统时使用的用户名
password	密码占位符
uid	用户标识号
gid	缺省组标识号
comment	包含用户全名、电话号码和电子邮件地址等用户信息
home_dir	用户登录系统后的起始目录(全路径名)
login_shell	用户使用的shell,默认为bash

4.2.2 用户密码文件:/etc/shadow

用户密码文件的格式如下:

username:password:lastchanged:mindays:maxdays:warn:inactive:expire:reserver

用户密码文件字段简单说明如表4-2所示。

表 4-2

字段	简单说明
username	用户名
password	被加密的密码
lastchanged	上次更改密码的日期(从 1970-1-1 开始)
mindays	两次修改密码之间的最小天数,只有天数超过此限制后才能修改密码(按天计算,0 表示随时可以修改)
maxdays	密码保持有效的最长天数。天数超过此限制后会强制提醒用户更新密码(按天计算)
warn	密码有效期到期前,提前几天发送警告信息(按天计算,0 表示未指定警告信息)
inactive	密码到有效期后一直不访问系统,保证帐号信息有效的最大天数,超过此限制后将封锁账号,用户最后一次的登录信息保存在/var/log/lastlog 文件中
expire	账号过期时间。到期后帐号将自动失效,用户无法再登录系统(从 1970-1-1 开始)
reserver	保留字段

4.2.3 用户组文件:/etc/group

用户组文件的格式如下:

group_name:password:gid:user_list

用户组文件字段简单说明如表 4-3 所示。

表 4-3

字段	简单说明
group_name	用户登录系统时所在的组
password	通常为“X”,没有实际意义
gid	用户组 ID
user_list	该用户组的所有用户列表

4.2.4 用户组密码文件:/etc/gshadow

用户组密码文件的格式如下:

group_name:password:user_list:user_list

用户组密码文件字段简单说明如表 4-4 所示。

表 4-4

字段	简单说明
group_name	用户组的组名
password	用户组密码。这个字段如果是空的或有“!”,表示没有密码
manager_list	组管理者。这个字段可以为空。如果有多个组管理者,用逗号分隔
user_list	组内用户列表。如果有多个用户,用逗号分隔

4.2.5 用户家目录：/home

创建一个用户就会在用户家目录下创建一个以该用户的名称命名的目录，该目录下有该用户的配置文件。

```
[root@ ezsvs home]#  ls            【查看哪些用户的家目录为/home】
ezsvs  max
```

4.2.6 用户邮件目录：/var/spool/mail/

```
[root@ ezsvs mail]#  pwd                  【查看当前路径】
/var/spool/mail
[root@ ezsvs mail]#  ls                   【查看邮件目录下有哪些用户的邮件】
ezsvs  max  rpc
[root@ ezsvs mail]#  cat ezsvs            【查看 ezsvs 用户的邮件信息，如果 ezsvs 有邮
件，那么就会显示邮件的内容；如果 ezsvs 没有邮件，则无任何输出结果】
```

4.3 管理用户和组

在此只介绍每个命令的最基础用法，其他用法请使用帮助命令。

4.3.1 id 命令

id 命令可以显示真实有效的用户 ID(UID)和组 ID(GID)，UID 是对一个用户的单一身份标识，GID 则对应多个 UID。id 命令已经默认预装在大多数 Linux 系统中。当需要知道某个用户的 UID 和 GID 时，id 命令是非常有用的。例如，一些程序可能需要 UID、GID 来运行，利用 id 命令会更容易地找出用户的 UID 和 GID，而不必在/etc/group 文件中搜寻。

例如，查看 max 用户的详细信息：

```
[root@ ezsvs ~]#  id max               【显示 max 用户的信息】
uid= 1002(max) gid= 1000(max) 组= 1000(max)
[root@ ezsvs ~]#  id Linux             【如果用户不存在，则会提示没有该用户】
id: Linux: no such user
```

4.3.2 useradd 命令

useradd 命令用于 Linux 中新创建的系统用户。用户帐号建好之后，用 passwd 设定帐号的密码。使用 useradd 指令所建立的帐号，实际上保存在/etc/passwd 文本文件中。

—c：添加描述信息。

—d：家目录，即默认在/home 目录下以用户名命名的目录。

—g：所属组，指定所属组时，GID 必须事先存在，否则无法创建成功。

—G：附属组。

—s：环境变量，只有/bin/bash 和/sbin/nologin 两种。

—u：指定 UID。

例:创建 ezsvs 用户,描述为 thisisadmin,家目录为/home,UID 为 2016,所属组为 ezsvs,附属组为 ezsvs,登录 shell 的环境变量为/sbin/noligin。

```
[root@ ezsvs ~]# useradd -c thisisadmin -d /home -u 2016 -g ezsvs -G ezsvs -d /home/ -s /sbin/nologin ezsvs
useradd:警告:此主目录已经存在。
不从 skel 目录里向其中复制任何文件。
[root@ ezsvs ~]# id ezsvs                【查看用户信息】
uid= 2016(ezsvs) gid= 1001(ezsvs) 组= 1001(ezsvs)
```

4.3.3 userdel 命令

userdel 命令用于删除给定的用户以及与用户相关的文件。若不加选项-r,则仅删除用户帐号,而不删除相关文件。

例:删除 ezsvs 用户。

```
[root@ ezsvs ~]# userdel -r ezsvs       【删除 ezsvs 用户,如果不使用-r 参数,关于ezsvs 用户的一些文件依然存在;userdel:/home/ 并不属于 ezsvs,所以不会被删除】
[root@ ezsvs ~]# id ezsvs               【查看用户 ezsvs 的信息】
id: ezsvs: no such user
```

4.3.4 usermod 命令

usermod 命令用于修改用户的基本信息,但该命令不允许修改正在线上的用户帐号名称。当用 usermod 命令来修改用户的 ID 时,必须确认此时这名用户没在计算机上执行任何程序。

例:将 max 用户的 UID 改成 1002。

```
[root@ ezsvs ~]# id max                          【查看 max 用户的信息】
uid= 1000(max) gid= 1000(max) 组= 1000(max)      【UID 为 1000】
[root@ ezsvs ~]# usermod -u 1002 max             【将 max 用户的 UID 改为 1002】
[root@ ezsvs ~]# id max
uid= 1002(max) gid= 1000(max) 组= 1000(max)      【UID 被改成了 1002】
```

4.3.5 passwd 命令

passwd 命令用于设置用户的认证信息,如用户密码、密码过期时间等。系统管理者能用该命令管理系统用户的密码。只有管理者可以指定用户名称,一般用户只能变更自己的密码。常见选项如下:

—d:删除密码。

—l:暂时锁定用户密码。

—u:解锁用户密码。

例:给 max 用户设置密码。

```
[root@ ezsvs ~]# passwd max
更改用户 max 的密码。
新的密码:
重新输入新的密码:
```

```
passwd:所有的身份验证令牌已经更新成功。
```

4.3.6 chage 命令

chage 命令用来修改帐号和密码的有效期限。常见选项如下：

—m:可更改密码的最小天数。为 0 时代表任何时候都可以更改密码。

—M:密码保持有效的最大天数。

—w:用户密码到期前,提前收到警告信息的天数。

—E:帐号到期的日期。过了这天,此帐号将不可用。

—d:上一次更改的日期。

—i:停滞时期。如果一个密码已过期这些天,那么此帐号将不可用。

—l:列出当前的设置。由非特权用户来确定他们的密码或帐号何时过期。

例:设置 max 用户的密码老化时间为 0。

```
[root@ ezsvs ~]#  chage  -d 0 max
```

4.3.7 groupadd 命令

groupadd 命令用于创建一个新的工作组,新工作组的信息将被添加到系统文件中。

例:新建一个 Linux 组。

```
[root@ ezsvs ~]#  groupadd Linux
[root@ ezsvs ~]#  cat /etc/group | grep Linux
Linux:x:1002:
```

4.3.8 groupdel 命令

groupdel 命令用于删除指定的工作组,本命令可删除的工作组包括/ect/group 和/ect/gshadow。若群组中包括某些用户,则必须先删除这些用户,之后方能删除群组。

例:将 Linux 组删除。

```
[root@ ezsvs ~]#  groupdel Linux                   【删除 Linux 组】
[root@ ezsvs ~]#  cat /etc/group | grep Linux
[root@ ezsvs ~]#                                   【此时已经没有 Linux 组了】
```

4.3.9 groupmod 命令

groupmod 命令用于更改群组的识别码或名称。

例:将 Linux 组的组 ID 改成 2000。

```
[root@ ezsvs ~]#  groupmod  -g 2000 Linux          【将 Linux 组的 ID 改成 2000】
[root@ ezsvs ~]#  cat /etc/group | grep Linux
Linux:x:2000:                                      【组 ID 号被改成了 2000】
```

4.3.10 newgrp 命令

newgrp 命令用于转换组,即转换用户的当前组到指定的组账户。

例:创建 fan 和 lin 两个用户,给 fan 用户组设置密码,将 lin 用户加入 fan 用户组中。

```
[root@ ezsvs ~]#  useradd fan                      【创建用户 fan】
```

```
[root@ ezsvs ~]#  useradd lin                    【创建用户 lin】
[root@ ezsvs ~]#  gpasswd fan                    【设置 fan 用户组的密码】
正在修改 fan 用户组的密码
新密码：
请重新输入新密码：
[root@ ezsvs ~]#  su - lin                       【切换到 lin 用户】
[lin@ ezsvs ~]$  newgrp fan   lin                【将 lin 用户加入 fan 用户组】
密码：                                            【输入 fan 用户组的密码】
[lin@ ezsvs ~]$  exit
exit
```

4.3.11 gpasswd 命令

gpasswd 命令是 Linux 下工作组文件/etc/group 和/etc/gshadow 的管理工具。常见选项如下：

—a：添加用户到组。

—d：从组删除用户。

—A：指定管理员。

—M：指定组成员，和—A 的用途差不多。

—r：删除密码。

—R：限制用户登入组，只有组中的成员才可以加入该组。

例：设定 max 用户为 Linux 组的管理员。

```
[root@ ezsvs ~]#  gpasswd -Amax Linux 【设定 max 用户为 Linux 组的管理员】
```

4.3.12 users 命令

users 命令用于显示当前登录系统的所有用户的列表。显示的每个用户名对应一个登录会话。如果一个用户不止有一个登录会话，那他的用户名将显示相同的次数。

```
[root@ ezsvs ~]#  users
(unknown) root root root
```

4.3.13 groups 命令

groups 命令用于在标准输出设备上输出指定用户所在组的组成员，每个用户属于在/etc/passwd 中指定的一个组和在/etc/group 中指定的其他组。

例：查看系统中有哪些组。

```
[root@ ezsvs ~]#  groups
root max Linux
```

4.3.14 su 命令

su 命令用于切换当前用户身份到其他用户身份，切换时须输入所要切换的用户帐号与密码。

例：切换到 max 用户。

```
[root@ ezsvs ~]#  su - max                    【切换到 max 用户】
上一次登录:一 5月 16 11:48:58 CST 2016pts/0 上
[max@ ezsvs ~]$  su - root                    【切换到 root 用户,需要密码】
密码:
上一次登录:一 5月 16 15:18:40 CST 2016 从 192.168.136.1pts/0 上
```

备注:root 用户可以无密码登录普通用户,普通用户登录 root 用户必须有 root 用户的密码。

4.3.15 ac 命令

ac 命令用于显示用户在线时间的统计信息。

```
[root@ ezsvs ~]#  ac                          【显示用户在线时间】
total   461.02
[root@ ezsvs ~]#  ac  -p                      【显示所有用户的在线时间】
root    388.60
(unknown)    72.43
total   461.03
[root@ ezsvs ~]#  ac  -d  -y  -p root         【显示 root 用户所有的在线时间】
root 0.26
May   5 2016          total0.26
root38.35
May   9 2016          total    38.35
root74.10
May 10 2016           total    74.10
root59.92
May 11 2016           total    59.92
root96.00
May 13 2016           total    96.00
root    120.01
Today                 total   120.01
```

4.3.16 lastlog 命令

lastlog 命令用于显示系统中所有用户最近一次的登录信息。lastlog 文件在每次有用户登录时被查询。使用 lastlog 命令可以检查某特定用户上次登录的时间,并格式化输出上次登录日志/var/log/lastlog 的内容。lastlog 命令根据 UID 排序显示登录名、端口号(tty)和上次登录时间。如果一个用户从未登录过,lastlog 命令显示 * * Never logged * * 。注意:需要以 root 身份运行该命令。

```
[root@ ezsvs ~]#  lastlog
用户名   端口 来自 最后登录时间
root pts/1192.168.136.1一 5月 16 11:10:24 + 0800 2016
max   pts/0 一 5月 16 11:48:58 + 0800 2016
```

4.4 权限管理

4.4.1 用户权限介绍

描述文件属性的九个字符分为三个组,被称为文件模式,并注明读(r)、写(w)和执行(x)权限,授予文件的所有者、文件的所有组和其他用户。和文件的读取权限允许文件被打开和读取一样,当目录同时有执行权限时就允许目录内容被列出。此外,如果一个文件有执行权限,就允许它作为一个程序来运行。

例:查看/root 目录下各个文件及目录的权限。

```
[root@ ezsvs ~]# ll    【列出该目录下的文件及目录信息】
总用量 28
drwxr-xr-x. 2 root root6 6月  13 17:51 aaa    【最前面有 d,表示目录】
-rw-------. 1 root root 1430 5月   5 18:15 anaconda-ks.cfg
-rw-r--r--. 1 root root   220 6月   14 10:45 err.log
-rw-r--r--. 1 root root   100 6月   14 10:41 max.txt
-rwxr-xr-x. 1 root root    65 6月   15 10:14 guidang.sh    【有 x 表示具有执行权限】
```

4.4.2 用户的三种权限

用户的三种权限如表 4-5 所示。

表 4-5

权　　限	权限字母表达	权限数字表达
读	r	4
写	w	2
执行	x	1

4.4.3 三类用户

u:属主,即文件或目录的所有者。

g:属组,即和文件属主有相同组 ID 的所有用户。

o:其他用户,即来宾用户。

a:所有用户。

4.4.4 用户权限管理命令

(1)chown:改变文件属主(只有管理员可以使用此命令)。

例:首先创建 test.txt 文件,然后更改文件的所有者为 max,所属组为 ezsvs。

```
[root@ ezsvs ~]# touch test.txt    【创建 test.txt 文件】
[root@ ezsvs ~]# ll | grep test.txt    【列出 test.txt 文件的详细信息】
-rw-r--r--. 1 root root0 5月  16 16:01 test.txt    【所有者和所属组都是 root】
[root@ ezsvs ~]# chown max:ezsvs test.txt    【将 test.txt 文件的所有者改为 max,所
```

属组改为 ezsvs(中间的“:”可以用“.”代替)】

[root@ ezsvs ~]# ll | grep test.txt 【列出 test.txt 文件的详细信息】

-rw-r--r--. 1 max ezsvs0 5月 16 16:01 test.txt 【test.txt 文件的所有者被改成了 max,所属组被改成了 ezsvs】

(2)chgrp:设置文件的属组信息。

例:将 test.txt 文件的所属组改为 max。

[root@ ezsvs ~]# ll | grep test.txt 【列出 test.txt 文件的详细信息】

-rw-r--r--. 1 max ezsvs0 5月 16 16:01 test.txt 【test.txt 文件的所属组为 ezsvs】

[root@ ezsvs ~]# chgrp max test.txt 【将 test.txt 文件的所属组改成 max】

[root@ ezsvs ~]# ll | grep test.txt 【列出 test.txt 文件的详细信息】

-rw-r--r--. 1 max max0 5月 16 16:01 test.txt 【test.txt 文件的所属组被改成了 max】

(3)chmod:修改文件的权限。

例:设置 test.txt 文件的权限为任何人都不具有执行权限。

[root@ ezsvs ~]# chmod u-x test.txt 【设置 test.txt 文件的所有者不具有执行权限】

[root@ ezsvs ~]# ll | grep test.txt 【列出 test.txt 文件的详细信息】

-rw-rwxrwx. 1 max max0 5月 16 16:01 test.txt 【权限为 677,test.txt 文件的所有者不具有执行权限】

[root@ ezsvs ~]# chmod a-x test.txt 【设置 test.txt 文件的权限为任何人都不具有执行权限】

[root@ ezsvs ~]# ll | grep test.txt 【列出 test.txt 文件的详细信息】

-rw-rw-rw-. 1 max max0 5月 16 16:01 test.txt 【权限为 666,无执行权限】

4.4.5 特殊权限

1. SUID

运行某程序时,相应进程的属主是程序文件自身的属主,而不是启动者。也就是说,当在一个二进制命令上启用了 SUID 后,任何人在执行该命令时拥有该命令所有者权限。SUID 只能应用在可执行文件上。u+s 权限就是使普通用户具有 SUID 权限。

例:给 mkdir 命令赋予 u+s 权限并验证。

[root@ ezsvs ~]# su - shan 【切换到 shan 用户】

[shan@ ezsvs ~]$ newgrp shui 【将 shan 用户加入 shui 组】

密码:

[shan@ ezsvs ~]$ exit 【退出】

exit

[shan@ ezsvs ~]$ exit

登出

[root@ ezsvs ~]# su - shui 【切换用户到 fan】

[shui@ ezsvs ~]$ cd /

[shui@ ezsvs /]$ mkdir aaa 【在/目录下创建目录,但是提示权限不够】

mkdir: 无法创建目录"aaa": 权限不够

[fan@ ezsvs /]$ exit

登出

[root@ ezsvs ~]# chmod u+s /bin/mkdir 【给 mkdir 命令赋予 u+s 权限】

```
[root@ ezsvs ~]# ll /bin/mkdir
-rwsr-xr-x. 1 root root 79712 1月  25 2014 /bin/mkdir    【权限出现 s 权限】
[root@ ezsvs ~]# su - shui
上一次登录:一 5月 16 16:36:44 CST 2016pts/0 上
[shui@ ezsvs ~]$ cd /
[shui@ ezsvs /]$ mkdir aaa    【用 fan 用户在/目录下创建目录,不再出现提示信息,这就是 u+s 的作用】
[shui@ ezsvs /]$ ll | grep aaa
drwxrwxr-x.  2 root fan 6 5月  16 16:37 aaa
```

备注:默认情况下只有 passwd 这个命令有 u+s 权限

```
[root@ ezsvs ~]# ll /bin/passwd
-rwsr-xr-x. 1 root root 27832 1月  30 2014 /bin/passwd    【passwd 命令默认就有 u+s 权限】
```

2. SGID

运行某程序时,相应进程的属组是程序文件自身的属组,而不是启动者所属的基本组。如果在一个二进制命令上启用了 SGID,那么任何人在执行该命令时临时拥有命令所有者组权限,SGID 只能应用在可执行文件上;如果在一个目录上应用了 SGID,那么任何人在该目录下创建文件/目录的拥有组会继承目录本身的组。在没有给定 g+s 时,对于一个用户创建的目录,切换到该目录下创建文件时所属组是创建那个组。

例:给定 cc 这个目录 g+s 权限后,无论哪一个用户在 cc 下创建目录或者文件,其所属组都是指定的 lin 组。

```
[root@ ezsvs tmp]# mkdir cc;chmod 777 cc    【创建一个目录,让所有人都具有读写执行权限】
[root@ ezsvs tmp]# ll
总用量 0
drwxrwxrwx. 2 root root 6 5月  16 17:09 cc
[root@ ezsvs tmp]# useradd ezsvs    【创建用户】
[root@ ezsvs tmp]# useradd shan
[root@ ezsvs tmp]# su ezsvs    【切换用户到 ezsvs】
[ezsvs@ ezsvs tmp]$ cd cc    【进入 cc 目录下】
[ezsvs@ ezsvs cc]$ touch 123    【创建一个文件】
[ezsvs@ ezsvs cc]$ ll
总用量 0
-rw-rw-r--. 1 ezsvs ezsvs 0 5月  16 17:09 123    【所属组是 ezsvs,因为是在 ezsvs 用户环境下创建的】
[ezsvs@ ezsvs cc]$ exit
exit
[root@ ezsvs tmp]# chgrp shan cc    【在 root 用户下将 cc 目录的所属组改成 lin 用户】
[root@ ezsvs tmp]# ll
总用量 0
drwxrwxrwx. 2 root lin 16 5月  16 17:09 cc
```

```
[root@ ezsvs tmp]#  su ezsvs
[ezsvs@ ezsvs tmp]$  cd cc
[ezsvs@ ezsvs cc]$  mkdir 456
[ezsvs@ ezsvs cc]$  ll
总用量 0
-rw-rw-r--. 1 ezsvs ezsvs 0 5月   16 17:09 123
drwxrwxr-x. 2 ezsvs ezsvs 6 5月   16 17:10 456      【用 ezsvs 用户在 cc 目录下创建目录或
```
文件,其所属组依然是 ezsvs】

下面,给定 cc 这个目录 g+s 权限,这样无论哪一个用户在 cc 下创建目录或者文件,其所属组始终是指定的 shan 组。

```
[ezsvs@ ezsvs cc]$  exit
exit
[root@ ezsvs tmp]#  ll
总用量 0
drwxrwxrwx. 3 root shan 26 5月   16 17:10 cc
[root@ ezsvs tmp]#  chmod g+s cc        【给 g+s 权限】
[root@ ezsvs tmp]#  ll
总用量 0
drwxrwsrwx. 3 root shan 26 5月   16 17:10 cc        【权限多出一个 s】
[root@ ezsvs tmp]#  su ezsvs      【切换用户到 ezsvs】
[ezsvs@ ezsvs tmp]$  cd cc
[ezsvs@ ezsvs cc]$  touch 345
[ezsvs@ ezsvs cc]$  mkdir 789
[ezsvs@ ezsvs cc]$  ll
总用量 0
-rw-rw-r--. 1 ezsvs ezsvs 0 5月   16 17:09 123
-rw-rw-r--. 1 ezsvs shan   0 5月   16 17:16 345      【所属组是 shan】
drwxrwxr-x. 2 ezsvs ezsvs 6 5月   16 17:10 456
drwxrwsr-x. 2 ezsvs shan   6 5月   16 17:16 789      【所属组是 shan】
```

3. sticky

sticky 权限,是指在一个公共目录,每个人都可以创建和删除自己的文件,但不能删除别人的文件。给目录赋予此权限,命令为:chmod o+t DIR。去除目录的该权限,命令为:chmod o-t DIR。

4.5 umask

umask 设置了用户创建文件的默认权限,它与 chmod 的效果刚好相反,umask 设置的是权限“补码”,而 chmod 设置的是文件权限码。默认情况下,文件的最大权限是 666,目录的最大权限是 777,umask 的最大权限为 022。umask 所对应的文件和目录创建缺省权限分别为 644 和 755,即我们创建一个文件默认的权限为 644,创建一个目录默认的权限是 755。

```
[root@ ezsvs ~]#  umask                          【查看 umask】
```

```
0022
[root@ ezsvs ~]# touch aaa.txt
[root@ ezsvs ~]# mkdir aaa
[root@ ezsvs ~]# ll | grep aaa
drwxr-xr-x. 2 root root6 5月  16 17:02 aaa              【权限为 755】
-rw-r--r--. 1 root root0 5月  16 17:00 aaa.txt          【权限为 644】
```

如果我们自己设置一个 umask,那么创建文件、目录时的默认权限就会发生变化。

例:设置 umask 为 002 并验证。

```
[root@ ezsvs ~]# umask 002                               【设置 umask 为 002】
[root@ ezsvs ~]# umask
0002
[root@ ezsvs ~]# touch bbb.txt
[root@ ezsvs ~]# mkdir bbb
[root@ ezsvs ~]# ll | grep bbb
drwxrwxr-x. 2 root root6 5月  16 17:03 bbb              【权限为 775】
-rw-rw-r--. 1 root root0 5月  16 17:03 bbb.txt          【权限为 664】
```

本章练习

1. 什么是 UID,什么是 GID,root 用户的 UID 是多少?
2. 创建一个用户 Roy,描述为 boss,家目录为/home,UID 为 2018,所属组为 ezsvs。
3. 将用户 Roy 的 UID 修改为 2019,并设置 Roy 用户不能登录。
4. 检查系统中是否有 Roy 这个用户。
5. 将 user1 加入 Roy 组中,并将 user1 设置为管理员。
6. 普通用户的家目录默认在哪里?
7. 删除 mandriva,但保留其家目录。
8. 在哪里查看用户的邮件?
9. 创建一个用户时,哪些配置文件会发生变化?

第 5 章 文件系统及磁盘管理

学习本章内容，可以获取的知识：

- 熟悉 Linux 的各类文件系统
- 熟悉磁盘分区的方法
- 熟悉常见 RAID 的原理

本章重点：

△ Linux 中各类文件系统的优缺点

△ Linux 下磁盘的表达方式

△ Linux 磁盘管理

△ RAID 原理

5.1 文件系统介绍

5.1.1 文件系统的定义

文件系统是一种用于向用户提供底层数据存取功能的机制，它将设备中的空间划分为特定大小的块(扇区)，一般每块有 512 个字节。数据存储在这些块中，其大小被修正为占用整个块。文件系统软件负责将这些块组织为文件和目录，并记录哪些块被分配给了哪个文件，以及哪些块没有被使用。

不过，文件系统并不一定只在特定存储设备中出现，它是数据的组织者和提供者，至于它的底层，可以是磁盘，也可以是其他动态生成数据的设备(比如网络设备)。

5.1.2 Linux 文件系统的组成

在 Linux 系统内部，一个文件系统是由逻辑块的序列组成的，每块有 512 个字节。具体组成如图 5-1 所示。

引导块：在 Linux 文件系统的开头通常有一个扇区，该扇区中存放有一定的程序，用于读入并启动操作系统。每个文件系统都有一个引导块。

超级块：记录文件系统的当前状态，如硬盘空间的大小和文件系统的基本信息。

扫码观看本章 1～2 小节的视频课程▶

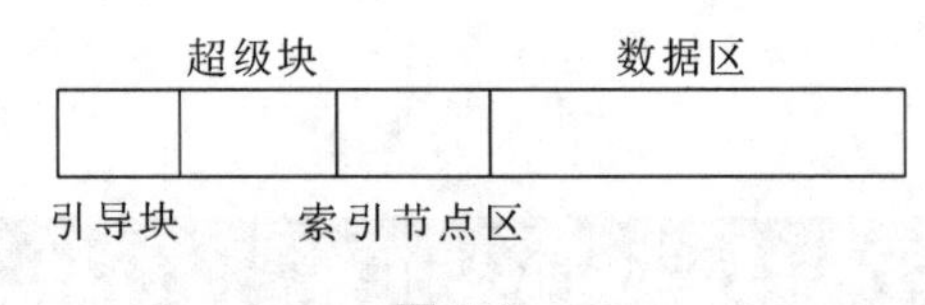

图 5-1

索引节点区：存放文件系统的索引节点表。Linux 文件系统中每个文件和目录都占据一个索引节点，文件系统一般从根节点开始。

数据区：存放文件数据和用于文件管理的其他数据。

5.1.3 文件类型

1. 普通文件

文本文件：以文件的 ASCII 码形式存储在计算机中，是以“行”为基本结构的一种信息组织和存储方式。

二进制文件：以文件的二进制形式存储在计算机中，一般不能直接被用户读懂，只有通过相应的软件才能显示出来。二进制文件一般是可执行程序、图像和声音等。

2. 目录文件

目录文件用于管理和组织系统中的大量文件。Linux 系统把目录也看成是文件，将其称为目录文件。

3. 链接文件

硬链接：通过索引节点进行的链接。在 Linux 文件系统中，保存在磁盘分区中的文件，不管它是什么类型，都会给它分配一个编号，该编号称为索引节点号。在 Linux 中，多个文件名指向同一个索引节点即为硬链接。

软链接(符号链接)：软链接实际上是一种特殊文件，该特殊文件是一个文本文件，其中包含另一个文件的位置信息。

4. 设备文件

Linux 系统把每一个 I/O 设备都看成是一个文件，对其采取的处理方式与普通文件一样。设备文件可以分为块设备文件和符号设备文件。Linux 系统的主要硬件设备文件如表 5-1 所示。

表 5-1

IDE 接口设备	SCSI 设备	打印机	网卡	内存
hdx	sdx	ipx	ethx	mem

5. 管道文件

管道是通过通常的 I/O 接口存取的字节流。管道文件是一个很特殊的文件，主要用于不同进程间的信息传递。当两个进程间需要进行数据或信息传递时，可以通过管道文件实现。

5.1.4 XFS

XFS 是一种高性能的日志文件系统，最早于 1993 年由 SGI 为其 IRIX 操作系统而开发，是IRIX 5.3的默认文件系统。2000年5月，SGI以GNU通用公共许可证发布这套系统的源代码，之后被移植到Linux内核上。XFS特别擅长处理大文件，同时提供平滑的数据传输。RHEL7上默认采用XFS格式的文件系统。XFS可为Linux和开放社区带来如下新特性。

（1）可升级性。

XFS被设计为可升级的，以满足大多数存储容量和I/O存储需求。XFS可处理大型文件系统和包含巨大数量文件的大型目录。

（2）优秀的I/O性能。

XFS可以很好地满足I/O请求的大小和并发I/O请求的数量。XFS可作为root文件系统，并被LILO支持。

5.1.5 Swap

Swap分区在系统的物理内存不够用的时候，可以把硬盘空间中的一部分空间释放出来，以供当前运行的程序使用。被释放的空间可能来自一些很长时间内没有进行运行的程序，这些被释放的空间被临时保存在Swap分区中，等到相应程序要运行时，再从Swap分区中恢复保存的数据到内存中。

5.2 新建分区

5.2.1 Linux下磁盘的表示方法

在Linux操作系统中，用hda表示IDE硬盘，用sda表示STAT、SCSI、SAS硬盘，用vda表示虚拟磁盘。Linux下分区表示的特性如下。

（1）Linux下最多有四个主分区。第一个主分区叫sda1，第二个主分区叫sda2，第三个主分区叫sda3，第四个主分区（扩展分区）叫sda4。

（2）第一个逻辑分区都是sda5。sda8为第四个逻辑分区。

5.2.2 查看磁盘分区信息

使用命令fdisk-l（列出当前系统中的所有硬盘设备及其分区信息）来查看磁盘的分区情况。

```
[root@ ezsvs ~]# fdisk -l
磁盘 /dev/sda:107.4 GB，107374182400 字节，209715200 个扇区
Unra = 扇区 of 1 * 512 = 512 bytes
扇区大小(逻辑/物理):512 字节 / 512 字节
I/O 大小(最小/最佳):512 字节 / 512 字节
磁盘标签类型:dos
磁盘标识符:0x000dcdb7
   设备 Boot  Start  End  Blocks   Id  System
/dev/sda1    * 2048 1026047  512000   83  Linux
/dev/sda2 1026048   12390604761440000   83  Linux
```

/dev/sda3   123906048   128100351 2097152   82   Linux swap / Solaris

显示结果中各个字段的说明如下。

Device:分区的设备名。

Boot:是否为引导分区,若是则有“*”标识。

Start:该分区在硬盘中的起始位置(柱面数)。

End:结束位置。

Blocks:分区的大小(默认单位:KB)。

Id:分区类型的 ID 标记号(EXT3=83,LVM=8e)。

System:分区类型。

5.2.3 创建新分区

在交互式操作环境中管理磁盘分区,大体分为四步:使用 fdisk 分区⟶重读分区表⟶格式化分区⟶挂载分区。

1. 使用 fdisk 分区

[root@ ezsvs ~]# fdisk /dev/sda   【管理第一块磁盘】

欢迎使用 fdisk (util-Linux 2.23.2)

更改将停留在内存中,直到您决定将更改写入磁盘

使用写入命令前请三思

命令 (输入 m 获取帮助):p   【输入 p:查看分区】

磁盘 /dev/sda:107.4 GB,107374182400 字节,209715200 个扇区

Unra= 扇区 of 1 * 512 = 512 bytes

扇区大小 (逻辑/物理):512 字节 / 512 字节

I/O 大小 (最小/最佳):512 字节 / 512 字节

磁盘标签类型:dos

磁盘标识符:0x000ac6f8

设备 Boot   Start End   Blocks   Id   System

/dev/sda1   * 2048 1026047   512000   83   Linux

/dev/sda2 1026048   12390604761440000   83   Linux

/dev/sda3   123906048   128100351 2097152   82   Linux swap / Solaris

【以上结果显示只有三个主分区,主分区总共只能创建四个,所以接下来我们需要将第四个主分区设置成扩展分区,在扩展分区上划分逻辑分区。下面把剩下的磁盘空间全部给扩展分区,即 sda4】

命令 (输入 m 获取帮助):n   【输入 n:创建新的分区】

Partition type:

p   primary (3 primary, 0 extended, 1 free)

e   extended

Select (default e): e   【Linux 下最多只能有四个主分区,上面 p 命令的执行结果显示了三个主分区,因此这里选择扩展分区】

已选择分区 4

起始 扇区 (128100352-209715199,默认为 128100352):   【直接按回车键,默认起始扇区】

将使用默认值 128100352

Last 扇区, + 扇区 or + size{K,M,G} (128100352-209715199,默认为 209715199):   【直接

按回车键,把剩下的所有空间都给扩展分区】

将使用默认值 209715199

分区 4 已设置为 Extended 类型,大小设为 38.9 GB

命令(输入 m 获取帮助):p 【查看分区】

磁盘 /dev/sda:107.4 GB, 107374182400 字节,209715200 个扇区

Unra = 扇区 of 1 * 512 = 512 bytes

扇区大小(逻辑/物理):512 字节 / 512 字节

I/O 大小(最小/最佳):512 字节 / 512 字节

磁盘标签类型:dos

磁盘标识符:0x000ac6f8

设备 Boot Start End Blocks Id System

/dev/sda1 * 2048 1026047 512000 83 Linux

/dev/sda2 1026048 12390604761440000 83 Linux

/dev/sda3 123906048 128100351 2097152 82 Linux swap / Solaris

/dev/sda4 128100352 209715199408074245 Extended 【刚才创建的扩展分区】

然后在扩展分区上创建逻辑分区

命令(输入 m 获取帮助):n 【创建新分区】

All primary partitions are in use

添加逻辑分区 5

起始 扇区 (128102400-209715199,默认为 128102400): 【直接按回车键,默认起始扇区】

将使用默认值 128102400

Last 扇区, + 扇区 or + size{K,M,G} (128102400-209715199,默认为 209715199):+ 500MB 【指定分区大小】

分区 5 已设置为 Linux 类型,大小设为 500 MB

命令(输入 m 获取帮助):p

磁盘 /dev/sda:107.4 GB, 107374182400 字节,209715200 个扇区

Unra = 扇区 of 1 * 512 = 512 bytes

扇区大小(逻辑/物理):512 字节 / 512 字节

I/O 大小(最小/最佳):512 字节 / 512 字节

磁盘标签类型:dos

磁盘标识符:0x000ac6f8

设备 Boot Start End Blocks Id System

/dev/sda1 * 2048 1026047 512000 83 Linux

/dev/sda2 1026048 12390604761440000 83 Linux

/dev/sda3 123906048 128100351 2097152 82 Linux swap / Solaris

/dev/sda4 128100352 209715199408074245 Extended

/dev/sda5 128102400 129126399 512000 83 Linux 【刚才创建的 500 MB 的逻辑分区】

命令(输入 m 获取帮助):w 【保存并退出】

The partition table has been altered!

Calling ioctl() to re-read partition table.

WARNING: Re-reading the partition table failed with error 16: 设备或资源忙.

The kernel still uses the old table. The new table will be used at

```
the next reboot or after you run partprobe(8) or kpartx(8)
正在同步磁盘
```

fdisk 的其他用法可使用 fdisk -help 来查看，进入 fdisk 分配区置界面后，有以下常用的分区指令。

m：查看所有指令的帮助信息。

p：列出硬盘分区情况。

n：新建分区。

d：删除分区。

t：变更分区类型。

w：保存分区的设置并退出。

q：放弃分区的设置并退出。

其他指令可通过在“fdisk 管理”中输入 m 来查看。

2. 重读分区表

重读分区表有两种方式：用 partprobe 命令刷新内核、重启计算机。我们在这里选择第一种方式进行。

```
[root@ ezsvs ~]#  partprobe /dev/sda              【将新分区刷入内核】
[root@ ezsvs ~]#  more /proc/partitions           【查看分区】
major minor  # blocks   name
  1103655680 sr0
   80   104857600 sda
   81 512000 sda1
   82    61440000 sda2
   832097152 sda3
   84   1 sda4
   85 512000 sda5
```

3. 格式化分区

mkfs：格式化 EXT3、EXT4、FAT32、XFS 等不同类型的分区。

mkswap：在指定的分区上创建交换文件系统。

```
[root@ ezsvs ~]#  mkfs.xfs /dev/sda5             【将新建的分区格式化为 XFS 格式】
meta-data = /dev/sda5            isize= 256agcount= 4, agsize= 32000 blks
         =                       sectsz= 512   attr= 2, projid32bit= 1
         =                       crc= 0
data     =                       bsize= 4096   blocks= 128000, imaxpct= 25
         =                       sunit= 0   swidth= 0 blks
naming   = version 2             bsize= 4096   ascii-ci= 0 ftype= 0
log      = internal log          bsize= 4096   blocks= 853, version= 2
         =                       sectsz= 512   sunit= 0 blks, lazy-count= 1
realtime = none                  extsz= 4096   blocks= 0, rtextents= 0
```

4. 挂载分区

挂载分区有两种方式，第一种是手动挂载，第二种是写入 fstab 文件自动挂载。

1）手动挂载

使用 mount 命令挂载文件系统、ISO 镜像到指定的文件夹，命令格式为 mount(-t 类型) 存储设备 挂载点目录，例如：mount-o loop ISO 镜像文件 挂载点目录（ISO 镜像文件通常被视为一种特殊的回环文件系统，挂载时加“-o loop”）。如果要卸载已挂载的文件系统，使用 umount 命令，命令格式为：umount 存储设备位置/挂载点目录。

```
[root@ ezsvs ~]# mkdir /aaa                    【创建一个目录供分区挂载使用】
[root@ ezsvs ~]# mount /dev/sda5 /aaa          【将/dev/sda5 挂载到/aaa 目录上】
[root@ ezsvs ~]# df -h                         【查看挂载】
文件系统容量  已用  可用 已用% 挂载点
/dev/sda259G  3.8G  55G7% /
devtmpfs986M 0  986M0% /dev
tmpfs   994M  84K  994M1% /dev/shm
tmpfs   994M  8.9M  986M1% /run
tmpfs   994M 0  994M0% /sys/fs/cgroup
/dev/sda1   497M  116M  382M  24% /boot
/dev/sr03.5G  3.5G 0  100% /run/media/root/RHEL-7.0 Server.x86_64
/dev/sda5   497M  26M  472M6% /aaa
```

备注：Linux 系统中的所有硬件设备必须挂载在某一目录下才能正常使用。

2）文件系统的自动挂载

文件系统的自动挂载就是指设备随着开机自动挂载到相应的目录，可以通过配置/etc/fstab 文件来实现。

第一步：配置/etc/fstab 文件。mount 的配置文件包含了开机自动挂载的文件系统记录。

```
[root@ ezsvs ~]# vi /etc/fstab
# /etc/fstab
# Created by anaconda on Thu May  5 09:51:43 2016
# Accessible filesystems, by reference, are maintained under '/dev/disk'
# See man pages fstab(5), findfs(8), mount(8) and/or blkid(8) for more info
UUID= 3f0e2d6a-b41a-4ed5-9911-1b4791603397 / xfs defaults1 1
UUID= 5d5c392d-54c2-41e8-8984-2f0e75f268be /boot xfs defaults1 2
UUID= 734c665b-d590-4cb9-86f4-67c86f575b08 swap swapdefaults0 0
/dev/sda5   /bbb   xfs defaults0 0
```

第二步：刷新 fstab 文件。

```
[root@ ezsvs ~]# mount -a          【只能刷新当前没有挂载的分区的 fstab 文件】
[root@ ezsvs ~]# df -h
文件系统容量  已用  可用 已用% 挂载点
/dev/sda259G  3.0G  56G5% /
devtmpfs986M 0  986M0% /dev
tmpfs   994M  80K  994M1% /dev/shm
tmpfs   994M  8.9M  986M1% /run
/dev/sda1   497M  116M  382M  24% /boot
/dev/sda5   497M  26M  472M6% /bbb
```

或者

```
[root@ ezsvs ~]#  mount  -o remount /bbb          【刷新当前已经挂载的分区的 fstab 文件】
```

5.3 磁盘配额

5.3.1 磁盘配额介绍

磁盘配额就是指管理员可以为用户所能使用的磁盘空间进行配额限制,每一个用户只能使用最大配额范围内的磁盘空间。这样可以防止个别用户恶意或无意占用大量磁盘空间,保证系统存储空间的稳定性。

(1) 前提:内核支持并安装了 quota 软件包。

(2) 作用范围:指定的文件系统(即分区)。

(3) 限制对象:用户账号、组账号。

(4) 限制类型:磁盘容量(KB)、文件数量。

(5) 限制方式:软限制(允许超出,但会提醒)、硬限制(不允许超出)。

5.3.2 磁盘配额管理

1. 以支持配额功能的方式挂载文件系统

在配置、调试过程中,可以使用"-o usrquota,grpquota"选项的 mount 命令挂载指定的分区,以便增大对用户、组配额功能的支持。

例:将/dev/sda5 分区挂载到/aaa 目录下,添加用户配额、组配额支持。

```
[root@ ezsvs ~]#  mount  -o usrquota,grpquota /dev/sda5 /aaa
[root@ ezsvs ~]#  mount | grep "quota"
/dev/sda2 on / type xfs (rw,relatime,seclabel,attr2,inode64,noquota)
/dev/sda1 on /boot type xfs (rw,relatime,seclabel,attr2,inode64,noquota)
/dev/sda5 on /aaa type xfs (rw,relatime,seclabel,attr2,inode64,usrquota,grpquota)
```

上述命令是手动挂载,也可以将参数写入 fstab 文件来实现开机自动挂载,如下:

```
[root@ ezsvs ~]#  vi /etc/fstab
/dev/sda5/aaaxfs defaults,usrquota,grpquota0 0
```

2. 检测磁盘配额并生成配额文件

使用 quotacheck 命令可以对文件系统进行磁盘配额检测,也可以用此命令建立配额文件,以便保存用户、组在该分区中的配额设置。

例:检查系统所有分区的磁盘配额信息,并在可用的文件系统中建立配额文件。

```
[root@ ezsvs ~]#  quotacheck  -augcv
quotacheck: Skipping /dev/sda5 [/aaa]
quotacheck: Cannot find filesystem to check or filesystem not mounted with quota
option.    【表示当前主机没有支持磁盘配额功能的文件系统】
```

上述命令中选项的解释如下。

—a:扫描所有分区。

—u:检测用户配额信息。

◀扫码观看本章 1~2 小节的视频课程

—g：检测组配额信息。

—c：创建新的配额文件。

—v：显示命令执行过程中的细节信息。

3. 编辑用户和组的配额设置

使用 edquota 命令编辑用户、组的配额设置，可以设置磁盘容量、文件大小的软硬限制数值。

例：编辑 max 用户的配额设置，容量上软限制设为 80 MB、硬限制设置为 100 MB，文件数量上软限制设置为 40 个、硬限制设置为 50 个。

```
[root@ ezsvs ~]# edquota -u max
Disk quotas for user max (uid 1000):
   Filesystem blocks soft hard inodes soft hard
   /dev/sda5 0 80000 100000 04050
```

上述命令中选项的解释如下。

Filesystem：对应的文件系统，即作用范围。

blocks：已使用的磁盘容量，默认单位为 KB，不改动。

第一个 soft：磁盘容量的软限制数值，默认单位为 KB。

第一个 hard：磁盘容量的硬限制数值，默认单位为 KB。

inodes：用户当前已经拥有的文件数量（占用 i 节点的个数，不改动）。

第二个 soft：文件数量的软限制。

第二个 hard：文件数量的硬限制。

4. 启动文件系统的磁盘配额功能

启动和关闭文件系统的磁盘配额功能分别使用 quotaon、quotaoff 命令。

例：关闭、开启/aaa 文件系统的用户、组磁盘配额功能。

```
[root@ ezsvs ~]# quotaoff -ugv /aaa
Disabling group quota enforcement on /dev/sda5
/dev/sda5: group quotas turned off
Disabling user quota enforcement on /dev/sda5
/dev/sda5: user quotas turned off
[root@ ezsvs ~]# quotaon -ugv /aaa
Enabling group quota enforcement on /dev/sda5
/dev/sda5: group quotas turned on
Enabling user quota enforcement on /dev/sda5
/dev/sda5: user quotas turned on
```

5. 验证磁盘配额功能

使用受配额限制的用户名登录系统，切换到应用了配额功能的文件系统中，进行写入操作，测试配额是否生效。在测试中，可以使用 dd 命令创建文件。dd 是一个设备转换和复制命令，使用“if=”选项指定输入设备（或文件），使用“of=”选项指定输出设备（或文件），使用“bs=”选项指定读取数据块的大小，使用“count=”选项指定读取数据块的数量。

例：用 max 用户名登录系统，并切换到/aaa 目录下，使用 dd 命令进行磁盘配额测试。

```
[root@ ezsvs ~]# chmod 777 /aaa      【在 root 用户下给/aaa 目录(/dev/sda5 挂载目录)
```

777 权限】

```
[root@ ezsvs ~]#  su - max     【切换到 max 用户】
上一次登录:一 6月 27 17:20:50 CST 2016pts/0 上
[max@ ezsvs ~]$  cd /aaa     【切换到/aaa 目录】
[max@ ezsvs aaa]$  dd if= /dev/zero of= myfile bs= 1M count= 50     【创建空文件
50 MB】
记录了 50+ 0 的读入
记录了 50+ 0 的写出
52428800 字节 (52 MB)已复制,0.0653185 秒,803 MB/秒     【在配额范围内,创建成功】
[max@ ezsvs aaa]$  dd if= /dev/zero of= myfile bs= 1M count= 100     【创建空文件
100 MB】
dd: 写入"myfile" 出错: 超出磁盘限额     【超出硬限制,创建失败】
记录了 98+ 0 的读入
记录了 97+ 0 的写出
102400000 字节 (102 MB)已复制,0.646678 秒,158 MB/秒
```

6. 查看用户或分区的配额使用情况

可以使用 quota 命令查看用户的配额使用情况,使用 repquota 命令查看文件系统的配额使用情况。

例:查看 max 用户的磁盘配额使用情况。

```
[root@ ezsvs ~]#  quota  -u max
Disk quotas for user max (uid 1000):
Filesystem  blocks  quota  limit  grace  files  quota  limit  grace
  /dev/sda5  99328*  80000  100000  6days  1  40  50
```

例:查看/dev/sda5(/aaa)文件系统的磁盘配额使用情况。

```
[root@ ezsvs ~]#  repquota /aaa
 * * * Report for user quotas on device /dev/sda5
Block grace time: 7days; Inode grace time: 7days
Block limraFile limra
Userusedsofthard  graceused  soft  hard  grace
————————
root  --  0  0  0  3 0 0
max+ -  99328  80000  100000  6days  14050
```

5.4 RAID 磁盘阵列

5.4.1 RAID 简介

独立硬盘冗余阵列(RAID,redundant array of independent disks),简称磁盘阵列。其基本思想是把多个相对便宜的硬盘组合起来,形成一个硬盘阵列组,使其性能达到甚至超过一个价格昂贵、容量巨大的硬盘。根据选择版本的不同,RAID 比单个硬盘有以下一个或多个方面的好处:增强数据集成度、增强容错功能、增加处理量或容量。另外,磁盘阵列对于计

算机来说，就像一个单独的硬盘或逻辑存储单元，分为 RAID-0、RAID-1、RAID-5、RAID-6、RAID-10、RAID-50、RAID-60。

简单来说，RAID 就是把多个硬盘组合成一个逻辑扇区，因此，操作系统只会把它当作一个硬盘。RAID 常被用在服务器计算机上，并且常使用完全相同的硬盘作为组合。由于硬盘价格不断下降和 RAID 功能可以更加有效地与主板集成，RAID 也成为玩家的一个选择，特别是需要大容量存储空间的工作，如视频与音频制作。

最初的 RAID 分成了不同的档次，每种档次都有其理论上的优缺点，不同的档次在增加数据可靠性和增加存储器(群)读写性能这两个目标之间获取平衡。近些年来，对 RAID 有了不同的应用。

5.4.2　常见 RAID 及其原理

1. RAID-0：带区卷

RAID-0 将两个以上的硬盘并联起来，形成一个大容量的硬盘，如图 5-2 所示。在存放数据时，数据分段后分散存储在这些磁盘中。因为读写时都可以并行处理，所以在所有的级别中，RAID-0 的速度是最快的。但是，RAID-0 既没有冗余功能，也不具备容错能力，如果一个磁盘(物理)损坏，所有数据都会丢失，危险程度与 JBOD 相当。

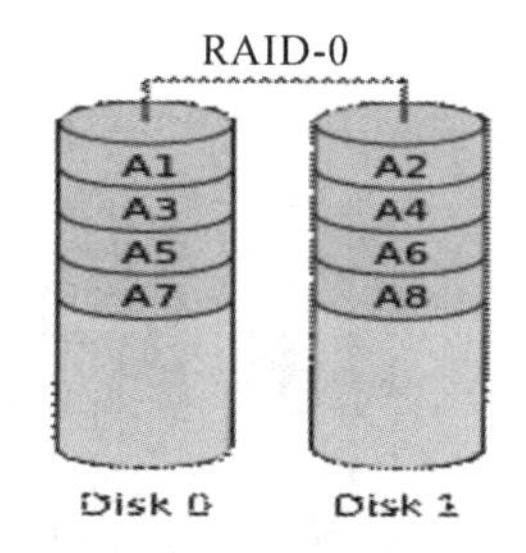

图 5-2

2. RAID-1：镜像卷

RAID-1：两组以上的 N 个硬盘相互作镜像，如图 5-3 所示，在一些多线程操作系统中能有很好的读取速度，理论上读取速度等于硬盘数量的倍数，写入速度有微小的降低。只要一个硬盘正常就可维持运作，可靠性最高。其原理为在主硬盘上存放数据的同时也在镜像硬盘上写一样的数据。当主硬盘(物理)损坏时，镜像硬盘则代替主硬盘工作。因为有镜像硬盘做数据备份，所以 RAID-1 的数据安全性在所有的 RAID 级别中是最好的。但无论用多少硬盘做 RAID-1，仅算一个硬盘的容量，故 RAID-1 是所有 RAID 中硬盘利用率最低的一个级别。如果用两个大小不同的硬盘建 RAID-1，可用空间较小的那个硬盘，较大的硬盘多出来的空间可以分割成一个分区来使用，这样不会造成浪费。

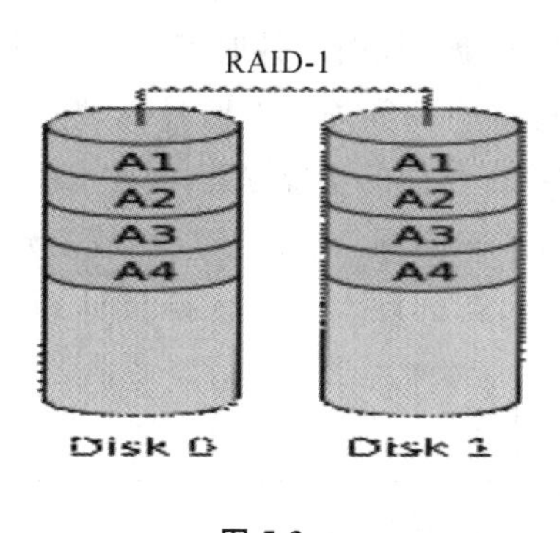

图 5-3

3. RAID-3：奇偶检验卷

RAID-3 采用 Bit-interleaving(数据交错存储)技术，它通过编码将数据比特分割后分别存在硬盘中，而将同比特检查后的数据单独存在一个硬盘中，如图 5-4 所示。由于数据内的比特分散在不同的硬盘上，因此就算要读取一小段数据资料都可能需要所有的硬盘进行工作，所以这种规格比较适用于读取大量数据。

4. RAID-5：分布式奇偶检验卷

RAID-5 是一种兼顾储存性能、数据安全和存储成本的存储解决方案，如图 5-5 所示。

它使用的是硬盘分区技术。RAID-5 至少需要三个硬盘。RAID-5 不是对存储的数据进行备份,而是把数据和相对应的奇偶校验信息存储到组成 RAID-5 的各个硬盘上,并且奇偶校验信息和相对应的数据分别存储于不同的硬盘上。当 RAID-5 的一个硬盘的数据发生损坏后,可以利用剩下的数据和相应的奇偶校验信息去恢复被损坏的数据。RAID-5 可以理解为是 RAID-0 和 RAID-1 的折中方案。RAID-5 可以为系统数据提供安全保障,保障程度要比镜像低但硬盘空间利用率要比镜像高。RAID-5 具有和 RAID-0 相近似的数据读取速度,只是,因为多了一个奇偶校验信息,所以写入数据的速度相对单独写入一个硬盘的速度略慢,若使用"回写缓存"可以让性能改善不少。同时,由于多个数据对应一个奇偶校验信息,RAID-5 的磁盘空间利用率要比 RAID-1 高,存储成本相对便宜。

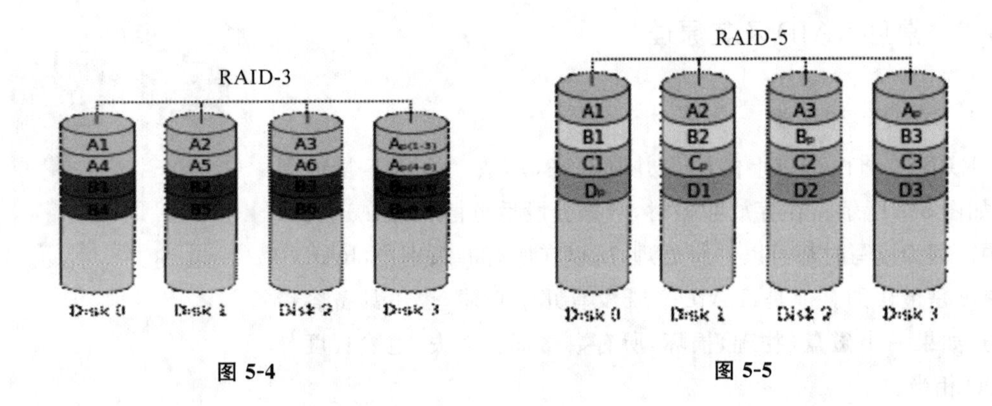

图 5-4　　图 5-5

5. RAID-6:**双重奇偶检验卷**

与 RAID-5 相比,RAID-6 增加了一个独立的奇偶校验信息块,如图 5-6 所示。两个独立的奇偶系统使用不同的算法,数据的可靠性非常高,任意两个硬盘同时失效时不会影响数据的完整性。RAID-6 需要分配给奇偶校验信息更大的硬盘空间和额外的校验计算,相对于 RAID-5 有更大的 IO 操作量和计算量,其"写性能"强烈取决于具体的实现方案,因此 RAID-6 通常不会通过软件方式来实现,而更可能通过硬件/固件方式来实现。同一数组中最多允许两个硬盘损坏。更换新硬盘后,数据将会重新算出并写入新的硬盘中。依照设计理论,RAID-6 必须具备四个以上硬盘才能生效。

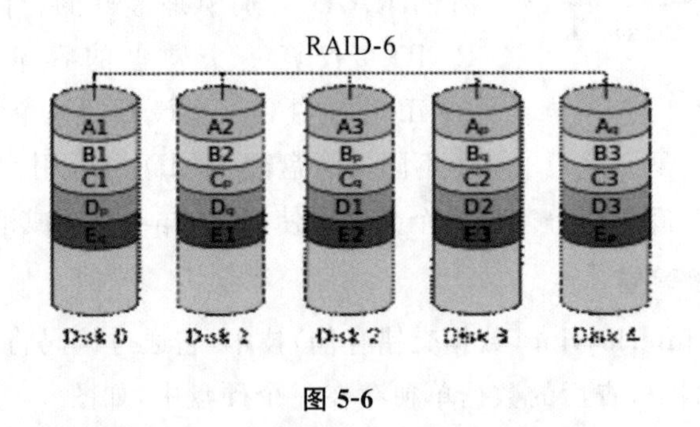

图 5-6

6. RAID-10 **与** RAID-01

RAID-10:先做 RAID-1,再做 RAID-0,如图 5-7(a)所示。

RAID-01:先做 RAID-0,再做 RAID-1,如图 5-7(b)所示。

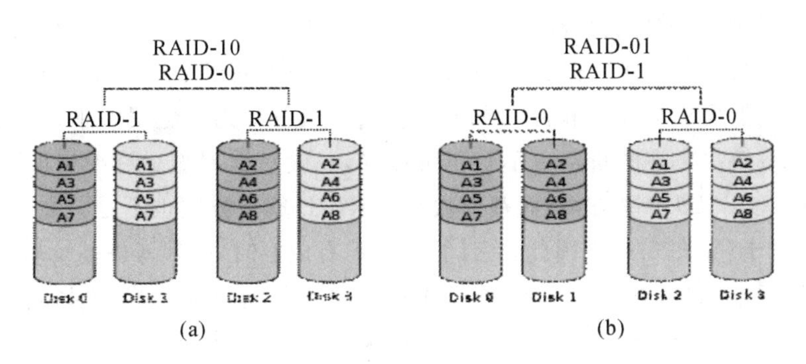

图 5-7

5.4.3 RAID 级别比较

RAID 级别比较如表 5-2 所示。

表 5-2

RAID级别	最少硬盘	最大容错	可用容量	读取性能	写入性能	安全性	目的	应用产业
单一硬盘	1	0	1	1	1	无		
0	2	0	n	n	n	一个硬盘异常，全部硬盘都会异常	追求最大容量、速度	视频剪接、缓存
1	2	$n-1$	1	1	1	最高，一个正常即可	追求最大安全性	个人、企业备份
5	3	1	$n-1$	$n-1$	$n-1$	高	追求最大容量、最小预算	个人、企业备份
6	4	2	$n-2$	$n-2$	$n-2$	安全性较 RAID-5 高	同 RAID-5，但较安全	个人、企业备份
10	4	$n/2$	$n/2$	n	$n/2$	安全性高	综合了 RAID-0/1 的优点，理论速度较快	大型数据库、服务器

5.4.4 硬 RAID

目前 RAID 技术大致分为两种：基于硬件的 RAID 技术（简称硬 RAID）和基于软件的 RAID 技术（简称软 RAID）。硬 RAID 通过 RAID 卡实现，软 RAID 是通过软件实现的。这两种技术并联用户提供可行的数据保护措施。其中，基于硬件的 RAID 技术比基于软件的 RAID 技术在使用性能和服务性能上稍胜一筹，具体表现为硬 RAID 技术在检测和修复多位错误、RAID 保护的可引导阵列、错误硬盘自动检测、剩余空间取代和阵列重建、共有的或指定的剩余空间和彩色编码报警等许多方面都优于软 RAID 技术。另外，硬 RAID 技术还提供从单一控制实施的对多 RAID 安装、多操作系统进行远程检测和管理的能力。

从安装过程来看，两种 RAID 解决方案的安装过程都比较容易，安装耗时也相差无几。从 CPU 占有率来看，基于硬件的 RAID 显然能够减少 CPU 的中断次数，同时降低主 PCI 总线的数据流量，从而使系统的性能得到提升。从 I/O 占用角度来考虑，两种解决方案的差别并不是很大，基于硬件的 RAID 解决方案仅在下列两方面有一定优势：减少 RAID-5 阵列在降级模式的运行时间、平行引导阵列的能力。另外,在基于硬件的RAID解决方案中,可以采用RAID-0/1取代RAID-1来提高性能。尽管基于硬件的RAID解决方案具有优势,但在产品的价格上仍然无法与基于软件的RAID抗衡——后者完全免费。不过现实生活中,基于硬件的RAID解决方案的价格也不是不可接受,一般只需增加少许投资即可获得一套基于硬件的入门级RAID解决方案,而基于软件的RAID解决方案也不是分文不花,至少还需购置一张SCSI卡(见图5-8)。因此,在计算总体拥有成本时,必须考虑基于软件的RAID解决方案的隐性成本,如用户生产效率、管理成本和重新配置的投资等,这些成本的综合往往会超过购买一套基于硬件的RAID解决方案所需成本。

在当今的企业环境中,任务密集型数据已应用于各种商业活动。为了使自己的数据获得更好的保护,许多企业已经开始利用RAID技术。一套优秀的RAID解决方案意味着可行性、友好的用户界面和简单的热键,总之应该让第一次使用的用户也能够非常方便地运行系统,同时,还应该具有更加详细的功能,以方便高级用户对自己的RAID进行优化配置。

图5-8 SCSI卡

5.5 硬RAID配置实例

步骤1 开机,根据屏幕提示按【Ctrl+R】组合键进入RAID设置界面,如图5-9所示。

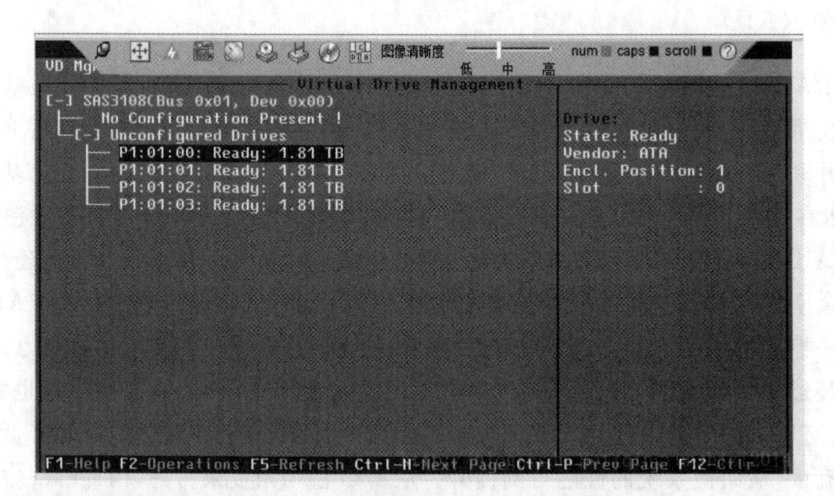

图5-9

步骤 2 光标移动到"sas3108(bus 0x01…)"上按【F2】键(功能类似于鼠标右键),弹出页面如图 5-10 所示。

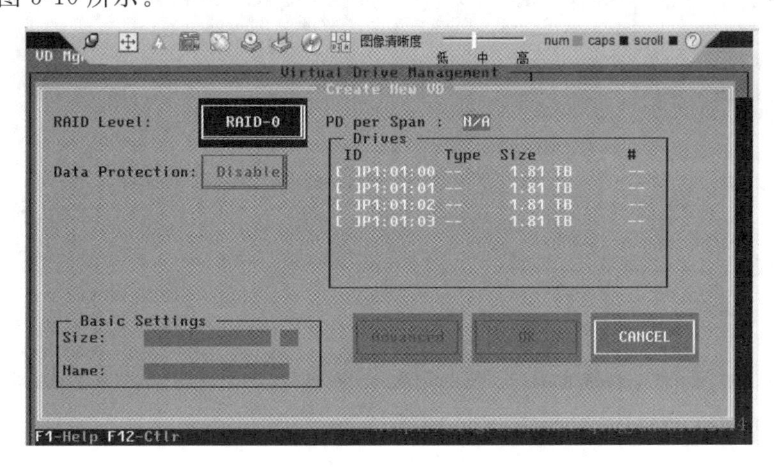

图 5-10

步骤 3 选择 RAID 等级,这里选择 RAID-5,然后使用【Tab】键切换到右侧,按【Enter】键选择所有硬盘(硬盘被选中后在前方的复选框中会出现一个"x"),如图 5-11 所示。

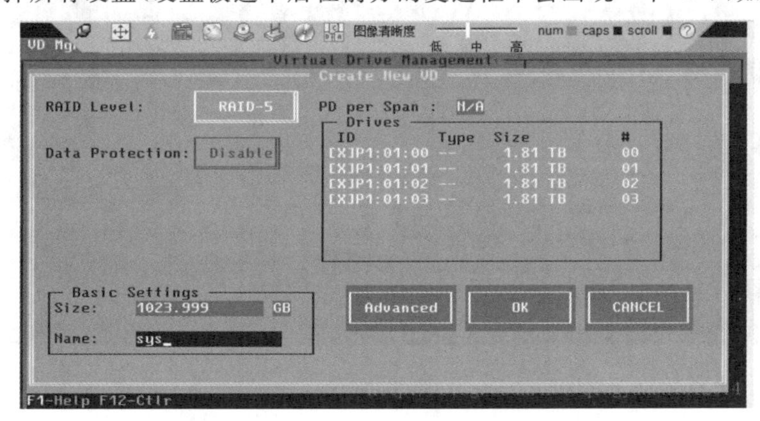

图 5-11

步骤 4 利用剩下的硬盘容量做另外一个 RAID-5,如图 5-12 和图 5-13 所示。

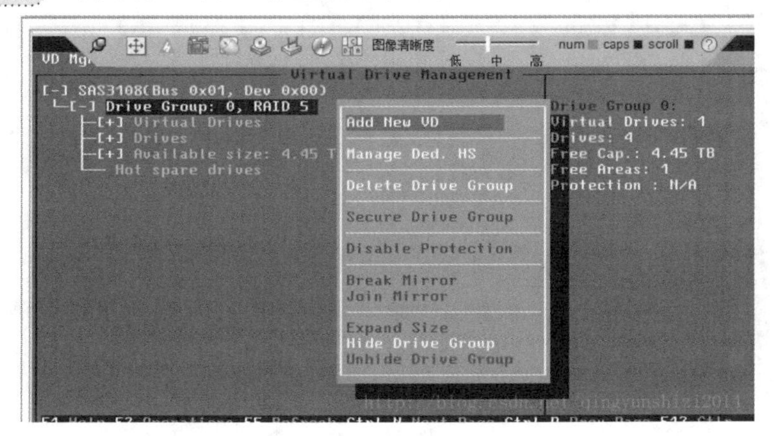

图 5-12

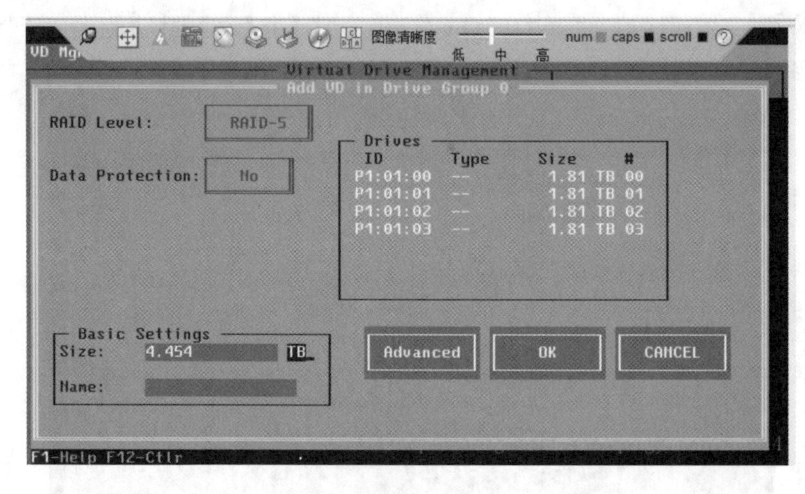

图 5-13

步骤 5 RAID 做好后，进行快速初始化，如图 5-14 所示。

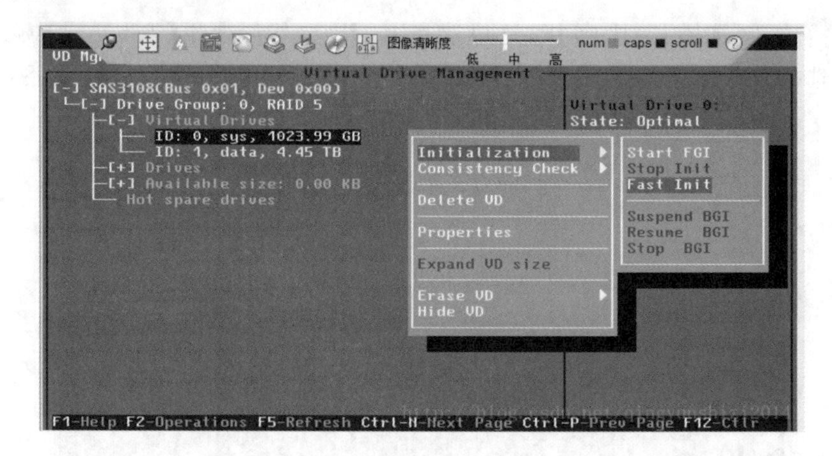

图 5-14

步骤 6 设置第一块硬盘为启动盘，按【Ctrl+P】键可以在不同大页签间切换，切换到 virtual driver management 下，做如图 5-15 所示设置（其实不设置也一样）。

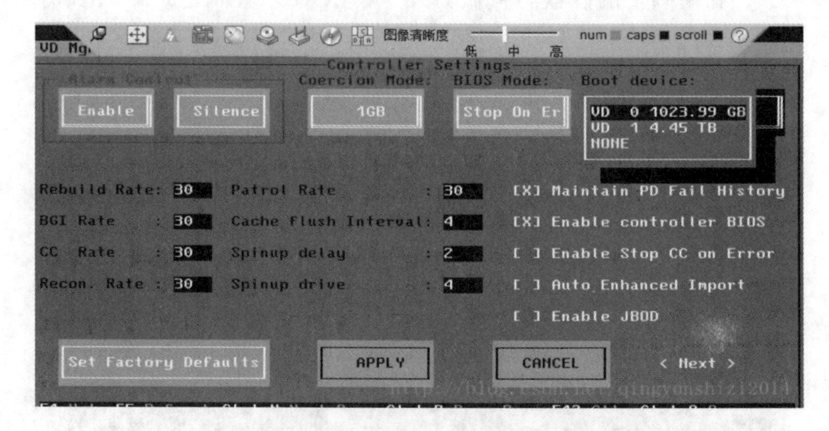

图 5-15

本章练习

1. 硬 RAID 和软 RAID 有什么区别?
2. RAID 有几种级别?
3. RAID-3 至少需要几块硬盘?
4. 如何查看硬盘空间的使用情况?
5. 按什么键进入 RAID 配置界面?

第 6 章 Linux 网络管理

学习本章内容，可以获取的知识：

- 掌握 Linux 的网络配置
- 掌握 Linux 路由的相关配置

本章重点：

△ 服务器在 Linux 操作系统下业务 IP 地址的配置方法

△ Linux 操作系统下静态路由的配置

6.1 网络基础

6.1.1 网卡配置文件

Linux 一开始就是为了网络设计的，它的网络配置没有 Windows 那么复杂。在 Linux 中，在能联网的前提下给 Linux 服务器配置 IP 地址、子网掩码、网关和 DNS 即可将服务器连接到互联网。在 Linux 操作系统下配置的 IP 地址一般为服务器对外提供服务的业务 IP 地址。具体配置命令如下。

```
[root@ ezsvs ~]#  vi /etc/sysconfig/network-scripts/ifcfg-eno16777736    【编辑网卡文件】
HWADDR= "00:0C:29:79:2C:95"        【网卡的 MAC 地址】
TYPE= "Ethernet"                   【网卡类型，以太网】
BOOTPROTO= "dhcp"                  【获取 IP 地址的方式。dhcp 为自动获取，static 为静态获取】
DEFROUTE= "yes"
PEERDNS= "yes"
PEERROUTES= "yes"
IPV4_FAILURE_FATAL= "no"
```

◀扫码观看本章视频课程

```
IPV6INIT= "yes"
IPV6_AUTOCONF= "yes"
IPV6_DEFROUTE= "yes"
IPV6_PEERDNS= "yes"
IPV6_PEERROUTES= "yes"
IPV6_FAILURE_FATAL= "no"
NAME= "eno16777736"                              【网卡名称】
UUID= "d6c1e19c-84df-48a0-86a4-a7dfc5139fce"     【网卡标识码】
ONBOOT= "yes"                                    【是否随开机启动】
```

以上命令是 DHCP 自动获取 IP 地址的配置，配置静态 IP 地址的命令如下。

```
BOOTPROTO= "static"
IPADDR= 192.168.34.2
NETMASK= 255.255.255.0
GATEWAY= 192.168.34.1
DNS1= 114.114.114.114
```

备注：在 RHEL 5/6 版本中网卡名称为 eth0，RHEL 7 版本中网卡名称为 eno16777736。

6.1.2 主机名（完全域名）

```
[root@ ezsvs ~]#  vi /etc/hostname          【永久更改主机名】
ezsvs.example.com
```

6.1.3 DNS 服务器地址

DNS 为域名解析，在配置网络时会指定 DNS 服务器，配置完成后可以通过 resolv. conf 文件查看 DNS 地址。

```
[root@ ezsvs ~]#  vi /etc/resolv.conf       【DNS 服务器地址配置文件】
#  Generated by NetworkManager
domain localdomain
nameserver 192.168.236.2
```

6.1.4 指定如何解析主机名

Linux 通过解析器来获取主机名对应的 IP 地址。

```
[root@ ezsvs ~]#  vi /etc/host.conf
multi on
```

multi on：指定/etc/hosts 文件中指定的主机是否可以有多个地址。

6.1.5 本地解析

在机器启动过程中，在查询 DNS 之前，机器需要先查询一些主机名与 IP 地址的匹配信息，这些信息存放在/etc/hosts 文件中，在没有域名服务器的情况下，系统上的所有网络程序都通过查询该文件来解析对应于某个主机名的 IP 地址。

```
[root@ ezsvs ~]#  vi /etc/hosts
127.0.0.1  localhost localhost.localdomain localhost4 localhost4.localdomain4
```

```
::1         localhost localhost.localdomain localhost6 localhost6.localdomain6
192.168.236.2  ezsvs.example.com
```

6.2 静态路由配置

6.2.1 查看静态路由

静态路由是在路由器中设置的固定的路由表，一般用于规模不大、拓扑结构固定的网络中。静态路由的优点是简单、高效、可靠。route命令用来显示和设置Linux内核中的网络路由表。用route命令设置的路由主要是静态路由。要实现两个不同子网之间的通信，需要一台连接两个网络的路由器，也可利用同时位于两个网络的网关来实现。在Linux系统中设置路由通常是因为：该Linux系统在一个局域网中，局域网有一个网关，该网关能够让机器访问Internet，那么就需要将这台机器的IP地址设置为Linux系统的默认路由。需要注意的是，直接通过在命令行下执行route命令来添加路由，路由条目只是临时生效，当网卡或者机器重启之后，该路由条目就失效了。可以在/etc/rc.local中添加route命令来保证路由设置永久有效。

```
[root@ ezsvs ~]#  route            【查看路由表】
Kernel IP routing table
Destination Gateway Genmask Flags Metric RefUse Iface
default 192.168.236.2    0.0.0.0 UG1024    00 eno16777736
192.168.236.0    0.0.0.0 255.255.255.0    U 0    00 eno16777736
```

说明：其中Flags为路由标志，表明当前网络节点的状态。

U(up)——路由当前为启动状态。

H(host)——此网关为一个主机。

G(gateway)——此网关为一个路由器。

R(reinstate route)——使用动态路由重新初始化的路由。

D(dynamically)——此路由是动态写入的。

M(modified)——由路由守护程序或导向器修改。

！——此路由当前为关闭状态。

6.2.2 添加到主机的路由

添加两条主机路由，一条到192.168.236.10；一条到10.20.20.2，网关为192.168.236.1。

```
[root@ ezsvs ~]#  route add  -host 192.168.236.10 dev eno16777736
[root@ ezsvs ~]#  route add  -host 10.20.20.2 gw 192.168.236.1
```

6.2.3 添加到网络的路由

添加一条路由到10.20.20.0网段，网关为192.168.236.1。

```
[root@ ezsvs ~]#  route add  -net 10.20.20.0 netmask 255.255.255.0 gw 192.168.236.1
```

6.2.4 删除路由

删除刚刚添加的路由条目。

```
[root@ ezsvs ~]# route del -host 192.168.236.10 dev eno16777736
[root@ ezsvs ~]# route del -net 10.20.20.0 netmask 255.255.255.0 gw 192.168.236.1
```

这个路由是在网络服务启动的时候生效的，而其他的一些网络相关服务都是在网络服务启动成功之后再启动的，这样能够保证网络链路的通畅。

本章练习

1. 如何查看网卡的 IP 地址？
2. 网卡的配置文件在哪里？
3. 在 CentOS 7 中重启网卡的命令是什么？
4. 如何在 CentOS 7 下添加一条静态路由？

第 7 章　IDC 现场硬件基础知识

学习本章内容，可以获取的知识：

- 掌握服务器的组成与结构
- 了解常见服务器的生产厂家与型号
- 熟悉 IDC 机房常用工具的使用

本章重点：

△ 服务器的结构认识

△ IDC 现场常见工具的使用

7.1 服务器基础知识

7.1.1 服务器概述

服务器，也称伺服器，是网络环境中的高性能计算机，它侦听网络上其他计算机（客户机）提交的服务请求，并提供相应的服务，因此服务器必须具有承担服务并且保障服务的能力。

服务器与普通 PC 机的比较如表 7-1 所示。

表 7-1

指　标	服　务　器	普通 PC 机
处理器性能	支持多处理，性能高	一般不支持多处理，性能低
I/O（输入/输出）性能	强大	相对弱
可管理性	高	相对低
可靠性	非常高	相对低
扩展性	非常强	相对弱

◀扫码观看本章视频课程

7.1.2 服务器的结构

服务器的结构与普通PC机的结构如图7-1所示。

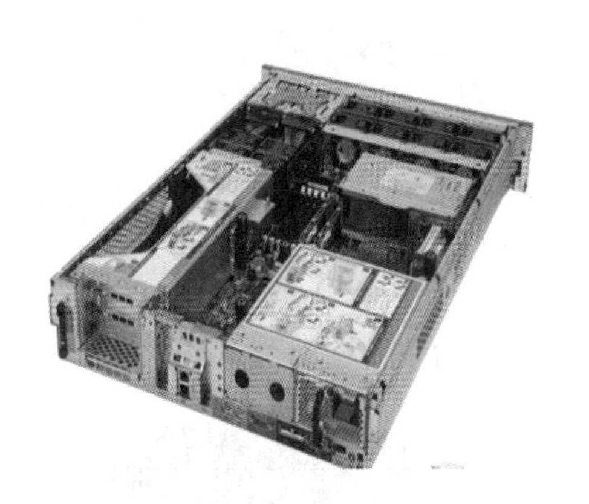

图7-1

其实，服务器与普通PC机的最大区别在于配置的高低，而且服务器在硬件的冗余方面做得尤为卓越。服务器比普通PC机多了某些硬件，如磁盘阵列卡、远程管理端口等。

7.1.3 服务器的功能

服务器的英文名称为“server”，指的是在网络环境中为客户机(client)提供各种服务的、特殊的专用计算机。在网络中，服务器承担着存储、转发、发布数据的关键任务，是各类基于客户机/服务器(C/S)模式网络的重要组成部分。对服务器硬件并没有一定的硬性规定，特别是中、小型企业，它们的服务器可能就是一台性能较好的PC机，不同的只是该PC机中安装了专门的服务器操作系统，所以使得该PC机担当了服务器的角色，俗称PC服务器，由它来完成各种服务器任务。当然，由于PC机与专门的服务器在性能方面差距较远，所以由PC机担当的服务器在网络连接性能、稳定性等各方面都不能承担高负荷任务，只适用于小型且任务简单的网络。本处所介绍的不是这种PC服务器，而是各种专门的服务器。

服务器在网络系统的控制下，将与其相连的硬盘、磁盘阵列、磁带、打印机及昂贵的专用通信设备提供给网络的客户站点共享，同时能为网络用户提供集中计算、信息发布及数据管理等服务。

服务器通过网络操作系统控制和协调各个工作站的运行，响应和处理各个工作站发送来的各种网络操作请求。

服务器可以存储和管理网络中的各种软硬件共享资源，如数据库、文件、应用程序、打印机等资源。

网络管理员可以在网络服务器上对工作站的活动进行监视、控制以及调整。

7.1.4 服务器的分类

1. 按应用层次分类

服务器根据其应用层次可分为入门级服务器、工作组服务器、部门级服务器、企业级服务器。

1）入门级服务器

CPU采用单线程4核结构；部分硬件（如硬盘、电源等）冗余处理，非必需性要求；通常采用SCSI接口硬盘和SATA串行接口硬盘；满足小型网络用户文件资源共享、简单数据库服务等需求。

联想入门级服务器T100如图7-2所示。

2）工作组服务器

CPU采用双线程4核结构，多硬件冗余处理；提供的应用服务较为全面、可管理性强，且易于维护；满足中小型网络多业务应用、大型网络局部应用的需求；支持大容量的ECC内存和增强服务器管理功能的SM总线。

DELL PowerEdge T630塔式服务器如图7-3所示。

图 7-2

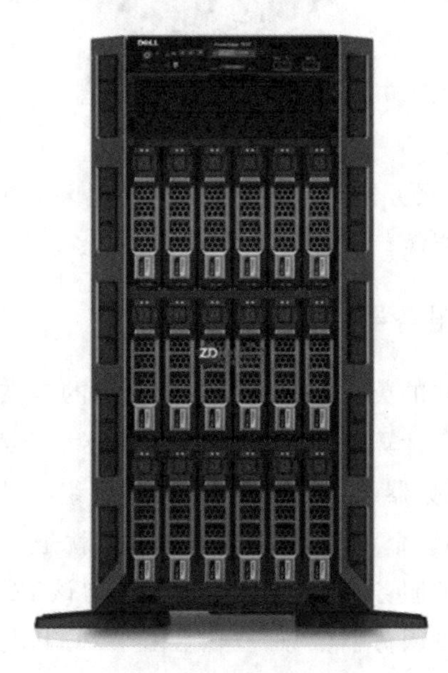

图 7-3

3）部门级服务器

CPU采用双线程4核结构，多硬件冗余处理；硬件配置参数性能要求较高；用户在业务量迅速增大时能够及时在线升级系统；提供企业信息化的基础架构；除了具有工作组服务器的全部特点外，还集成了大量的监测及管理电路，具有全面的服务器管理能力，结合标准服务器管理软件，可监测温度、电压等状态参数；适合中型企业作为数据中心、Web站点等应用。

IBM system x3650如图7-4所示。

4）企业级服务器

普遍可支持4至8个PIII Xeon（至强）或P4 Xeon（至强）处理器结构；拥有独立的双PCI通道和内存扩展板设计，具有高内存带宽；使用大容量热插拔硬盘和热插拔电源；集成了大量监测及管理电路，具有全面的服务器管理能力；具有较高的容错能力及优良的扩展性能。

DELL企业级服务器R910如图7-5所示。

图 7-4

图 7-5

2. 按机箱结构分类

服务器根据机箱结构分为机架式服务器、塔式服务器、刀片式服务器、机柜式服务器。

1）机架式服务器

机架式服务器的外形并不像常规计算机，而是与交换机相似，有 1U、2U、4U 等不同种规格，一般安装在 19 英寸（1 英寸＝0.025 4 米）标准机柜中，这种服务器多为功能型服务器，如图 7-6 所示。

图 7-6

2）塔式服务器

塔式服务器的外观与平时使用的立式 PC 机相似，如图 7-7 所示。该服务器的主板扩展性较强、插槽较多，机箱体积比标准的 ATX 机箱大。自身的硬件配置很高，较大的机身使冗余扩展性更强，所能应用的范围非常宽广。

图 7-7

3）刀片式服务器

刀片式服务器（见图 7-8）是将传统的机架式服务器的所有功能集中在一块高度压缩的电路板中，然后再将该电路板插入机箱中。从根本上来说，刀片式服务器就是一个卡上的服务器：一个单独的主板上包含一个完整的计算机系统，包括处理器、内存、网络连接和相关的电子器件。如果将多个刀片式服务器插入一个机架或机柜的平面上，那么该机架或机柜的基础设施就能够共用，同时具有冗余特性。刀片式服务器公认的优点有两个，一个是克服了芯片服务器集群的缺点，另一个是实现了机柜优化。

4）机柜式服务器

一些高档企业级服务器，由于内部结构复杂、设备较多，会将许多不同的设备单元或几个服务器放在一个机柜中，这种服务器就是机柜式服务器。机柜式服务器通常由机架式服务器、刀片式服务器和其他设备组合而成,如图 7-9 所示。

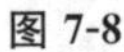

图 7-8

图 7-9

3. 主流服务器介绍

主流服务器示例如图 7-10 和图 7-11 所示。

1）戴尔服务器

DELL 服务器有塔式、机架式和刀片式等。

DELL 主流服务器的型号:

1U 机架式:1950、R410、R610、R620。

2U 机架式:2850、2950、R510、R710、R720、FS12、FS12-TY。

2）HP 主流服务器

1U 机架式:DL160、DL320、DL360。

2U 机架式:DL380 G4、DL380 G5、DL380 G6、DL380 G7、DL385 G1、DL180 G5、DL180 G6。

3）联想主流服务器

机架式:system x3250 M5、system x3550 M5、system x3650 M5、system x3850 X6。

塔式:system x3100 M5、system x3300 M4、system x3500 M5。

图 7-10

图 7-11

4）浪潮主流服务器

机架式: NF8480M3、NF8470M3、NF5280M4、NF5170M4。

塔式:NP5580M3、NP5020M3、NP3020M3、NP5540M3。

图 7-12 所示为浪潮的机架式服务器。

5）华为主流服务器

机架式：FusionServer RH8100 V3、FusionServer RH5885H V3、FusionServer RH5885 V3。

刀片式：FusionServer CH242 V3、FusionServer CH226 V3、E9000。

图7-13所示为华为的2U机架式服务器。

图 7-12

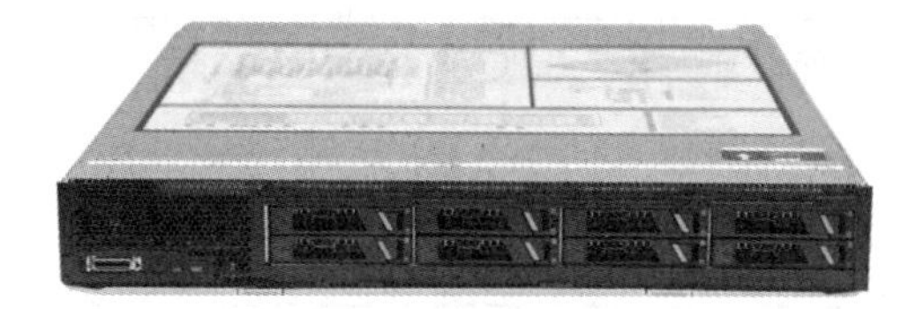

图 7-13

7.1.5 服务器组成

1. 中央处理器

中央处理器CPU（见图7-14）是一块超大规模的集成电路板，为服务器的运算核心和控制核心。虽然CPU是决定服务器性能的重要因素之一，但是如果没有其他配件的支持和配合，CPU也不能发挥出它应有的性能。

图 7-14

2. 内存

1）概述

服务器内存和PC机内存一样，频率可以用工作频率和等效频率两种方式表示，工作频率是内存颗粒实际的工作频率，但是由于DDR内存可以在脉冲的上升沿和下降沿传输数据，因此传输数据的等效频率是工作频率的两倍；而DDR2内存每个时钟都能够以四倍于工作频率的速度读/写数据，因此传输数据的等效频率是工作频率的四倍。

DDR 200、DDR 266、DDR 333、DDR 400的工作频率分别是100 MHz、133 MHz、166 MHz、200 MHz，而等效频率分别是200 MHz、266 MHz、333 MHz、400 MHz。

DDR2 400、DDR2 533、DDR2 667、DDR2 800的工作频率分别是100 MHz、133 MHz、166 MHz、200 MHz，而等效频率分别是400 MHz、533 MHz、667 MHz、800 MHz。

第三代服务器内存DDR3的频率有1 333 MHz、1 600 MHz等。

服务器内存标准记录与规格如表7-2所示。例如，10600是用带宽来命名，1333是DDR等效频率，换算公式为1333×8=10664，也就是我们常见的PC3-10600。

表 7-2

规　格	标　准	核心频率	I/O频率	等效频率	带　宽
SDR-133	PC-133	133 MHz	133 MHz	133 MHz	1.06 GB/s
DDR-266	PC-2100	133 MHz	133 MHz	266 MHz	2.1 GB/s
DDR-333	PC-2700	166 MHz	166 MHz	333 MHz	2.7 GB/s
DDR-400	PC-3200	200 MHz	200 MHz	400 MHz	3.2 GB/s
DDR2-533	PC2-4200	133 MHz	266 MHz	533 MHz	4.3 GB/s

续表

规　格	标　准	核心频率	I/O 频率	等效频率	带　宽
DDR2-667	PC2-5300	166 MHz	333 MHz	667 MHz	5.3 GB/s
DDR2-800	PC2-6400	200 MHz	400 MHz	800 MHz	6.4 GB/s
DDR3-1066	PC3-8500	133 MHz	533 MHz	1066 MHz	8.5 GB/s
DDR3-1333	PC3-10600	166 MHz	667 MHz	1333 MHz	10.7 GB/s
DDR3-1600	PC3-12800	200 MHz	800 MHz	1600 MHz	12.8 GB/s

2) 种类

服务器内存主要有 FBD 内存和 DDR 内存。

(1) FBD 内存。

FBD 即 fully-buffer DIMM(全缓存模组技术),是一种串行传输技术,可以提升内存的容量和传输带宽。它是 Intel 在 DDR2、DDR3 的基础上开发出来的一种新型内存模组与互联架构,既可以搭配 DDR2 内存芯片,也可以搭配 DDR3 内存芯片。FBD 可以极大地增加系统内存带宽和内存最大容量。

FBD 内存的优势:

① 大容量:具有比普通内存更大的容量。

② 灵活架构:保持内存控制器不变的同时可以采用 DDR2-533 到 DDR3-1600 范围内的不同内存颗粒。

③ 高可靠性:Inter 宣称 FBD 内存的设计目标是 100 年内出现少于一次的无记载数据错误。

④ 高带宽:单 FBD 通道的峰值理论吞吐量是单 DRAM 通道的 1.5 倍。

(2) DDR2 内存。

DDR2(double datarate 2)是由 JEDEC 开发的新生代内存技术标准,它与上一代 DDR 内存技术标准的最大不同就是,虽然同样采用了在时钟的上升/下降沿同时进行数据传输的基本方式,但 DDR2 内存却拥有 2 倍于上一代 DDR 内存的预读取能力。换句话说,DDR2 内存在每个时钟能够以 4 倍的外部总线速度读/写数据,并且能够以 4 倍的内部控制总线速度运行。

(3) DDR3 内存。

DDR3 相比于 DDR2 有更低的工作电压,从 DDR2 的 1.8 V 降落到 1.5 V,性能更好,更省电;DDR2 的 4 bit 预读升级为 8 bit 预读。DDR3 目前最快能够达到 2 000 MHz 的速度。

3) 厂家

服务器内存条目前主要的品牌有金士顿、三星、海力士、宇瞻等。

服务器内存条一般是由主流内存品牌代工生产的,所以服务器的内存必须要带有服务器厂家的 logo,方便后续进行内存的报修等操作。

图 7-15 所示为 HP PC3-10600 4GB 2R(生产厂商为三星)。

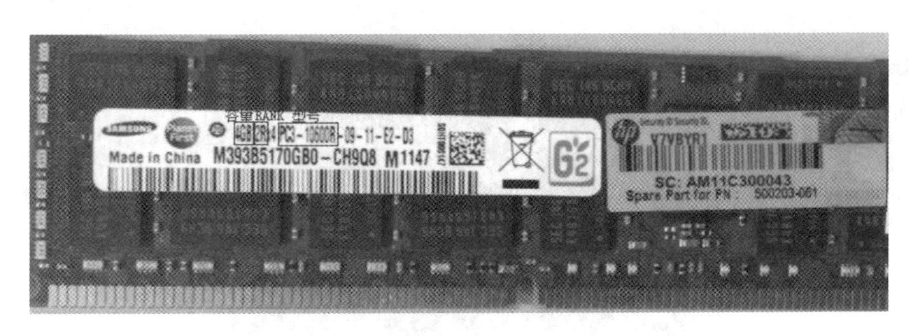

图 7-15

3. 硬盘

1）厂商

目前市面上的硬盘品牌有如下几种。

Seagate(希捷)：给IBM、HP、SONY等公司提供OEM。

Maxtor(迈拓)：2001年收购昆腾后成名，2005年底又被Seagate收购。

HDS(日立)：由IBM硬盘部收购而来。

WD(西部数据)：早期注重OEM市场，近年注重低功耗产品。

Samsung(三星)：侧重大客户。

2）接口类型

(1) SATA硬盘(见图7-16)，又称串口IDE硬盘，目前较多应用于主机和存储设备。15针电源插头，7针数据插头。速率有1.5 Gb/s和3.0 Gb/s两种。

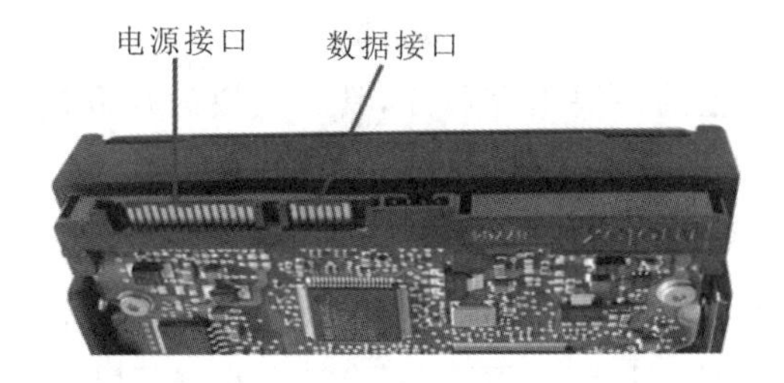

图 7-16

(2) SCSI硬盘(见图7-17)是一种广泛应用于小型计算机上的高速数据传输技术。SCSI接口具有应用范围广、支持多任务、带宽大、CPU占用率低及热插拔等优点，因此SCSI硬盘主要应用于中高端服务器、高档工作站以及存储设备。

SCSI接口目前常用的有68针和80针两种接口规格。

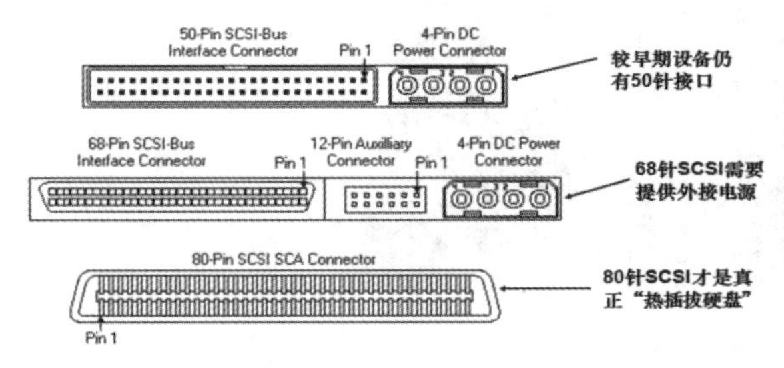

图 7-17

(3) SAS硬盘(见图7-18)。

更好的性能——采用串行传输代替并行传输,全双工模式。

更简便的连接线缆——不再使用SCSI那种扁平的宽排线。

更广的扩展性——可与SATA兼容。

更低的成本——具备简化内部连接设计的优势,可以通过共用组件降低设计成本。

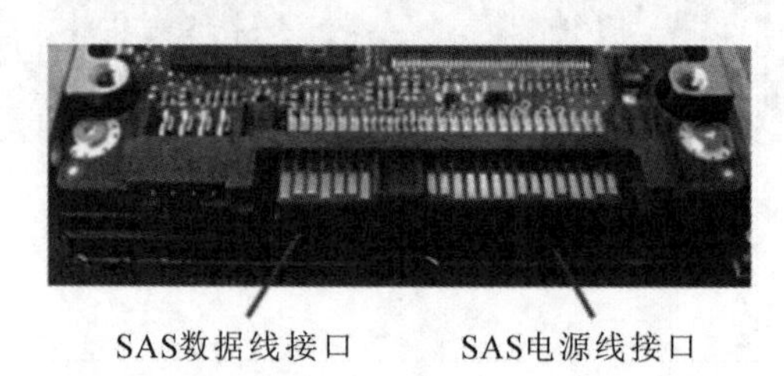

图7-18

3) 参数

(1) 容量:硬盘能存储的数据量大小,以字节为基本单位。硬盘都是由一个或几个盘片组成的,单碟容量就是包括正、反两面在内的单个盘片的总容量。

SCSI/FC/SAS:36 GB、73 GB、146 GB、300 GB、450 GB、600 GB等。

PATA/SATA:40 GB、60 GB、80 GB、120 GB、160 GB、200 GB、250 GB、300 GB、400 GB、500 GB、750 GB、1 000 GB、2 000 GB等。

(2) 转速:主马达转动速度,单位为RPM,即每分钟盘片转动的圈数。

SATA:一般为7 200转/分。

SCSI/SAS:一般为10 000转/分或15 000转/分。

(3) 缓存:硬盘控制器上的一块内存芯片,具有极快的存取速度,是内部盘片和外部接口之间的缓冲器。不同型号硬盘的缓存容量不一样,一般有8 MB、16 MB、32 MB等。

4. 主板

普通计算机的主板,更多的要求是在性能和功能上,而服务器主板是专门为满足服务器应用(高稳定性、高性能、高兼容性的环境)而开发的主机板,如图7-19所示。由于服务器的长运作时间、高运作强度,以及巨大的数据转换量、电源功耗量、I/O吞吐量,因此对服务器主板的要求是相当严格的。

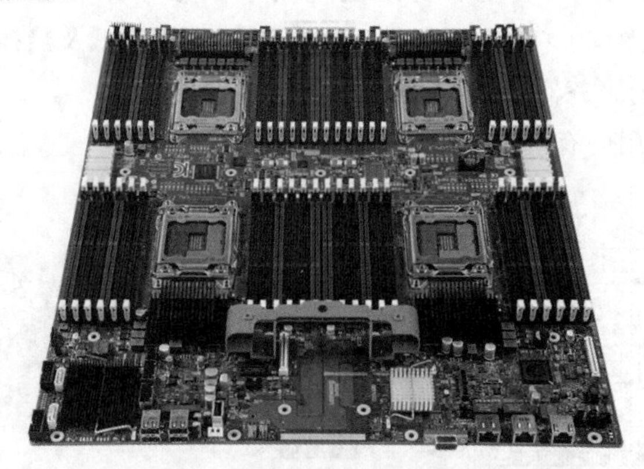

图7-19

服务器主板和普通计算机主板的区别如下。

第一，服务器主板一般至少支持两个处理器。

第二，服务器几乎任何部件都支持ECC、内存、处理器、芯片组。

第三，服务器很多地方都存在冗余，高档服务器上面甚至连CPU、内存都有冗余，中档服务器上，硬盘、电源的冗余是非常常见的，但低档服务器往往就是台式计算机的改装品。

第四，由于服务器的网络负载比较大，因此服务器的网卡一般都使用TCP/IP卸载引擎的网卡，效率高、速度快、CPU占用小，但目前高档台式计算机也开始使用高档网卡，甚至双网卡。

第五，硬盘方面，将用SAS /SCSI代替SATA。

5. 网卡

网卡是为计算机提供网络通信的部件，如图7-20所示。

普通计算机接入局域网或因特网时，一般情况下只需一块网卡就足够了。而为了满足服务器在网络方面的需要，服务器一般需要两块网卡或更多的网卡。

网卡按照接口类型可分为光口与电口。

图 7-20

6. 电源

服务器电源如图7-21所示，和普通计算机的电源一样，也是一种开关电源。服务器电源按照标准可以分为ATX电源和SSI电源两种。ATX电源使用较为普遍，主要用于台式计算机、工作站和低端服务器；而SSI电源是随着服务器技术的发展而产生的，适用于各种档次的服务器。

服务器电源的特征：长条状；元件多、耐高温、耐用；1U的功率为300～450 W，2U的功率在460 W以上。

图 7-21

7. 风扇

服务器风扇和普通计算机风扇一样，都是一种用来给主机降温的设备，服务器的稳定性取决于风扇的散热能力。

风扇的一些特性：

(1) CPU风扇的转速一般为6 000转/分；

(2) 风墙的转速一般为8 000～12 000转/分。风墙由一排风扇组成，一般有3～4个风扇；

(3) 1U 一般放风墙、散热片；

(4) 2U 一般放风墙、散热片、风扇。

8. RAID 卡

磁盘阵列是由一个硬盘控制器来控制多个硬盘的相互连接，使多个硬盘的读写同步、减少错误、增加效率和可靠度的技术。磁盘阵列卡则是实现这一技术的硬件产品，磁盘阵列卡拥有一个专门的处理器和专门的存储器，用于高速缓冲数据。使用磁盘阵列卡服务器对磁盘的操作就直接通过磁盘阵列卡来进行处理，因此不需要大量的 CPU 及系统内存资源，不会降低磁盘子系统的性能。磁盘阵列卡的性能要远远优于常规非阵列硬盘，并且更安全、更稳定。

磁盘阵列卡也叫阵列控制器或 RAID 卡。

RAID 卡不是每个服务器都有的，它是应用在高端服务器上的一种能改善磁盘存储性能的附加配备。通俗地说，RAID 卡就是一种将多个磁盘进行合理的组合，从而达到优良的数据存储性和数据安全性的方法。

7.2 IDC 现场工具使用

7.2.1 机房工具

机房工具主要包括扳手、起子、斜口钳、压线钳、两用螺丝刀等，如图 7-22 所示。操作岗借用工具后，应提醒其及时归还工具；机房配备有防静电手套，操作精密元件时应佩戴防静电手套；资产岗应每月定期盘点工具数量，并反馈给相关部门知晓。

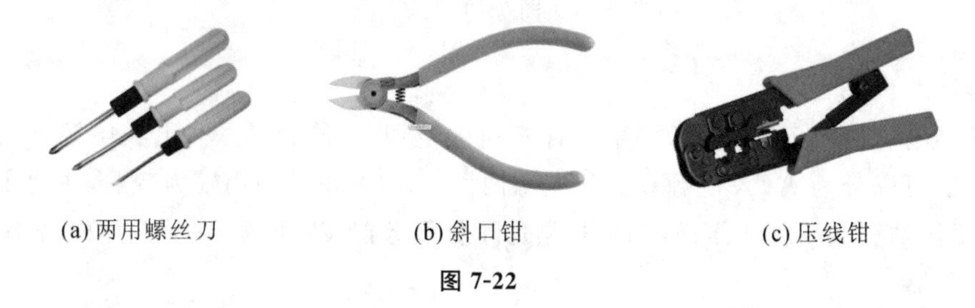

(a) 两用螺丝刀　　(b) 斜口钳　　(c) 压线钳

图 7-22

7.2.2 仪器设备

1. 光功率计

光功率计(optical power meter，缩写为 OPM)是一种用于测量绝对光功率或通过一段光纤的光功率相对损耗的仪器。

1) 光功率计的功能

(1) 能够测量连接损耗、检验光纤的连通性。

(2) 能够测量发射端机或光网络的绝对功率，帮助评估光纤链路的传输质量。

2) 光功率计的参数

(1) 支持的波长(850 nm、1 300 nm、1 310 nm、1 490 nm、1 550 nm、1 625 nm)。

(2) 支持的光纤接口类型(FC、PC、SC、ST)。

(3) 线性指标(mW)和非线性指标(dBm)的测量精度。

光功率计的外观如图 7-23 所示。

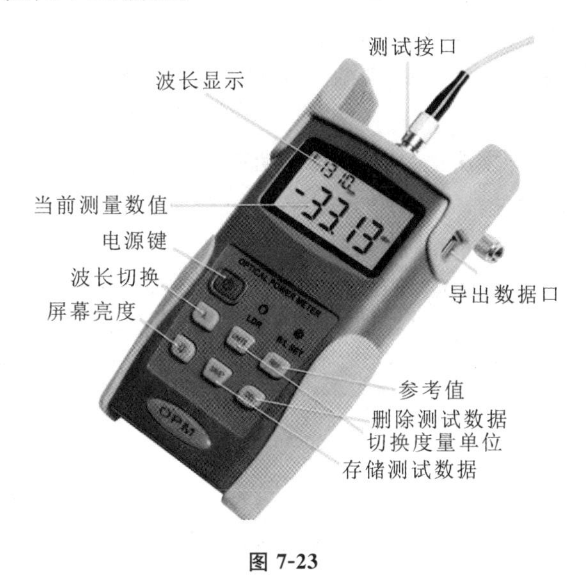

图 7-23

3）外观说明

（1）测试接口：用于接入需要测试的尾纤线。不同光功率计所支持的接口不一样，常用的接口有 FC、PC、SC、ST。

（2）波长显示：显示当前波长率，常见的有 850 nm、1 300 nm、1 310 nm、1 490 nm、1 550 nm、1 625 nm。

（3）当前测量数值：显示当前接入的光强度。单位不同显示数值也不同，一般来说如果用 dBm 作为单位的话：上层传输设备的光强度一般为 3 dBm 至 0 dBm，核心设备的光强度一般为 8 dBm 至－13 dBm，机柜服务器的光强度一般为－17 dBm 至－24 dBm。数值越大，光的衰减就越大。

（4）电源键：开关机使用。

（5）波长切换：手工调整不同的波长环境测试。大多数光功率计可以自动识别、切换测量波长。

（6）屏幕亮度：当前设备的屏幕显示亮度。

（7）切换度量单位：可以切换 dBm 和 mW（分贝和功率）为测量单位。

（8）参考值：当前测试的数值系统给出的一个参考值。

在测量功率、电平类指标时，通常会有一个参考值，例如，要测量大小为 100 dB 的待测物，可以选择 1 dB 为参考值，也可以选择 90 dB 为参考值，仪表会根据这个参考值来测量待测指标。一般情况下，参考值与待测值越接近，测试越准确。要想准确测量目标，通常需要先进行一次测试，得到一个大致的值，然后根据这个值调整参考值，再次进行测试，得到较为精确的结果。

（9）存储和删除测试数据：该机型可以存储和删除测试数据，但不是所有型号的光功率计都有这个功能。

（10）导出数据口：可以将测试数据导出来，以进行保存。

4）使用光功率计的方法

使用光功率计必须具备两个条件：有稳定的光源和有一条尾纤。

稳定的光源可以是设备或者红光笔发光。尾纤的一端有连接头，另外一端是断纤，常用的尾纤接头类型有SC/PC型光接口尾纤(SC方型卡接头)、FC/PC型光接口尾纤(FC圆形螺纹头)、LC/PC型光接口尾纤(LC方型小卡接头)、ST/PC型光接口尾纤(ST圆形卡接头)。

使用尾纤的时候将有连接头的一端插入光功率计中，将需要测试的光纤用法兰和尾纤相连，按【Del】键清空测试数据，之后在屏幕上确定波长是正确的值，然后读取上面的光功率数值。

注意：

有些新型的光功率计可以使用各种转接头(见图7-24)直接连接光纤而不再需要尾纤。

(a) FC转接头

(b) ST转接头

(c) SC转接头

图 7-24

5) 使用光功率计的典型场景

简单来说，测试光功率就是完成以下三个关键方面的检查。

(1) 检查发光是否正常(即发光端的光模块是否能发出光，且发光功率正常，不能过大或过小)。

使用打环测试可以检查光模块是否正常：开启交换机端口后插入光模块，用同一根单芯尾纤直接将光模块上的收发口(TX,RX)连接起来，如图7-25所示，看网络设备模块所在端口是否有亮灯，如果有亮灯说明光模块可以发出光，如果无亮灯则说明光模块可能损坏，发不出光。

图 7-25

警告：

如果是单模环境，务必要使用光纤衰减器(见图7-26)，否则可能会烧毁光模块！

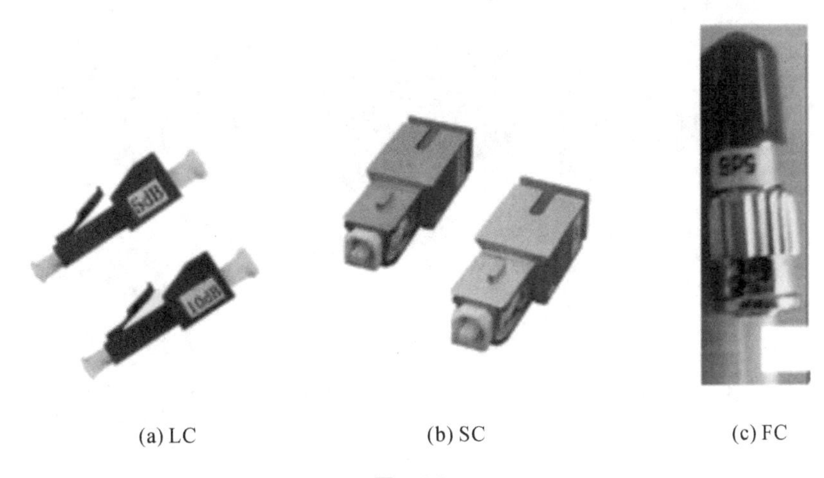

(a) LC　　(b) SC　　(c) FC

图 7-26

(2) 光纤是否损坏(即光在传送时是否受阻)。

模块测试通过后,将光功率计连接在光纤的一头,之后观察光纤另一头是否发光正常,如图 7-27 所示。如有红光发出,则说明光纤没有断。

> **警告:**
> 严禁肉眼直视模块或红光笔发出的红色激光！肉眼直视激光将造成永久性视觉损伤！

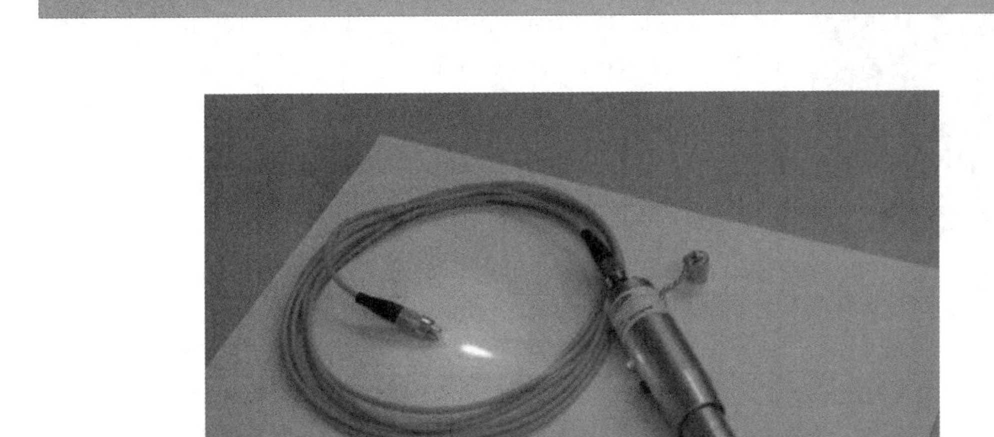

图 7-27

(3) 检查收光是否正常(即收光端的光模块是否能收到光,且收光功率正常,不能过大或过小)。

(4) 通过读光功率计上的数值来确定光源的强度是否正常,如图 7-28 所示。

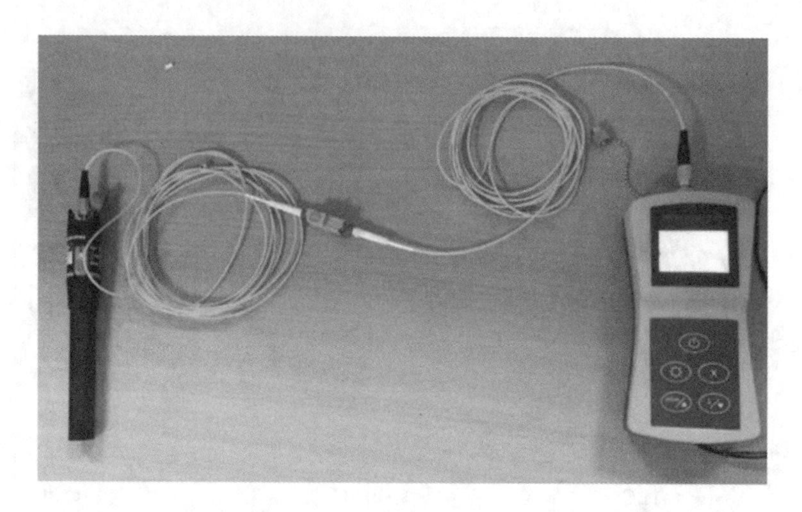

图 7-28

6）TK12L 光功率计使用范例

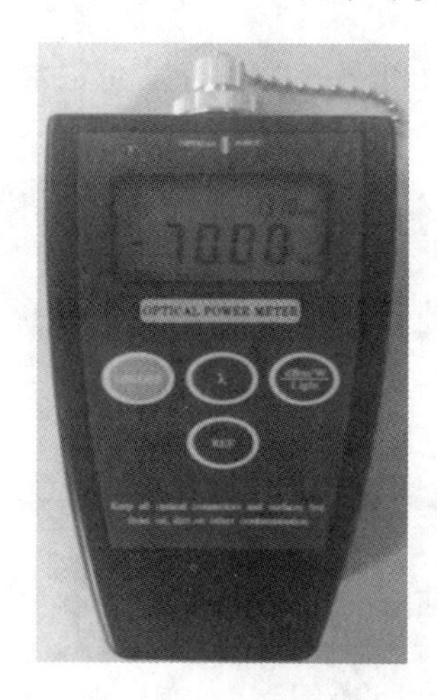

图 7-29

(1) 按键功能说明。

TK12L 光功率计(见图 7-29)有 ON/OFF 键、λ 键、dBm/W 键和 REF 键。

- ON/OFF 键　电源开关。
- λ 键　波长选择键，可切换多种波长，TK12L 光功率计有 8 个校准波长(850 nm、980 nm、1 300 nm、1 310 nm、1 480 nm、1 490 nm、1 550 nm、1 625 nm)。
- dBm/W 键　显示切换键，可切换显示 dBm/W 值，在 LCD 屏幕上显示相应值。
- REF 键　设定参考值，长按 2 秒以上开启设定功能。

(2) 设备连接及使用。

准备 FC-LC 单模光纤一根和 LC 单模法兰一个，如图 7-30 所示。

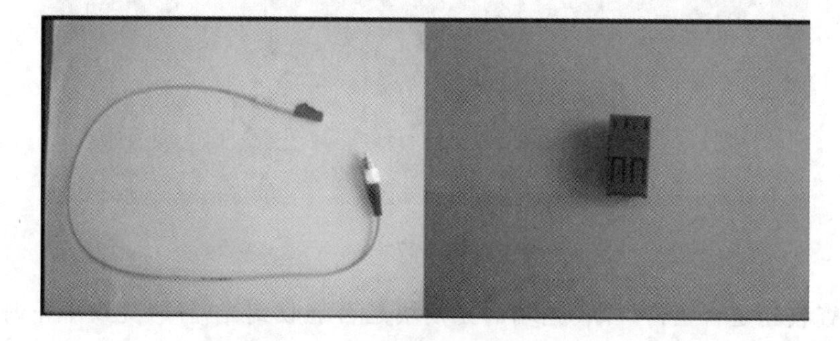

图 7-30

将光纤的 FC 接口一端与光功率计连接(注意接头的凸起和接口的缺口对齐)，LC 端与法兰连接，如图 7-31 所示。

按住光功率计的开关键，直至 LCD 屏幕上显示的数值如图 7-32 所示。

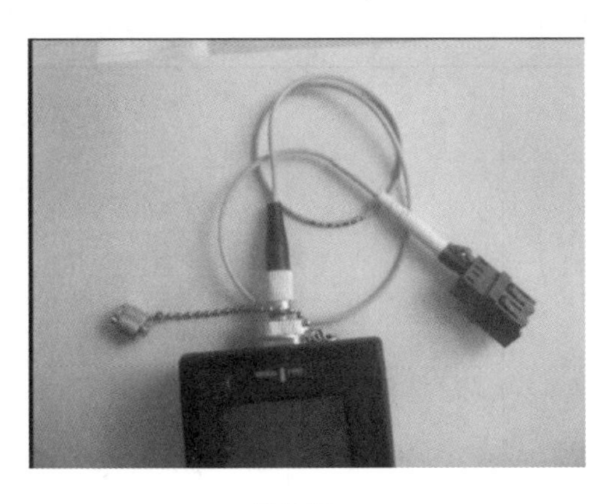

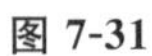

图 7-31

图 7-32

使用 λ 键，选择合适的测试波长，单模波长为 1 310 nm 或 1 550 nm，如图 7-33 所示。

将要测试的光纤接入法兰，查看光功率计的显示数值并判断光衰是否正常，如图 7-34 所示。

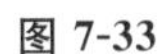

图 7-33

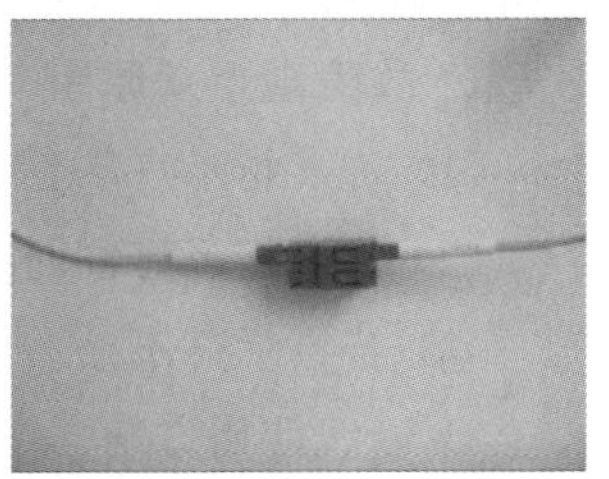

图 7-34

2. 激光笔

激光笔又称验光笔（见图 7-35），主要用于检验光路的连通性。使用时拔掉防尘帽，以常亮光或闪烁光对着光纤接头射进去。

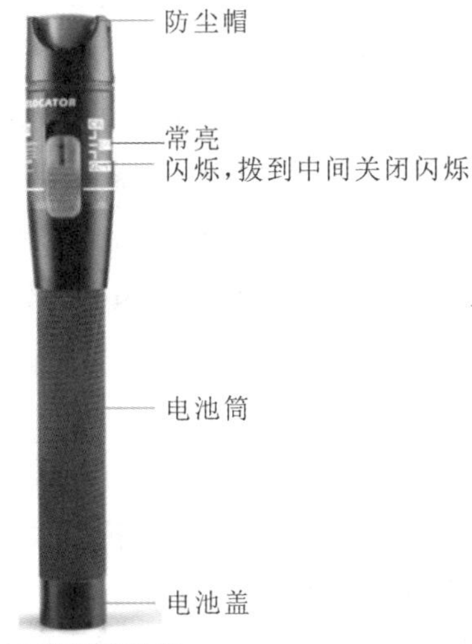

(a) 激光笔外观

输出光功率	>10mW
输出距离	10公里
输出波长	650nm
光纤适配器	万能连接器
使用温度	0-60℃
储存温度	-20-70℃
电池类型	2节5号电池
产品尺寸	17.5*2.6*2.6cm
产品重量	173g

(b) 激光笔参数介绍

图 7-35

3. 测线仪与寻线仪

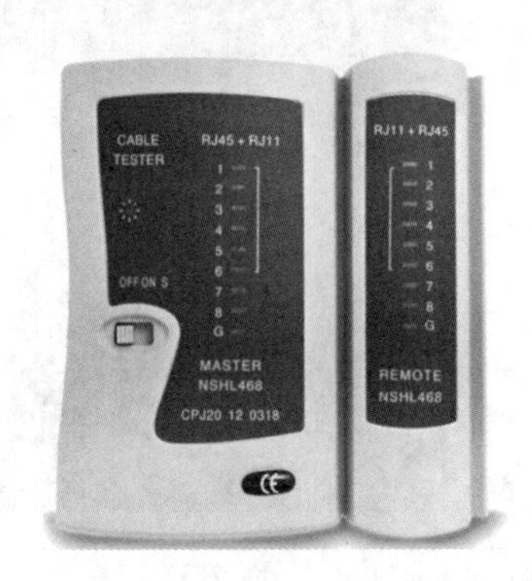	
测线仪功能:检测 RJ45/RJ11 两头的连接性	寻线仪功能:检测 RJ45/RJ11 两头的连接性、寻线

终端检测器每次先检测各网线,对应各指示灯依次从 1 至 8 或 8 至 1 闪亮,某灯再闪亮一次或两次(即该网线所在主机的路数),循环不止。

1) 故障现象及原因

(1) 若某指示灯不亮,则该灯对应线路不通。

(2) 若多指示灯同时亮,则对应多线短路。

(3) 若指示灯不按一定顺序(从 1 至 8 或从 8 至 1)亮,则打水晶头时线序不对。

2) 测线使用方法

将网线的一端接入测线仪的一个 RJ45 接口中,另一端接入另一个 RJ45 接口中。测线仪上有两组相对应的指示灯,一组从 1 到 8,另一组从 8 到 1,有些测线仪的两组顺序相同。开始测试后,这两组指示灯一对一地亮起来,一组是 1 号指示灯亮,另一组也是 1 号指示灯亮,这样依次闪亮,直到 8 号指示灯。如果哪一组的指示灯没有亮,则表示对应网线有问题,几号指示灯亮则表示几号网线没问题,这可以按照排线顺序推出来。

3) 寻线使用方法

将需寻线线路的一端接入发射器的端口(可插 RJ45 和 RJ11 端头,或通过鳄鱼嘴夹接无端头的金属线缆),将发射器的开关拨至"寻线"位置,寻线指示灯亮起,打开接收器的电源开关。电源指示灯亮起,开始进行寻线,在待寻线路的一端按接收器并用探测金属头侦听众多无端头的线缆或线芯(无需剥线皮和接触,只需靠近即可),接收器会发出"嘟嘟"的声音。声音最大、最清晰的既是要寻找的目标线。为了避免声音影响他人,可戴上耳机侦听,同时可调节音量大小至最舒适的状态。

4. 手持红外测温仪

手持红外测温仪(见图 7-36),所依据的原理是将物体发射的红外线具有的辐射能转变成电信号,红外线辐射能的大小与物体本身的温度相对应,根据转变成电信号的大小,可以确定物体(如钢水)的温度。手持红外测温仪由光学系统、光电探测器、信号放大器及信号处理器等部分组成。手持红外测温仪的优点是便捷、精确、安全,在医疗设备故障诊断中的应用较为广泛。

使用手持红外测温仪时有以下注意事项。

(1) 建议不用于光亮或抛光金属表面(如不锈钢、铝等)的测量。

(2) 仪器不能穿过透明表面进行测量(如玻璃塑料)。

(3) 蒸汽、灰尘、烟雾等会影响测量的准确性。

(4) 所有型号的测温仪均需避免以下情况：

① 电焊机和感应加热器引起的电磁场(EMF)。

② 静电。

③ 热冲击(由于环境温度变化太大或突然变化引起的，使用前测温仪需要30分钟时间进行恒定)。

④ 不要将测温仪靠近或放在高温物体上。

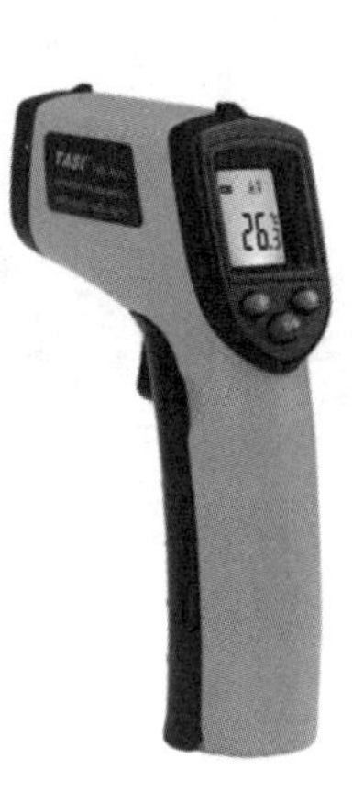

图 7-36

(5) 不要将激光光束直接指向反射性表面。

(6) 不要将激光光束对着人或动物的眼睛。

(7) 不要将激光光束射向任何易爆气体。

5. 风速仪

风速仪外观如图7-37所示。

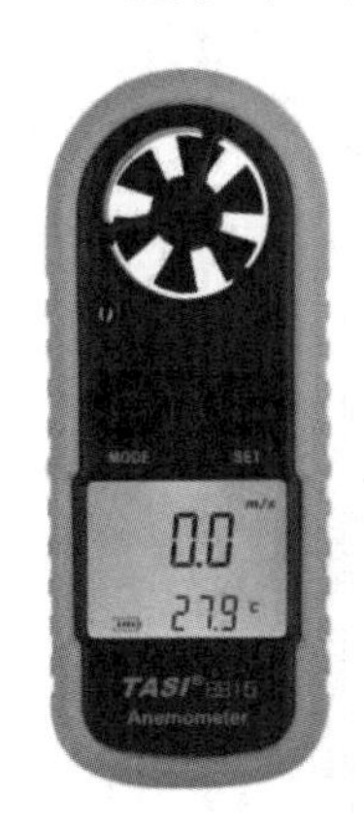

图 7-37

主要用途：

(1) 测量平均流动的速度和方向。

(2) 测量来流的脉动速度及频谱。

(3) 测量湍流中的雷诺应力及两点的速度相关性、时间相关性。

(4) 测量壁面切应力(通常采用与壁面平齐放置的热膜探头来进行)。

(5) 测量流体温度(事先测出探头电阻随流体温度的变化曲线，然后根据测得的探头电阻确定温度)。

使用时的注意事项：

(1) 依据使用说明书的要求，正确使用风速仪。使用不当，可能导致传感器的损坏。

(2) 不要触摸探头内部传感器部位。

(3) 风速仪长期不使用时，需取出内部的电池。否则，电池可能漏液，导致风速仪损坏。

(4) 不要将风速仪放置在高温、高湿、多尘和阳光直射的地方。否则，将导致内部器件损坏或风速仪性能变坏。

(5) 不要摔落或重压风速仪。否则，将导致风速仪发生故障或损坏。

6. 温湿度计

温湿度计外观如图7-38所示。

作用：放置在IDC机房内部的固定位置，作为IDC机房内的温度、湿度监测点。

7. 标签打印机

标签打印机外观如图7-39所示。

作用：打印设备、网线、光纤等资产的识别标签。

图 7-38

图 7-39

7.2.3 易耗品

易耗品主要包括扎带、标签扎带、黑色胶带、透明胶带、标签打印纸等，如图 7-40 所示。

机房设备到货上架绑线期间，出库易耗品时做好记录，及时更新易耗品库存数量信息；资产岗每周盘点易耗品库存数量，预计易耗品库存量不够时，及时反馈，申请补充库存；当机房遇到大批设备交付时，提前预计易耗品使用数量，及时补充库存。

(a) 扎带　(b) 标签扎带

(c) 标签打印纸　(d) 黑色粘带

图 7-40

本章练习

1. 服务器由哪些配件组成？
2. SAS 盘与 SATA 盘的区别有哪些？
3. 2U 服务器的高度等于多少厘米？
4. IDC 现场经常使用的工具有哪些？

第8章 IDC网络基础知识

学习本章内容，可以获取的知识：

- 熟悉网络设备的组成与结构
- 熟悉常见的交换机

本章重点：

△ 交换机的基本知识

△ 交换机型号的识别

8.1 常见交换机介绍

交换机是一种基于MAC地址识别来实现封装转发数据包功能的网络设备。交换机可以“学习”MAC地址，并把其存放在内部地址表中，通过在数据帧的始发者和目标接收者之间建立临时的交换路径，使数据帧直接由源地址到达目的地址。

交换机品牌有华三（H3C）、华为、CISCO、武汉光迅、锐捷等。

1. 锐捷

锐捷网络股份有限公司简称锐捷，其logo如图8-1所示。2000年，锐捷推出第一款国产模块化交换机和全系列千兆交换机产品，标志着国产网络品牌的成功崛起；2011年，锐捷率先发布中国首个全面具备云计算特性的数据中心交换机产品家族，成为云计算网络平台的领航者。2013年，锐捷推出全球顶级配置的Newton 18000系列核心交换机，面向云架构网络设计，领先支持业界最低转发时延、最大表项、最全能虚拟化和数据中心特性。

2014年，锐捷发布面向新一代网络的“极简网络”解决方案，只需管理一台设备，颠覆传统网络体验，让网络更简单。

锐捷交换机的外观如图8-2所示。

◀扫码观看本章视频课程

图 8-1

图 8-2

2. 华三

杭州华三通信技术有限公司(简称华三)自 2003 年成立以来,在中国市场上已累计出货两百万台交换机,2010 年 Q4 的市场占有率为 36.4%。华三在交换机领域内的综合技术实力和销售排名均达到业界第一,广泛应用于政府、运营商、金融、教育、企业和医疗机构。在国际市场上,已经拥有包括英国沃达丰、韩国三星电子、巴西机场管理局、美国夏威夷教育厅、美国麻省理工大学、美国梦工厂、法国国铁、法国标致雪铁龙集团、法国欧尚集团、俄罗斯联邦储蓄银行在内的众多国际客户。

华三(H3C)的 logo 如图 8-3 所示,华三(H3C)交换机的外观如图 8-4 所示。

图 8-3

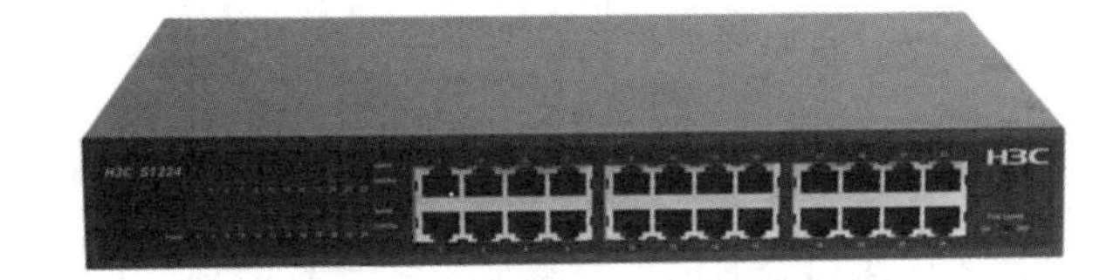

图 8-4

3. 华为

华为的产品和解决方案涵盖移动增值业务、核心网、电信增值业务和终端等领域。华为在美国、德国、瑞典、俄罗斯、印度、中国设立了多个研究所,近一半员工从事着产品与解决方案的研发工作。目前,华为的产品和解决方案已经应用于全球 100 多个国家。华为的 logo 如图 8-5 所示,华为交换机的外观如图 8-6 所示。

图 8-5

图 8-6

4. 思科

美国思科系统公司简称思科,其交换机产品包含 2918 、2960 、3560 、3750 等十多个系列。总的来说,这些交换机可以分为两类,一类是固定配置交换机,包括 3500 及以下的大部分型号,比如 1924 是 24 口 10 MB 以太网交换机,带两个 100 MB 上行端口。除了有限的软件升级之外,这些交换机不能扩展。另一类是模块化交换机 ,主要指 4000 及以上的机型,网络设计者可以根据网络需求选择不同数目和型号的接口板、电源模块及相应的软件。

思科的 logo 如图 8-7 所示,思科交换机的外观如图 8-8 所示。

图 8-7

图 8-8

8.2 交换机分类

从广义上来看,交换机可分为两种:广域网交换机和局域网交换机。广域网交换机主要应用于电信领域,提供通信用的基础平台。局域网交换机则主要应用于局域网络,用于连接终端设备,如计算机和网络打印机等。

从传输介质和传输速度上来看,交换机可分为以太网交换机、快速以太网交换机、千兆以太网交换机、FDDI 交换机、ATM 交换机和令牌环交换机等。

从规模应用上来看,交换机又可分为企业级交换机、部门级交换机和工作组级交换机等。各厂商划分的标准并不是完全一致的,一般来讲,企业级交换机都是机架式交换机;部门级交换机可以是机架式交换机(插槽数较少),也可以是固定配置式交换机;而工作组级交换机为固定配置式交换机(功能较为简单)。另一方面,从应用的规模来看,作为骨干交换机时,支持 500 个信息点以上大型企业应用的交换机为企业级交换机,支持 300 个信息点以下中型企业应用的交换机为部门级交换机,而支持 100 个信息点以内小型企业应用的交换机为工作组级交换机。

交换机的分类标准多种多样,按照机房功能常分为两种:核心交换机(见图 8-9)、普通交换机(见图 8-10)。

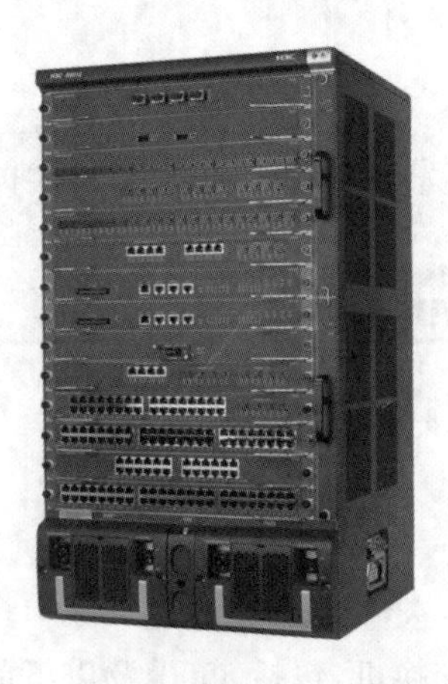

图 8-9

图 8-10

常见交换机的连接端口：RJ-45端口、光模块端口、Console端口。

(1) RJ-45端口是目前最常见的网络设备端口，俗称“水晶头”，专业术语为“RJ-45连接器”，如图8-11所示，属于双绞线以太网端口类型。RJ-45插头只能沿固定方向插入，配有一个塑料弹片卡在RJ-45插槽，以防止脱落。

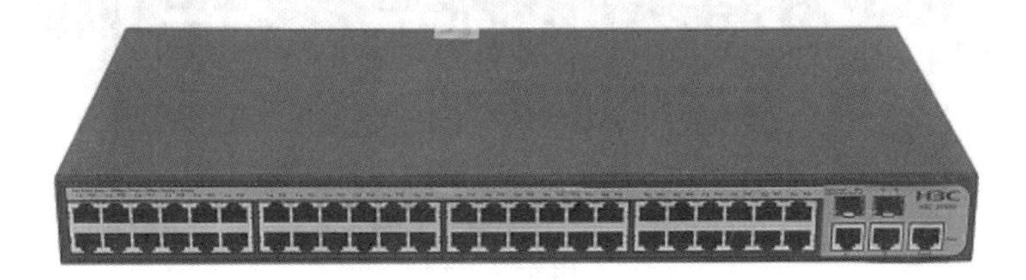

图 8-11

(2) 光模块端口就是目前机房常用的连接光纤模块的端口，如图8-12所示。

图 8-12

(3) Console端口就是目前机房交换机的管理口端口。一般情况下交换机上会标注出Console端口信息，绝大多数交换机管理口为RJ-45端口，也有少数为DB-9串口端口(见图8-13)。

一般情况下交换机的SN信息可以在机器正面或侧方的标签上查看到，如图8-14所示。

图 8-13

图 8-14

部分交换机的SN信息为抽拉式SN标签，藏于交换机内部。图8-15所示为华为S5710的SN标签。

交换机背面或者正面的标签上可以看到具体的交换机型号，如图8-16所示。

若交换机的SN信息标签被遮挡或损坏，可以在线查看交换机的SN信息。用配置线连接笔记本后，即可用交换机命令在计算机上查看交换机配置信息，如交换机型号、SN等。

图 8-15

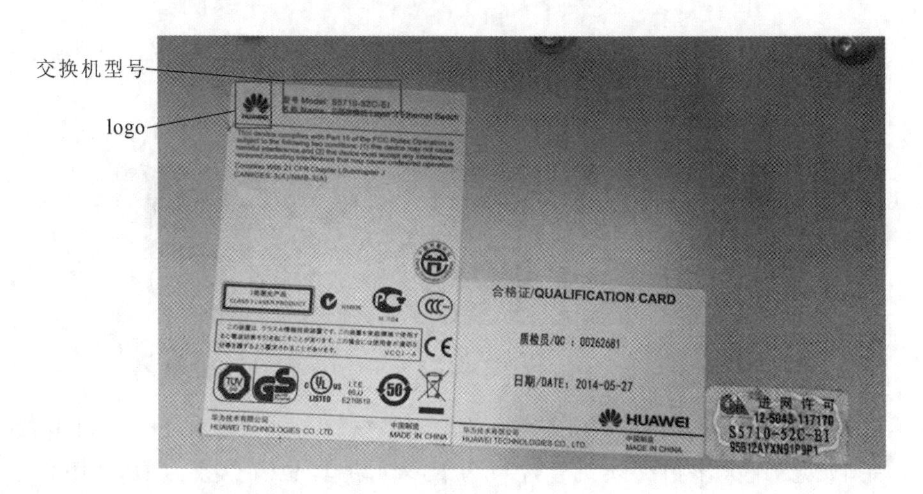

图 8-16

查看思科交换机配置信息的步骤如下。

步骤 1 用配置线连接交换机的配置口。

步骤 2 用超级终端登录交换机。

步骤 3 输入:en[进入全局模式]。

步骤 4 输入:show version[显示交换机的硬件信息]。

8.3 网络设备零件介绍

8.3.1 交换机机框

交换机机框主要是承载各体系模块的载体,包含有背板,提供各模块进行通信的通路,还提供业务板卡插槽。

图 8-17 所示是华为 S9312 机框的正面图,一共可以插 12 个端口板卡。

图 8-18 所示是 S12518 机框的正面图,引擎板槽位数量为 2,业务板槽位数量为 18,矩阵板槽位数量为 9,矩阵板槽位在机框背面。

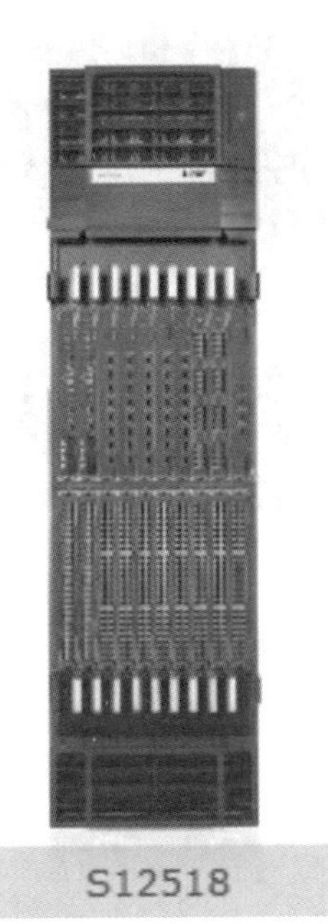

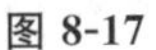
图 8-17

图 8-18

8.3.2 交换机板卡

板卡是模块化交换机中的一个类似于刀片的板子，可以是主控引擎卡、线卡、多业务卡等各类卡。

板卡有各种不同类型的端口，比如 100 MB、1 000 MB、10 GB 端口和 ATM、电端口、光端口等。根据用户需求进行不同类型端口板卡和数量的配置。

万兆 48 口光端口板卡如图 8-19 所示。24 口电端口板卡（接网线）如图 8-20(a)所示，24 口光端口板卡（插光模块）如图 8-20(b)所示。

图 8-19

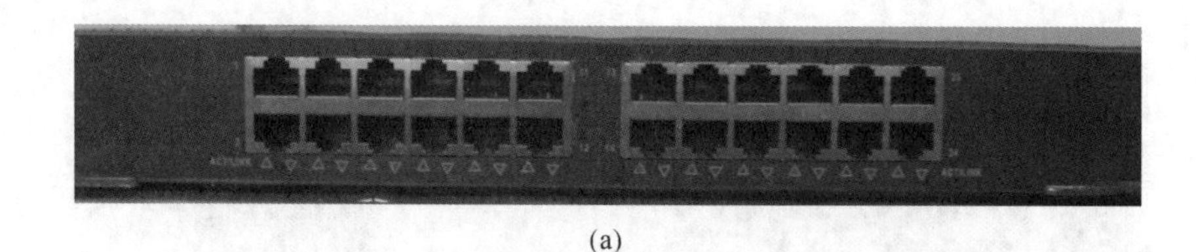

(a)

(b)

图 8-20

交换机板卡数量因业务需要而定。图 8-21 所示为武汉广讯 OEO-C-F-41 交换机，每台交换机配置有 4 块板卡。

图 8-21

8.3.3 交换机引擎

引擎是交换机的核心体，支持各板卡（端口模块）之间的数据转发、路由交换、过滤、策略等功能。

一般，核心交换机均支持双引擎冗余配置。图 8-22 所示 H3C S9512 中，中间两个槽位是引擎槽位，剩余上下各 6 个共 12 个槽位可以混插千兆和万兆端口板卡。

引擎的型号一般会在正面左下角标识出来，如图 8-23 所示。

图 8-22

图 8-23

8.3.4 交换机电源

图 8-24

1. 交换机电源介绍

交换机电源(见图 8-24)主要为交换机工作电路提供稳定的电压。电源模块化设计使得电源从整体设计中分离,从而使电源和设备之间的稳定性和安全性更高。

交换机电源有备份,即使坏掉一个电源还有备份电源工作,这样可以保证设备的正常运行。

少数交换机无独立的分离电源模块,例如锐捷交换机 RG-S2652G-I 等。

大部分交换机电源无电源开关按钮,少部分有,如图8-25所示。HUAWEI S5710 交换机电源的 SN 信息在交换机电源模块外部的把手处,可以直接看到。

图 8-26 所示的交换机电源模块从交换机里面抽出来就可以看到电源的 SN 信息。

图 8-25

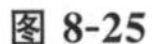

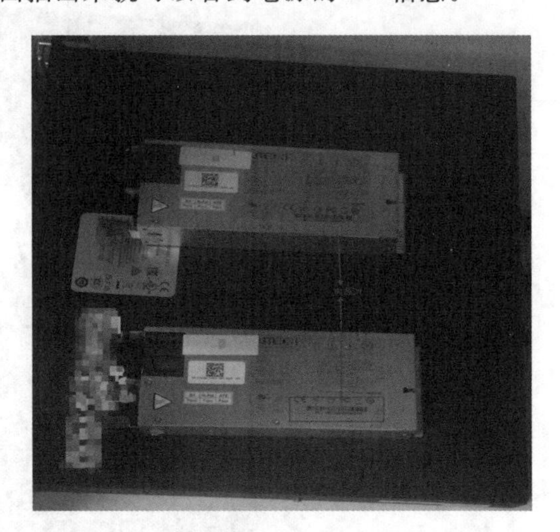

图 8-26

2. 交换机电源管理的注意事项

(1) 库房交换机的电源模块多与交换机组装在一起,记录有组装对应关系(交换机电源 SN 对应交换机 SN)。当机房交换机电源损坏后,出库库房备用交换机上配置的电源时,需在客户确认后方可进行,并及时更新库房中交换机与其电源的 SN 对应关系。

(2) 若机房中备有单独的电源模块,应标识出此类电源模块匹配的交换机型号,出库时,资产岗需要记录电源模块和交换机的 SN 信息。

(3) 某些核心交换机的电源线会有特殊端口。遇到这种交换机时,电源模块的电源线必须标识清楚,并单独摆放在醒目位置。到货交换机时,需要查看电源线是否匹配。

(4) 当机房交换机出现电源故障等网络设备故障时,若库房有备件,可联系客户直接走紧急出库流程,先解决问题,然后再联系相关责任人补发工单。

(5) 交换机电源模块的抽拉把手比较突出,在机房物流调度过程中容易损坏。资产岗在发货时,对交换机应使用原包装,若无原包装,需提醒物流人员打上木箱;资产岗收货时,必须检查电源把手是否完好,电源模块能否顺利抽拉插入。

8.3.5 网络模块

1. 网络模块介绍

这里说的网络模块指光模块,用于光电转换,发送端把电信号转换成光信号,通过光纤传送后,接收端再把光信号转换成电信号。

1) 模块结构

发射部分:输入一定码率的电信号,电信号经内部的驱动芯片处理后驱动半导体激光器(LD)或发光二极管(LED)发射出相应速率的调制光信号。其内部带有光功率自动控制电路,使得输出的光信号的功率保持稳定。

接收部分:一定码率的光信号输入光模块后由光探测二极管转换为电信号,经前置放大器后输出相应码率的电信号。

2）光模块分类

按封装形式分，常见的有SFP、XFP、SFP＋等。

按传输速率分，常见的有1 GB、10 GB、40 GB等。

按使用的光纤可分为两种：单模光纤模块、多模光纤模块。

按光信号传输的波长分，常用的有850 nm、1 310 nm、1 550 nm。

3）常见的光模块型号

常见的光模块型号如表8-1所示。

表8-1

品牌	CISCO	CISCO	FOUNDRY	FOUNDRY	FOUNDRY	H3C	H3C	Finisar	H3C	HUAWEI
型号	X2-10GB-LR	XENPAK-10GB-SR	SFP-1GB-LX	SFP-1GB-SX	XFP-10GB-LR	SFP-T	SFP＋10GB-LR	SFP＋10GB-SR	SFP-1GB-SX	SFP＋10GB-SR

SR-多模-850 nm。

LR-单模-1 310 nm-10 KB。

ER-单模-1 550 nm-40 KB。

ZR-单模-1 550 nm-80 KB。

光模块的命名规格一般为厂商＋型号＋传输速率＋光纤型号，以华三公司40 GB的多模模块为例：H3C-SFP＋40 GB-SR。

光模块的型号、SN的一般查看方法如图8-27所示。

2. 光模块管理中的注意事项

（1）光模块按不同厂商、不同型号分装在纳物盒，纳物盒外面标记清楚厂商、型号、容量及数量等信息，方便出入库操作以及盘点。

（2）光模块光纤端接口处配有密封圈密封，防止灰尘进入接口影响光模块使用。资产岗在保管模块时注意保证密封圈的完好性。

（3）库房库存的光模块数量大多数都比较大，且光模块个体较小，SN数字比较密集，资产岗一般使用扫码枪对光模块进行SN的采集与出入库工作。

（4）资产岗出库光模块时，需与领用人确认出库时光模块外观无损且可正常使用，并与操作岗做签字交接。

（5）光模块出库上线时需要记录模块SN对应机架位信息，操作岗上线完成后，资产岗需核对模块上架位置是否与工单上的一致。

（6）当客户工程师指定某SN对应模块出库上线时，由于库存量大，找到对应于SN的模块比较费时、费力，因此遇到网络模块故障时，一般采用紧急出入库模式，资产岗记录实际出库模块的SN，把实际出库模块的SN信息反馈给客户工程师，操作完成后由客户工程师补单。

（7）注意，在紧急出入库操作后，及时更新库存网络模块的SN信息。换下来的故障模块需要详细记录SN、型号、厂商等信息并贴上“坏”字标签，统一放置在纳物盒，纳物盒外面需标注明显标识以示区分，并在日报里对换下来的故障模块备注上“坏”字信息。

（8）对于故障模块，及时统计SN、型号、厂商等信息并反馈给客户。

（9）当资产岗缺岗时，有操作岗遇到紧急网络操作，需要出库光模块却找不到对应型号光模块的事件发生。为了避免此类事件发生，资产岗可以把各型号以及各个厂商的不同光模块分别单独备上两块，放置在特定区域，并标记清楚厂商与型号以及SN信息，便于操作

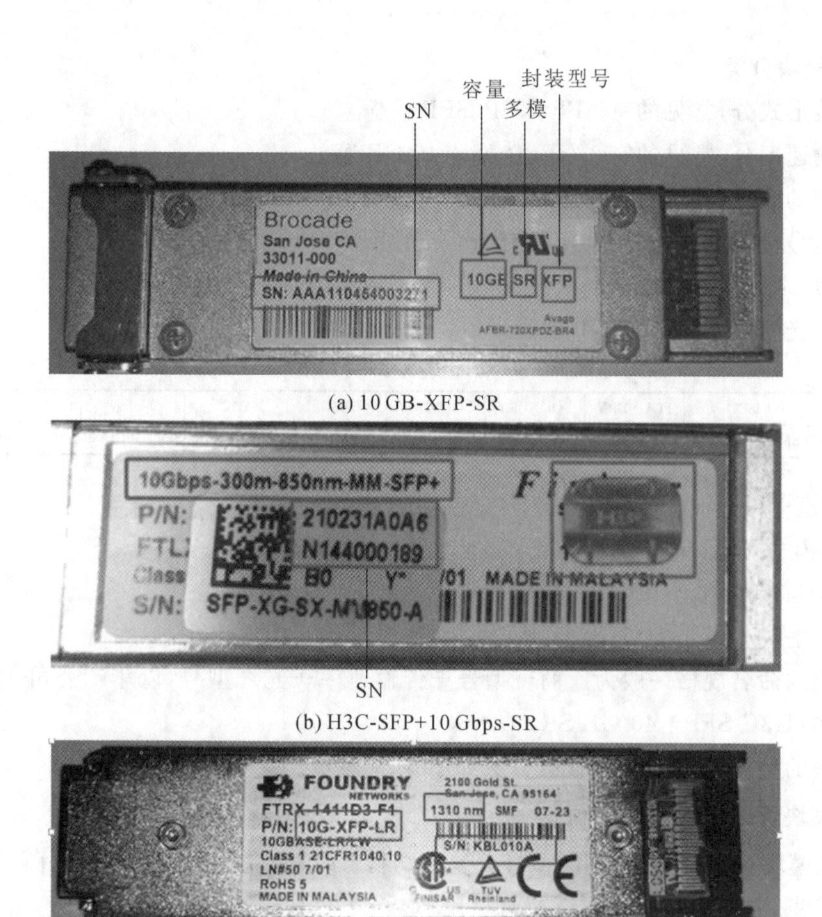

(a) 10 GB-XFP-SR

(b) H3C-SFP+10 Gbps-SR

(c) FOUNDRY-XFP-10G-LR(1 310 nm为单模)

图 8-27

岗紧急替换光模块时进入库房查找。操作岗若使用了备用光模块，记录 SN 信息并第一时间通知资产岗，资产岗上班后与操作岗交接出入库光模块信息，并补充光模块备用件。

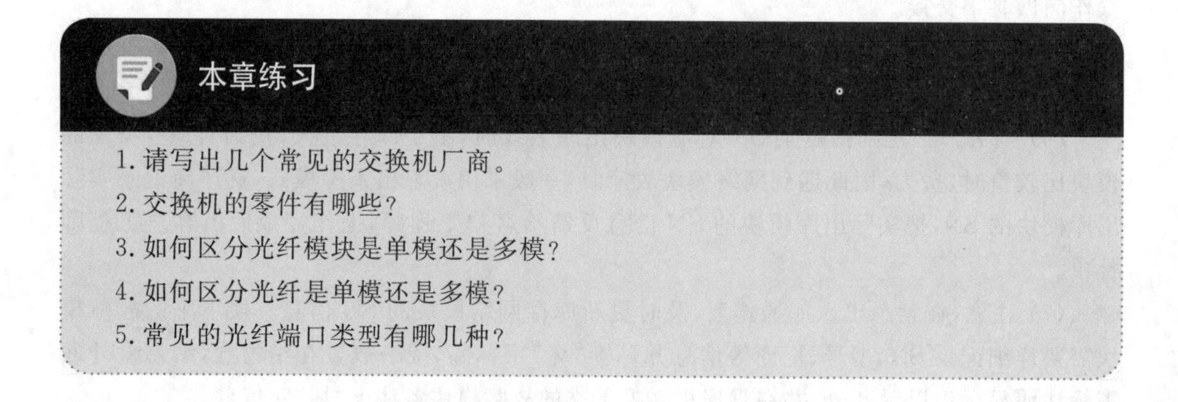

本章练习

1. 请写出几个常见的交换机厂商。
2. 交换机的零件有哪些？
3. 如何区分光纤模块是单模还是多模？
4. 如何区分光纤是单模还是多模？
5. 常见的光纤端口类型有哪几种？

第9章 网络运维基础

学习本章内容，可以获取的知识：

• 了解网络的概念、IP地址的分类和作用

• 学习OSI和TCP/IP模型，掌握网络模型层次中核心路由交换的工作原理

• 能够为中小型企业划分网络架构和子网区域

本章重点：

△ OSI和TCP/IP模型

△ IP地址的分类

△ 子网划分

9.1 网络架构

9.1.1 层次化网络结构

网络架构(network architecture)是指为设计、构建和管理一个通信网络提供架构和技术基础的蓝图。网络架构定义了数据网络通信系统的每个方面，包括但不限于用户使用的端口类型、使用的网络协议和可能使用的网络布线类型。

网络架构有一个分层结构。分层是一种现代的网络设计原理，它将通信任务划分成很多小部分，每个部分完成一个特定的子任务且用小数量良好定义的方式与其他部分相结合。

现有的网络架构，将网络划分为三个层次：核心层、汇聚层、接入层。目前市场上的核心层与汇聚层设备正在弱化区别，很多中高档产品已经综合了这两个层面的功能。但在某些大型网络规划中，还是严格按照基础的三层次网络架构实行网络建设，如图9-1所示。

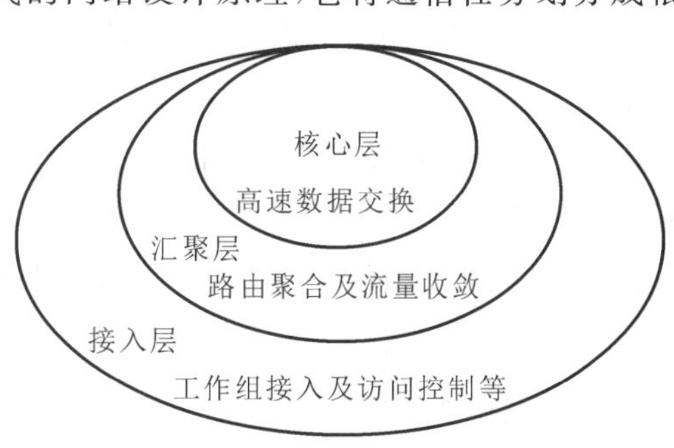

图9-1

扫码观看本章1～2小节的视频课程▶

9.1.2 层次化网络结构详解

1. 接入层

接入层是指网络中直接面向计算机用户连接和访问的部分。接入层存在的目的是允许终端用户连接到网络中。接入层面向的用户众多，其交换机使用较广泛，从而具有高密度和低成本的特性，一般在办公室、小型机房和业务受理集中的业务部门最为常见。

2. 汇聚层

汇聚层是指网络中数据汇集的部分，连接核心层和接入层的层面，为接入层提供数据的汇聚、传输、管理、分发处理，同时提供基于策略的连接，包括路由处理。认证服务、地址合并和协议过滤等。通过 VLAN 和网络隔离预防特定网段影响核心网络。汇聚层设计为本地连接的逻辑中心，需要较高的工作性能和较丰富的服务功能。

汇聚层交换机一般是具有路由功能的三层交换机或者堆叠式交换机，以达到带宽和传输性能的要求，这类设备对环境的要求相对较高，如对电磁辐射、温度、湿度存在一定要求。汇聚层设备间多采用光纤互联，提高了网络系统中的传输性能和吞吐量。

3. 核心层

核心层的功能主要是实现骨干网络之间的优化传输。核心层设计任务的重点通常是冗余能力、可靠性和高速的传输。网络的控制功能尽量少在核心层上实施。核心层一直被认为是所有流量的最终承受者和汇聚者，所以对核心层及其网络设备的设计要求十分严格，核心层需要考虑冗余设计。核心层成本占投资成本的主要部分。

9.1.3 网络拓扑结构

“拓扑”是从几何学中衍生到网络世界中的名词。网络拓扑用于描述网络互联的形状，也就是网络在物理上的连通性。网络拓扑结构是指传输媒体互联各种设备的物理布局，即用什么方式把网络中的多台计算机等设备互联起来。

拓扑结构主要有星型拓扑结构、环型拓扑结构、总线型拓扑结构、分布型拓扑结构、树型拓扑结构、蜂窝状拓扑结构。

1. 星型拓扑结构

星型拓扑结构是指各工作站以星型方式连接成网络。该网络有中央节点，其他节点(工作站、服务器)都与中央节点直接相连。这种网络以中央节点为中心，因此又称为集中式网络。

星型拓扑结构便于集中控制，因为端用户之间的通信必须经过中心站。由于这一特点，星型拓扑结构具有易于维护和安全等优点。端用户设备因为故障而停机时也不会影响其他端用户间的通信。同时，星型拓扑结构的网络延迟时间较小，系统的可靠性较高。星型拓扑结构如图 9-2 所示。

2. 环型拓扑结构

环型拓扑结构在 LAN 中使用较多。这种结构中，传输媒体从一个端用户连到另一个端用户，直到将所有的端用户连成环型。数据在环路中沿着一个方向在各个节点间传输，信息从一个节点传到另一个节点。每个端用户都与两个相邻的端用户相连，因而存在点到点链路，但总是以单向方式操作，于是便有上游端用户和下游端用户之称。信息流在网络中是沿着固定方向流动的，两个节点间仅有一条道路，故简化了路径选择的控制。

环型拓扑结构的缺点是单个工作站发生故障可能使整个网络瘫痪。除此之外，如同在一个总线型拓扑结构中，参与令牌传递的工作站越多，响应时间也就越长。因此，单纯的环型拓扑结构非常不灵活，不易于扩展。环型拓扑结构如图 9-3 所示。

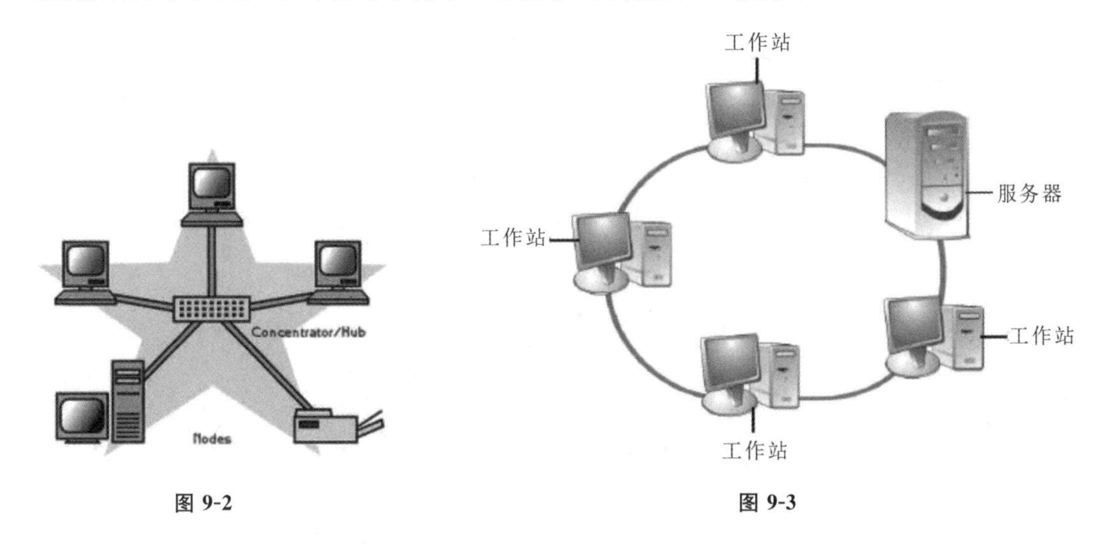

图 9-2　　　　图 9-3

3. 总线型拓扑结构

总线型拓扑结构中所有工作站和服务器均挂在一条物理总线上，无中心控制。信息多以基带形式串行传递，从发送信息的节点开始向两端传递，其他各节点接收到信息时都可以检查其地址是否与自己的工作站地址信息相符，确认相符后接收该信息。总线型拓扑结构也被称为广播式计算机网络。

总线型拓扑结构的优点：结构简单、有较大的扩展性。网络中需要增加新节点时，只需在总线上增加一个分支端口便可与分支节点相连。当总线负载不足时可使用扩展总线。整体结构节点，易于搭建，但维护难度较高，节点发生单点故障后，整体网络都会受到影响，不易进行故障节点的排查。总线型拓扑结构如图 9-4 所示。

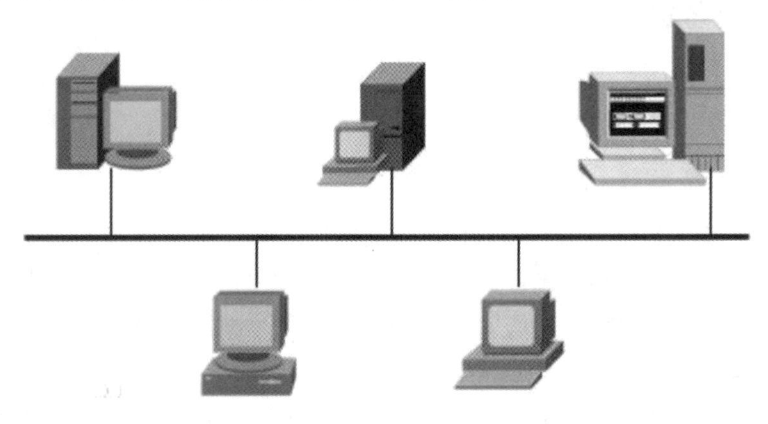

图 9-4

4. 分布型拓扑结构

分布型拓扑结构是将分布在不同区域的计算机通过线路互联起来的网络结构。该结构采用分散控制的方式,即使整体网络中某节点发生故障,也不会影响到全网的稳定性。网路可以使用路径选择最优算法,所以节点间可以直接建立数据链路,这样信息线路最短,传输效率高,延迟时间少,更加便于全网的资源共享。

分布型拓扑结构的缺点:物理连接使用的线缆过长,造价成本高;网络报文分组交换、路径选择、流向控制复杂。在一般局域网中不采用这种结构。

5. 树型拓扑结构

树型拓扑结构是分级的集中控制式网络,与星型拓扑结构相比,它的通信线路总长度短,成本较低,节点易于扩充,寻找路径比较方便,易于隔离故障。但除了叶节点及其相连的线路外,任一节点或其相连的线路发生故障都会使下联系统受到影响。树型拓扑结构如图 9-5所示。

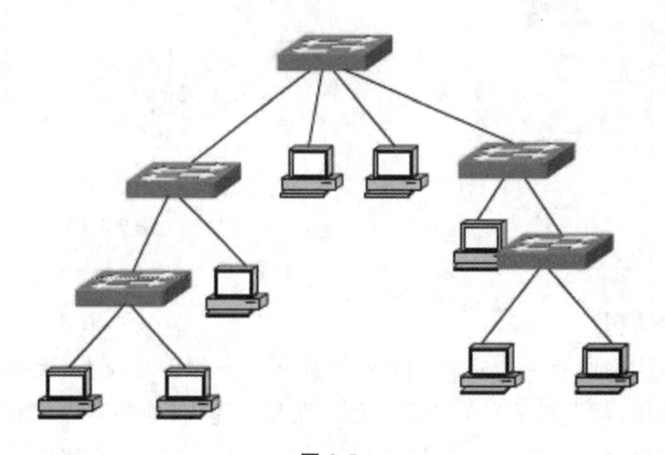

图 9-5

6. 蜂窝状拓扑结构

蜂窝状拓扑结构是无线局域网中常用的结构。它以无线传输介质(微波、卫星、红外线等)、点到点传输和多点传输为特征,是一种无线网络结构。

9.2 交换与路由

9.2.1 交换原理

1. MAC 地址的"学习"

假设主机 A 发送通向主机 B 的数据帧到交换机某个端口,交换机首先会查询对应源地址的 MAC 地址表,确认数据帧是否已存在对应关系,如果没有对应的源地址,交换机会"学习"到此数据帧的源地址到 MAC 地址表中,与数据帧进行端口匹配。

2. 广播未知单播帧

当交换机收到数据帧时,在自身已形成的 MAC 地址表中查询对应的目的地址条目,从而决定数据帧该由哪个端口转发。在没有查询到对应条目时,交换机会采取广播的方式,向交换机其他所有端口发送广播。

3. 接收回应信息

交换机发出广播请求后，主机 B 收到并开始回复该请求，交换机收到主机 B 的回复数据帧后，开始“学习”主机 B 的 MAC 地址与端口对应关系，添加到自身的 MAC 地址表中。

4. 实现单播通信

现在交换机 MAC 地址表中已经有主机 A 的 MAC 地址和 MAC 地址与端口的对应关系，以及主机 B 的 MAC 地址和 MAC 地址与端口的对应关系。主机 A 再次向主机 B 发送数据帧时，交换机查询 MAC 地址表后，向对应端口转发数据帧。

9.2.2 工作模式

1. 单工

单工数据传输是指两个数据站之间只能沿单一方向传输数据。

工作过程(类比)：麦克风与扬声器之间播送通知的过程。

2. 半双工

半双工数据传输是指两个数据站之间可以实现双向数据传输，但不能同时进行。

工作过程(类比)：对讲机之间的通信过程。

3. 全双工

全双工数据传输是指两个数据站之间可以双向且同时进行数据传输。

工作过程(类比)：手机之间的通信过程。

9.2.3 MAC 地址表

交换机技术要求在转发数据前必须知道交换机每一个端口所连接的主机的 MAC 地址，构建出一个 MAC 地址表。当交换机从某个端口接收到数据帧后，读取数据帧中封装的目的地的 MAC 地址信息，然后查阅事先构建好的 MAC 地址表，找出和目的地地址相对应的端口，从该端口把数据转发出去，其他端口则不受影响，这样避免了与其他端口上的数据发生碰撞。因此，构建 MAC 地址表是交换机的首要工作。

9.2.4 路由原理

假设主机 A 向处在不同网段的主机 B 发送数据包，由于主机 A 的设置，数据包会被发向主机 A 所处网段的网关路由节点。路由器接收到数据包后，查看包内源条目、IP 地址信息，校验并匹配自身路由表中条目，然后转发到下一个路由节点直至发送到目的主机。在转发过程中，若在任意一个节点的路由条目中无匹配项，数据包就会丢失，系统就会给用户返回目标地址不可到达的信息。

9.2.5 路由表

直连路由：当路由端口配置端口 IP，并且端口状态为 UP 时，路由表就会产生对应直连路由的条目。

非直连路由：当网络拓扑结构中存在其他网段，并不直连在路由器 A 节点上时，如果

A节点需要将其他网段写入路由表,就须以静态或动态路由的方式将其他网段转发到A节点路由表中。

9.2.6 静态路由

静态路由是指由用户或网络管理员手工配置的路由信息。当网络的拓扑结构或链路的状态发生变化时,网络管理员需要手工去修改路由表中相关的静态路由信息。静态路由信息在缺省情况下是私有的,不会传递给其他的路由器。静态路由的特点如下。

(1) 允许对路由的行为进行精确的控制。

(2) 静态路由是单向路由条目,在实现双方通信的过程中,双方都应该配置相对应的静态路由。

(3) 缺乏灵活性。虽然静态路由在路径上可以做到精确控制,但自身是静态配置,在网络架构的不断扩展中,所需静态路由的条目会越来越多,所消耗的成本也就越高。

```
配置:router(config)# ip route 192.168.2.1  255.255.255.0 192.168.1.1
router(config)# ip route 192.168.2.1  255.255.255.0  f0/1
```

9.2.7 默认路由

默认路由是一种特殊的静态路由,是当路由表中域包的目的地址之间不存在匹配项时路由器能够做出的选择。默认路由适用于末梢网络。末梢网络:此网络中只有一个路径能够到达其他网络。

```
配置:router(config)# ip route 0.0.0.0 0.0.0.0 192.168.1.1
```

9.2.8 动态路由

根据是否在一个自治域内部使用动态路由,协议可分为内部网关协议(IGP)和外部网关协议(EGP)。这里的自治域指的是一个具有统一管理机构、统一路由策略的网络。自治域内部采用的路由选择协议称为内部网关协议,常用的有RIP、OSPF;外部网关协议主要用于多个自治域之间路由的选择,常用的有BGP和BGP-4。动态路由协议包括各种网络层协议,如RIP、IGRP、EIGRP、OSPF、IS-IS、BGP等。

9.3 OSI与TCP/IP参考模型

9.3.1 OSI概述

OSI(开放系统互连)参考模型,是由ISO(国际标准化组织)定义的。它是个灵活的、稳健的、可互操作的模型,并不是协议,是用来了解和设计网络体系结构的。它是用来规范不同系统的互联标准,使两个不同的系统能够较容易地实现通信,而不需要改变底层的硬件或软件的逻辑。OSI模型把网络分为七层,由下到上分别为物理层、数据链路层、网络层、传输层、会话层、表示层、应用层。

9.3.2 OSI模型

OSI模型每层都有自己的功能集,层与层之间既相互独立又相互依靠,上层依赖下层,

◀扫码观看本章3~4小节的视频课程

下层为上层提供服务，上三层针对用户应用数据处理，下四层更多的是面向数据传输处理。OSI 模型示意图如图 9-6 所示。

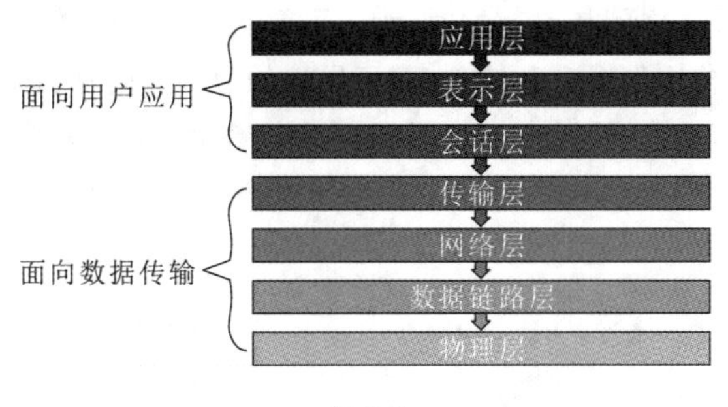

图 9-6

9.3.3 参考模型的层次特性

图 9-7 所示为网络参考模型的层次以及各层的主要作用。

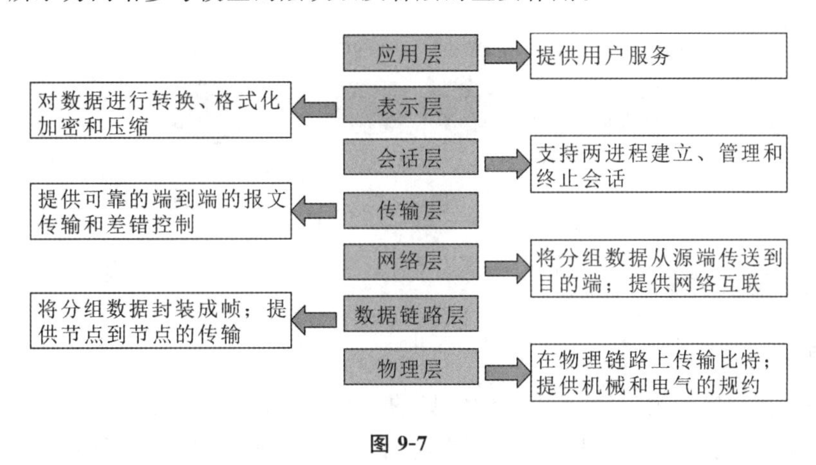

图 9-7

9.3.4 对等层通信

为了使分组数据从源端传送到目的端，源端 OSI 模型的每一层都必须与目的端 OSI 模型的对等层进行通信，这种通信方式称为对等层通信。在对等层通信过程中，每一层的协议在对等层之间交换信息，该信息成为协议数据单元(PDU)。位于源计算机的每个通信层，使用针对该层的 PDU 和目的计算机的对等层进行通信，如图 9-8 所示。

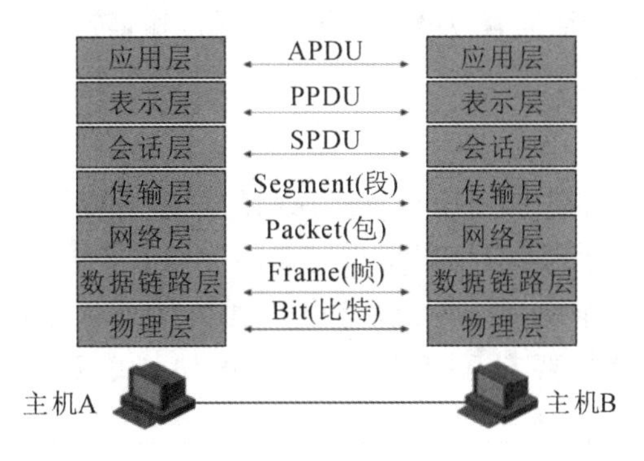

图 9-8

9.3.5 数据封装与解封装

在网络中的不同设备之间传输数据时，为了可靠和准确地将数据发送到目的地，并且能减少损耗，需要对数据包进行拆分和打包，在所发送的数据上附加目标地址、源地址，以及一些用于纠错的信息字节，对安全性和可靠性的要求较高时，还要进行加密处理等，这个操作过程就叫数据封装。而对数据进行处理时通信双方所遵循和协商好的规则就是协议。图 9-9所示为数据封装与解封装过程。

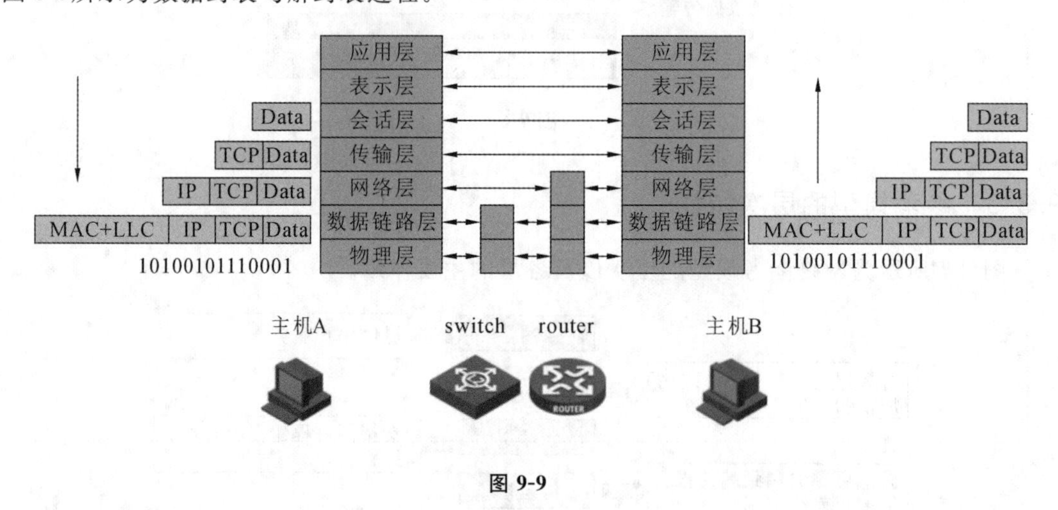

图 9-9

9.3.6 OSI 层次详解

1. 应用层

应用层直接和应用程序对应并提供常见的网络应用服务。应用层会向表示层发出请求。应用层是开放系统的最高层，是直接为应用进程提供服务的。应用层的作用是在实现多个系统应用进程相互通信的同时，提供一系列业务处理所需的服务。

2. 表示层

表示层用于处理所有与数据表示及运输有关的问题，包括转换、加密和压缩。表示层为应用层提供的服务包括三项内容：语法转换、语法选择、连接管理。

3. 会话层

会话层是建立在传输层之上的，利用传输层提供的服务，建立应用和维持会话，并能使会话获得同步。会话层为会话间建立连接，同步数据传输，转化协议数据单元，并有序地释放会话连接。

4. 传输层

传输层是唯一负责总体数据传输和数据控制的一层。传输层提供端到端交换数据的机制，传输层对会话层、表示层、应用层提供可靠的传输服务，对网络层提供可靠的目的地站点信息。传输层的主要作用是分段上层数据，建立端到端的连接，形成透明、可靠的传输及流量控制。层内协议主要有 TCP 协议和 UDP 协议以及 IPX/SPX 协议组中的 SPX 协议。

5. 网络层

网络层介于传输层和数据链路层之间，它在数据链路层提供的两个相邻节点之间数据帧的传送功能上，通过编址查询路由的方式，设法将数据从源端经过若干个中间节点传送到目的端，从而向传输层提供最基本的端到端的数据传送服务。

主要工作内容包括：虚电路分组交换和数据报文分组交换、路由选择算法、阻塞控制方法、X. 25协议、综合业务数据网（ISDN）、异步传输模式（ATM）及网际互联原理与实现。

主要作用包括编址、路由选择、拥塞控制以及异种网络互联。

6. 数据链路层

数据链路层的主要作用是将从网络层来的数据可靠地传输到相邻节点的目标机网络层。它可以将数据组合成数据帧，控制数据帧在物理信道的传输，处理传输差错，调节发送速率匹配接收方。局域网的数据链路层分为 LLC 子层和 MAC 子层。

数据链路层的功能：编译帧和识别帧，数据链路的建立、维持和释放，传输资源的控制，流量控制，差错验证，寻址，标识上层数据。

7. 物理层

物理层为设备之间的数据通信提供传输媒体及互联设备，为数据传输提供可靠的环境。简单地说，物理层确保原始数据可在各种物理媒介上传输。

主要作用：为数据端设备提供传送数据通路。

9.3.7 TCP/IP 参考模型

TCP/IP 参考模型是计算机网络的“鼻祖”ARPAnet 和其后继的因特网使用的参考模型。ARPAnet 是由美国国防部赞助的研究网络，它通过租用的电话线联结了数百所大学和政府部门。在无线网络和卫星出现以后，现有的协议在和它相联的时候出现了问题，所以需要一种新的参考体系结构。这个新的参考体系结构在它的两个主要协议出现以后，被称为 TCP/IP 参考模型。

TCP/IP 是一组用于实现网络互联的通信协议。Internet 网络体系结构以 TCP/IP 为核心。基于 TCP/IP 的参考模型将协议分成四个层次，它们分别是网络访问层、网际互联层、传输层（主机到主机）和应用层。

9.3.8 模型对比

OSI 参考模型和 TCP/IP 参考模型的对比如图 9-10 所示。

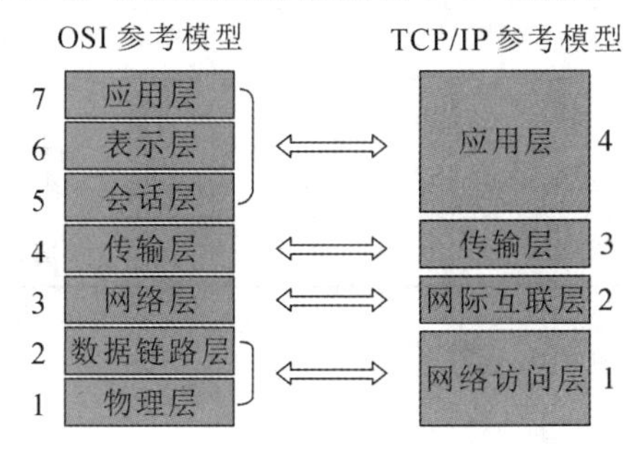

图 9-10

9.3.9 主流协议

如图9-11所示,上三层协议更多的是面向用户服务类型的应用协议,例如用于访问网页的HTTP和HTTPS,用于收发邮件的POP3、SMTP和IMAP,用于网络资源共享的FTP等;下四层协议更多的是基于数据类型、发送方式的数据传输协议,如IP协议、TCP协议。

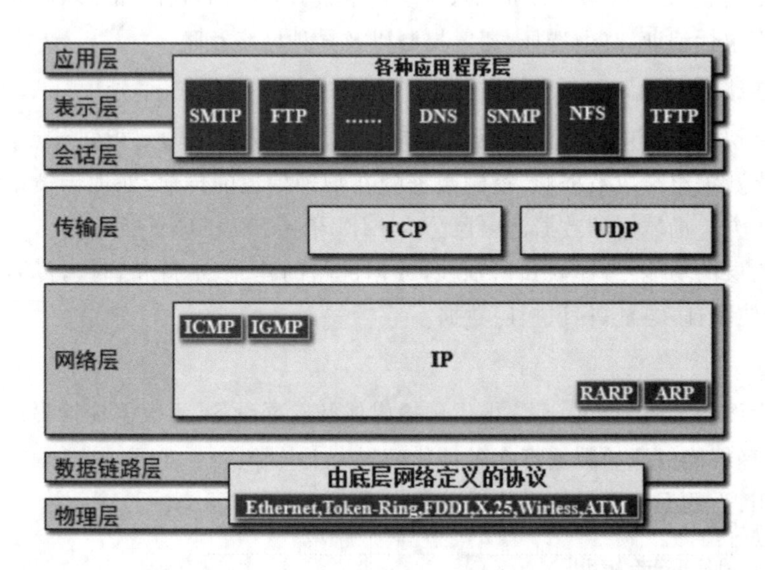

图9-11

9.4 IP地址

9.4.1 IP地址分类

为了给不同规模的网络提供必要的冗余扩展性,按照网络规模的大小,把32位的IP地址空间划分为五个不同的地址类别,如表9-1所示,其中A、B、C三类最为常用。

表9-1

IP地址类型	第一字节十进制范围	二进制固定最高位	二进制网络位	二进制主机位
A	0~127	0	8位	24位
B	128~191	10	16位	16位
C	192~223	110	24位	8位
D	224~239	1110	组播地址	
E	240~255	11110	保留试验使用	

9.4.2 子网掩码

子网掩码其实是一个32位地址,用于屏蔽IP地址的一部分,以区别网络标识和主机标识。任意一个 IP 地址,将其网络位全部设为 1,主机位全部设为 0,这样所计算得到的结果就是此 IP 地址的子网掩码。地址的分类以标准子网掩码来划分,如图 9-12 所示。

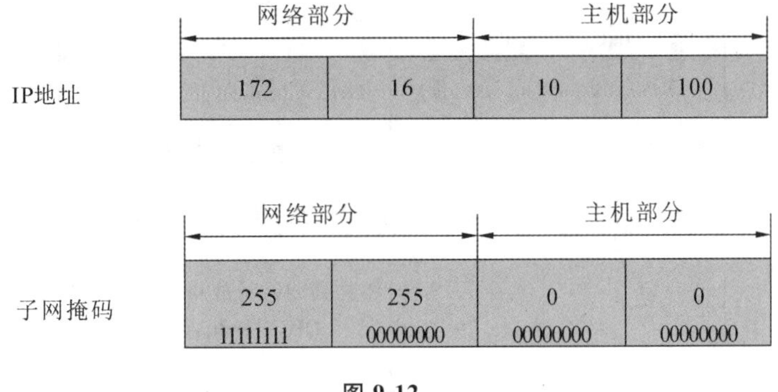

图 9-12

注意:IP 地址的网络地址不能全部设置为 1 或 0。IP 地址的主机地址不能全部设置为 1 或 0。

9.4.3 私有 IP 地址

在网络世界中,有三个范围内的网络地址被称为私有 IP 地址。私有 IP 地址可以用于企业内部网络,而不作为互联网中路由器所解析和发送的地址。这三个网络地址范围分别是:

(1) 10.0.0.0～10.255.255.255。

(2) 172.16.0.0～172.31.255.255。

(3) 192.168.0.0～192.168.255.255。

9.4.4 特殊 IP 地址

(1) 网络部分为 any,主机部分全为 0 时,代表一整个网段的网络地址。

(2) 网络部分为 any,主机部分全为 1 时,代表该网段的全网广播地址。

(3) 网络部分为 127,主机部分为 any 时,代表该地址为环回测试地址。

(4) 网络和主机部分全为 0,此类地址一般作用于默认路由。

(5) 网络和主机部分全为 1,代表全网广播地址。

9.4.5 IP 地址的自动分配

DHCP(dynamic host configuration protocol,动态主机配置协议)是一个局域网的网络协议,使用 UDP 协议工作,主要有两个用途:给内部网络或网络服务供应商自动分配 IP 地址;给用户或者内部网络管理员,作为对所有计算机进行中央管理的手段。DHCP 协议有三个端口:UDP67、UDP68 和 UDP546,前两个是常见的服务端口,分别作为 DHCP Server 服务端口和 DHCP Client 服务端口。UDP546 端口用于 DHCPv6,一般处于关闭状态,需要特殊开启,提供 DHCP Failover 服务。DHCP Failover 适用于“双机热备”。

DHCP 的工作原理如图 9-13 所示。

图 9-13

1. DHCP 分配 IP 地址的三种机制

(1) 自动分配方式(automatic allocation),DHCP Server 为下联主机永久性分配一个 IP 地址,一旦 DHCP Client 第一次租用到地址后,就永久性使用此 IP 地址。

(2) 动态分配方式(dynamic allocation),DHCP Server 租用 IP 地址时,附加使用具体时间限期。当主机明确放弃或租用时间到期后,该 IP 地址可被其他设备使用。

(3) 手动分配方式(manual allocation),DHCP Client 端 IP 地址是由网络管理员手动指定分配的,DHCP Server 只会将指定 IP 地址分配给 DHCP Client。

2. DHCP 中继代理

DHCP Relay(DHCPR)叫作 DHCP 中继,也叫作 DHCP 中继代理。DHCP 中继代理,就是在 DHCP 服务器和客户端之间转发 DHCP 数据包。当 DHCP 客户端与服务器不在同一个子网上时,就必须由 DHCP 中继代理来转发 DHCP 请求和应答消息。DHCP 中继代理的数据转发与通常路由转发是不同的,通常的路由转发相对来说是透明传输的,设备一般不会修改 IP 包的内容。而 DHCP 中继代理接收到 DHCP 消息后,会重新生成一个 DHCP 消息,然后转发出去。

9.4.6 广播域

广播是一种信息的传播方式,指网络中的某一设备同时向网络中的所有其他设备发送数据,这个数据所能被发送到的范围即为广播域(broadcast domain)。广播域就是站点发出一个广播信号后,这个信号所能被接收到的范围。通常来说,一个局域网就是一个广播域。广播域内,所有的设备都必须监听所有的广播包。如果广播域太大,用户的带宽就小了,并且需要处理更多的广播,网络响应时间将会长到让人无法容忍的地步,这方面的代表设备是交换机。

广播:将广播地址作为目的地址的数据帧。

广播域:网络中能接收到任一设备发出的广播帧的所有设备的集合。

MAC 地址广播:所有相连接的交换机和集线器的集合。MAC 广播地址:FF-FF-FF-FF-FF-FF。交换机转发 MAC 地址广播,而路由器会阻挡 MAC 地址广播。

IP 地址广播：IP 目的地址是全为 1 的广播地址。

9.4.7 冲突域

冲突域是连接在同一导线上的所有工作站的集合，也可以说是同一物理网段上所有节点的集合或者以太网上竞争同一带宽的节点的集合。这个域代表了冲突在其中发生并传播的区域，这个区域可以被认为是共享段。在 OSI 模型中，冲突域被看作是第一层的概念，连接同一冲突域的设备有 HUB、中继器和其他进行简单信号复制的设备。

在同一个网络上两个比特同时进行传输时就会产生冲突，这个网络就是冲突域；在网络内部，数据分组所产生或发生冲突的区域，也是冲突域。所有的共享介质环境都是冲突域，在共享介质环境中产生一定类型的冲突是正常的。

集线器与交换机的区别在于集线器是一种物理层设备，本身不能识别 MAC 地址和 IP 地址，当在集线器下连接的主机设备之间传输数据时，数据包以广播的方式进行传输，由每一台主机根据 MAC 地址来确定是否接收。这种情况下，同一时刻由集线器连接的网络中只能传输一组数据，如果发生冲突则需要重传。集线器下连接的所有端口共享整个带宽，即所有端口为一个冲突域，如图 9-14 所示。

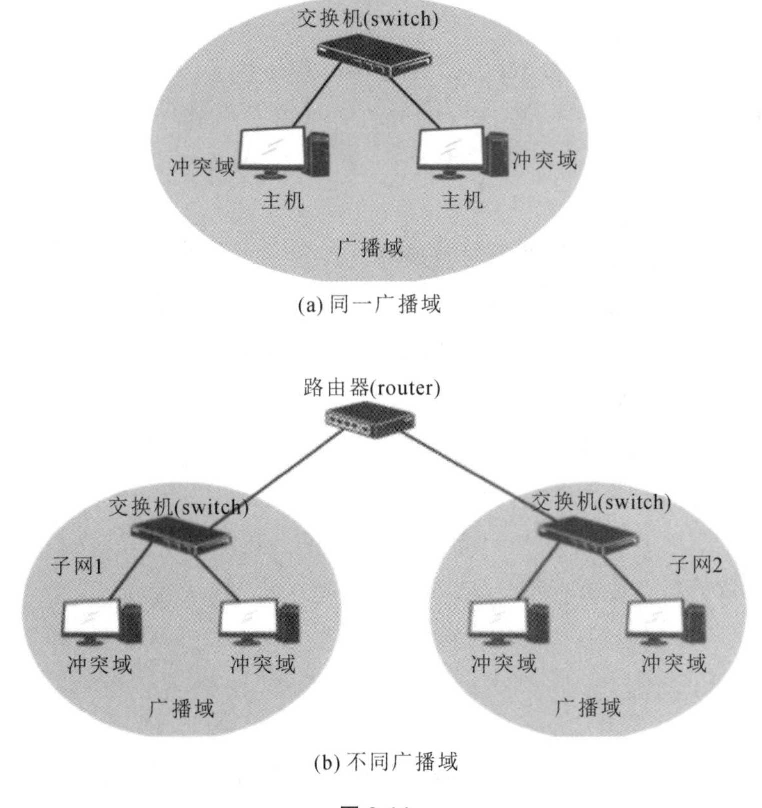

(a) 同一广播域

(b) 不同广播域

图 9-14

交换机则是工作在数据链路层的设备，在接收到数据后，通过在自身系统的 MAC 地址表中查找 MAC 地址与端口对应关系，将数据传送到目的端口。交换机在同一时刻可以进行多个端口之间的数据传输，每一个端口都是独立的物理网段，连接在端口上的网络设备独自享有全部的带宽。因此，交换机起到了分割冲突域的作用，每一个端口为一个冲突域。

9.5 子网划分

9.5.1 进制转换

进制是人们利用符号来计数的方法,包含很多种数字转换。进制转换由一组数码符号和两个基本因素("基"与"权")构成。

位制/位置计数法是一种计数方式,也称为进位计数法/位值计数法,可以用有限的数字符号代表所有的数值。可使用数字符号的数目称为基数或底数,基数为 n 时,即可称为 n 进位制,简称 n 进制。现在最常用的是十进制,通常使用10个阿拉伯数字0～9进行计数。

9.5.2 常见的进制

常见的进制有二进制、八进制、十进制、十六进制。

二进制:数码0～1,基2,权20、21、22……,逢二进一。

八进制:数码0～7,基8,权80、81、82……,逢八进一。

十进制:数码0～9,基10,权100、101、102……,逢十进一。

十六进制:数码0～9,A～F,基16,权160、161、162……,逢十六进一。

9.5.3 数据转换

以十进制1010为例,按不同进制进行换算:

(1) 十进制数的特点是逢十进一:

$$(1010)_{10}=1\times 10^3+0\times 10^2+1\times 10^1+0\times 10^0$$

(2)二进制数的特点是逢二进一:

$$(1010)_2=1\times 2^3+0\times 2^2+1\times 2^1+0\times 2^0=(10)_{10}$$

(3)十六进制数的特点是逢十六进一:

$$(1010)_{16}=1\times 16^3+0\times 16^2+1\times 16^1+0\times 16^0=(4112)_{10}$$

(4)八进制数的特点是逢八进一:

$$(1010)_8=1\times 8^3+0\times 8^2+1\times 8^1+0\times 8^0=(520)_{10}$$

9.5.4 基本的子网划分

在子网划分中,一般会借用一个或多个主机位作为网络位创建子网,子网数量的计算方法:$2N$(N 为借用的主机位数)。子网中主机数量的计算方法:$2N-2$(N 为剩余主机位数,-2 表示减去子网中已经存在的主机地址和广播地址)。子网划分示意图如图9-15所示。

小常识:路由器的每一个端口都属于一个子网,交换机一般所有端口都属于同一个子网(VLAN1)。

◀扫码观看本章第5小节的视频课程

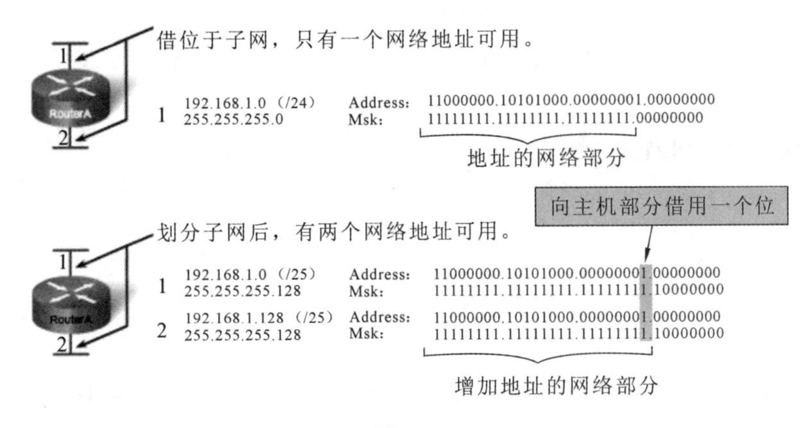

图 9-15

9.5.5　子网划分原理

IP 地址经过一次子网划分后，被分成三部分——网络位、子网位和主机位，如图 9-16 所示。

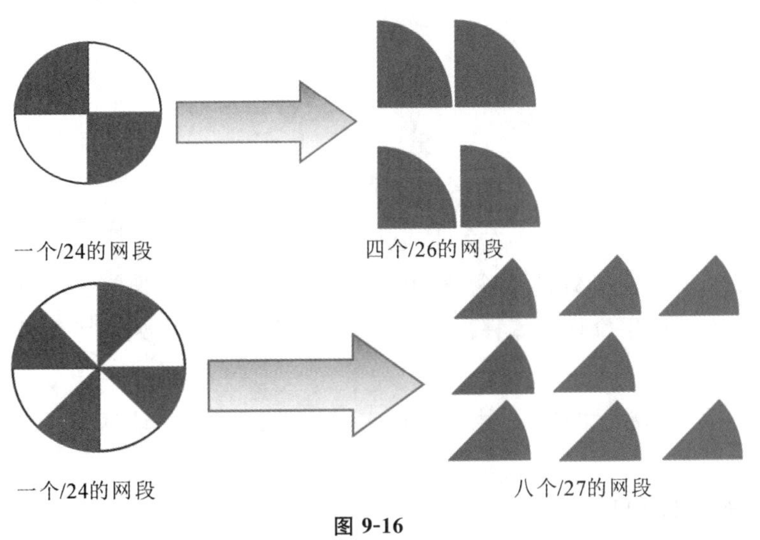

图 9-16

9.5.6　子网划分方法

(1) 无子网的标注法：无子网编址是指使用自然掩码，不对网段进行细分。比如，B 类网段的 IP 地址为 172.16.2.160，它采用 255.255.0.0 作为子网掩码。子网包含的主机数＝216－2＝214。

(2) 有子网的标注法：有子网时，IP 地址和相应的子网掩码一定要配对出现。以 B 类地址为例，IP 地址为 172.16.2.160/26，其中 26 表示该 IP 地址的前 26 位为网络位，而 B 类地址默认网络位为 16 位，因此子网位数为 26－16＝10，换算成子网掩码是 255.255.255.192。

9.5.7　细分子网

VLSM(变长子网掩码) 是为了有效地使用无类别域间路由(CIDR)和路由汇聚(route

summary)来控制路由表的大小。网络管理员使用先进的 IP 寻址技术，VLSM 就是其中常用的方式。VLSM 可以对子网进行层次化编址，将大范围的网络细分成多个小范围的网络，以便最有效地利用现有的地址空间。

子网地址块的子网划分如图 9-17 所示。

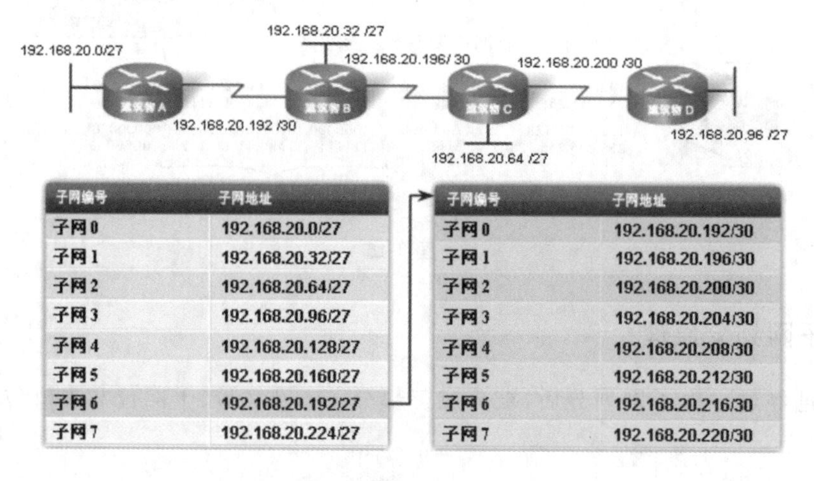

子网编号	子网地址
子网 0	192.168.20.0/27
子网 1	192.168.20.32/27
子网 2	192.168.20.64/27
子网 3	192.168.20.96/27
子网 4	192.168.20.128/27
子网 5	192.168.20.160/27
子网 6	192.168.20.192/27
子网 7	192.168.20.224/27

子网编号	子网地址
子网 0	192.168.20.192/30
子网 1	192.168.20.196/30
子网 2	192.168.20.200/30
子网 3	192.168.20.204/30
子网 4	192.168.20.208/30
子网 5	192.168.20.212/30
子网 6	192.168.20.216/30
子网 7	192.168.20.220/30

图 9-17

9.5.8 子网划分的步骤

一个大范围网段的子网划分步骤如下。

(1) 规划下属子网中最多可存在的主机数量。

(2) 利用 $2N-2=$ 主机数量，计算出地址块的大小。

(3) 根据原有的网络位与计算得出的地址块，计算该次子网划分中总共可以划分的子网数量。

(4) 考虑子网主机数量的扩展性，借一位或多位网络位，重新计算子网数量。

9.6 远程管理地址

对于网络管理员来说，远程管理最实用的就是远程关机和开机。试想，在家里躺在沙发上，抱着笔记本，手指轻轻一点就能把位于公司的某些服务器开机或关机，这是多么惬意的事情！每个厂商的服务器都能通过远程管理地址进行远程管理，HP 有自己研发的 ILO 地址；IBM 服务器分为带 RSA 卡的和不带 RSA 卡的，带卡的远程管理称为 IMM，不带卡的默认使用 BMC 进行远程管理。DELL 服务器默认使用 BMC 进行远程管理。在这里，我们以 IBM 3650 M3 服务器为例讲解配置远程管理地址的方法。

IMM 管理端口默认 IP 地址：192.168.70.125。用户名：USERID。密码：PASSW0RD。注意：用户名和密码中的字母为大写字母，密码中的“0”是数字 0。

9.6.1 在 UEFI 中修改 IMM 的 IP 地址

以 IBM 服务器为例演示如何给服务器配置远程管理地址。

步骤 1 在开机自检的过程中,根据提示按【F1】键进入 UEFI 设置界面,如图 9-18 所示。

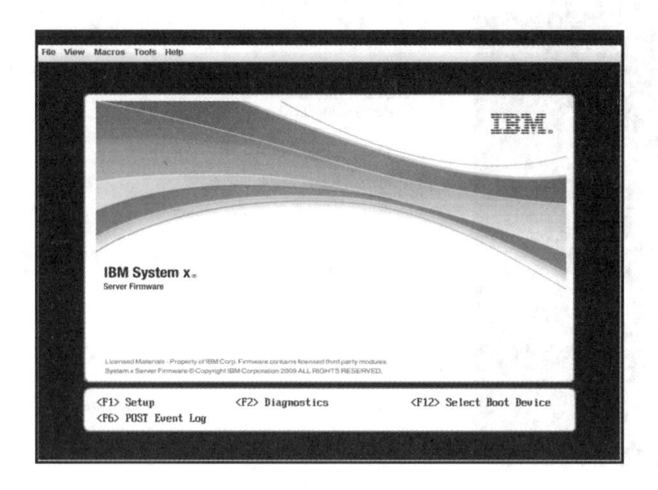

图 9-18

步骤 2 在 UEFI 设置界面中依次选择“System Setting”→“Integrated Management Module”→“Network Configuration”,如图 9-19 所示。在输入需要修改的 IP 地址后,选择“Save Network Settings”。

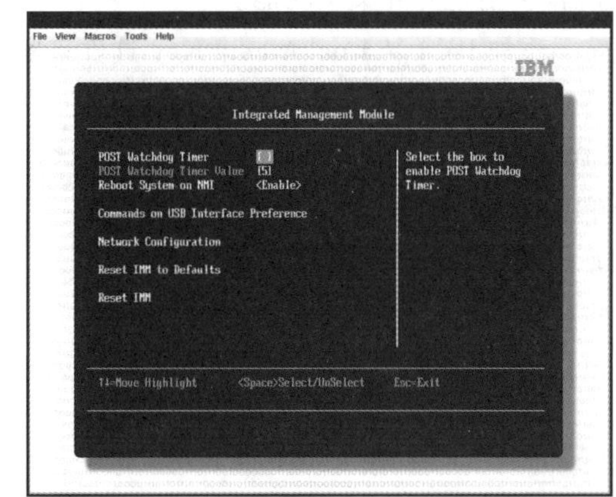

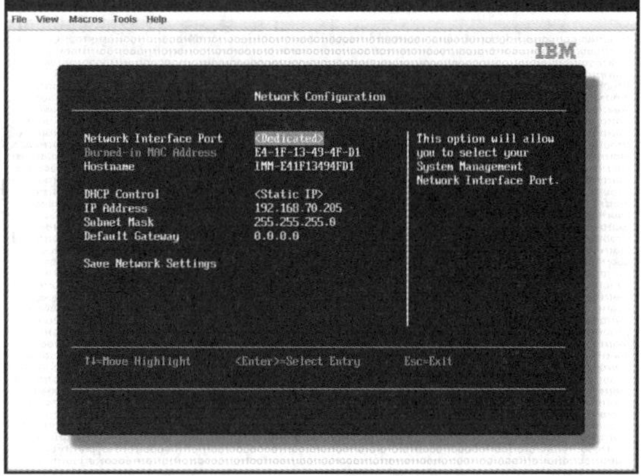

图 9-19

在 IE 中输入 IP 地址后即可访问 IMM 管理界面,如图 9-20 和图 9-21 所示。

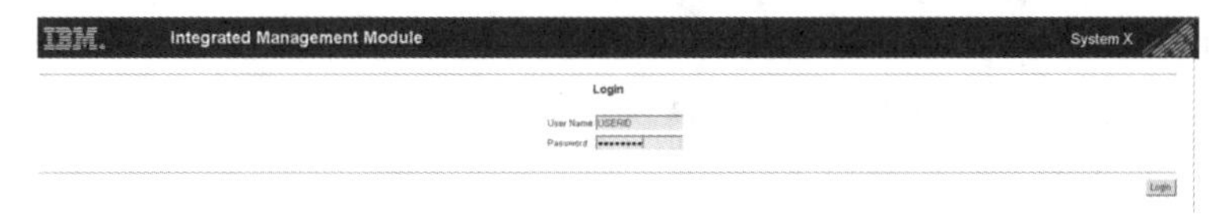

图 9-20

9.6.2 IMM 主要功能介绍

(1) System Status:查看服务器的健康状况,包括温度、电压和风扇状态等。

(2) Virtual Light Path:查看服务器光通路诊断板上是否有告警。

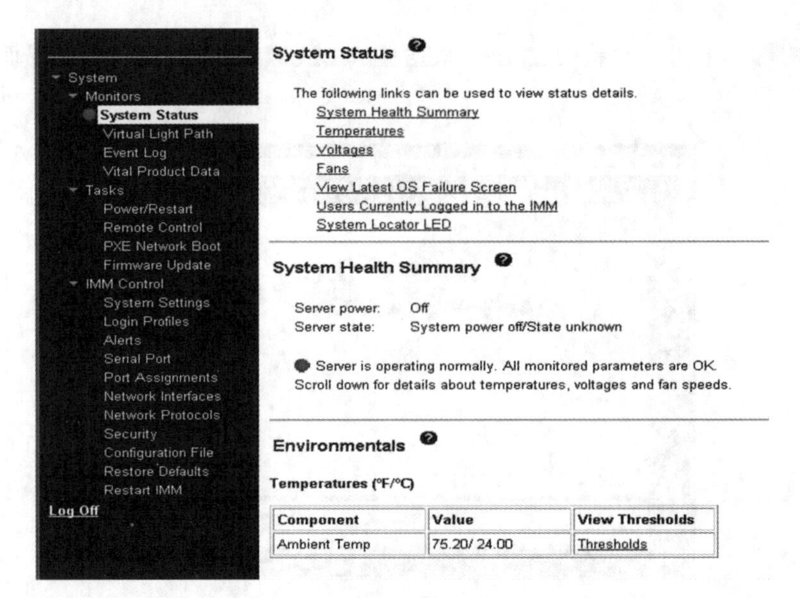

图 9-21

(3) Event Log:可以查看服务器的日志信息,可以用“Save Log as Text File”命令将日志信息另存为文本文件。

(4) Vital Product Data:查看服务器的型号、序列号及各种微码版本。

(5) Power/Restart:通过 IMM 控制开关服务器,包括定时开关机功能。

(6) Remote Control:远程控制服务器终端,需要添加 IBM Virtual Media Key 选件来实现此功能,大部分机型标配没有此选件。

(7) PXE Network Boot:设置服务器的 PXE 启动。

(8) Firmware Update:刷新服务器的 UEFI 和 IMM 的微码。

(9) System Settings:设置 IMM 的时间、日期、名字等基本信息。

(10) Login Profiles:为 IMM 添加除默认之外的其他用户。

(11) Alerts:设置 SNMP 告警等信息。

(12) Serial Port:设置串口信息。

(13) Port Assignments:定义 IMM 所使用的端口。

(14) Network Interfaces:设置 IMM 的网络地址。

(15) Network Protocols:配置 SNMP、DNS 等网络协议。

(16) Security:配置 SSL、SSH 等安全协议。

(17) Configuration File:备份和恢复 IMM 的配置文件。

(18) Restore Defaults:将 IMM 恢复默认设置。

(19) Restart IMM:重启 IMM。

(20) Log Off:退出登录。

9.6.3 常用功能

1. 远程开关机

通过设置“Power/Restart”选项可以实现远程开机、关机和重启,如图 9-22 所示。

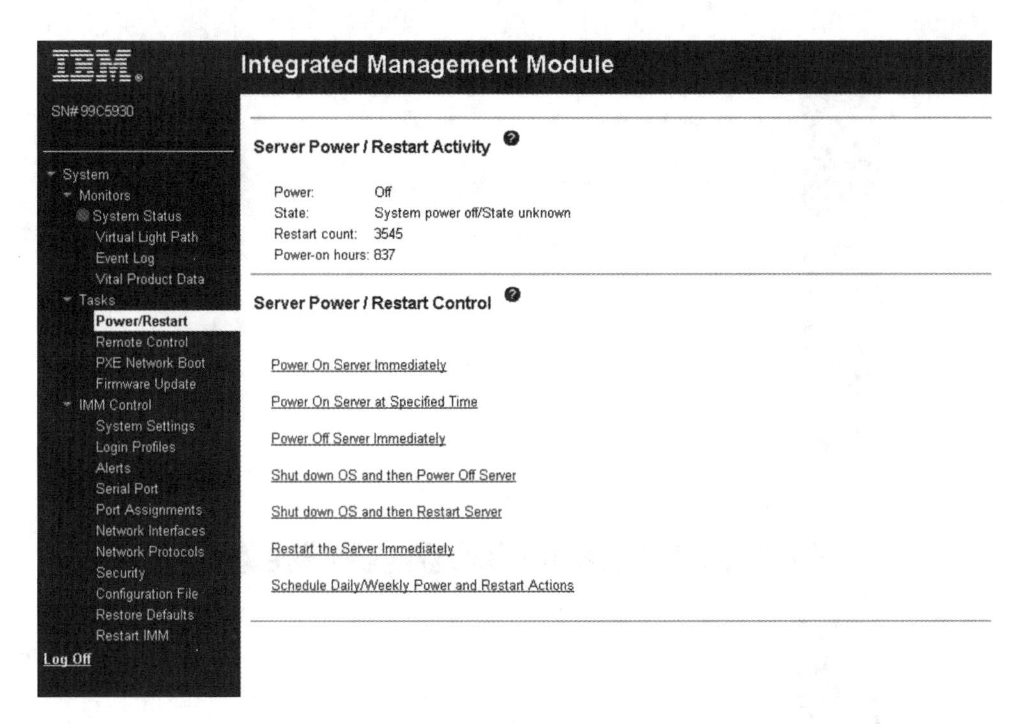

图 9-22

“Schedule Daily/Weekly Power and Restart Actions”中进行设置可以实现每天定时地开关服务器，如图 9-23 所示。

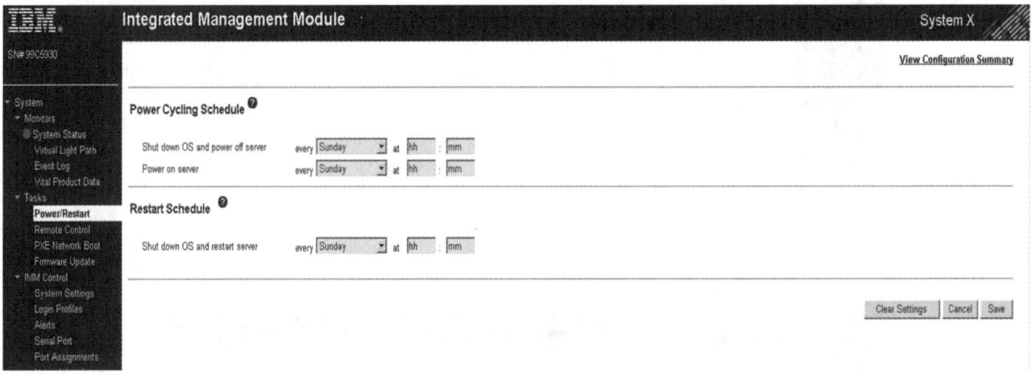

图 9-23

2. 通过 IMM 刷新服务器的 UEFI/IMM 微码

选择“Firmware Update”，然后在浏览文件中选中微码刷新文件。此处以 3650M3 的 UEFI 刷新为例，文件名为 ibm_fw_uefi_d6e149a_windows_32-64. exe。注意，刷新微码前服务器需要开机。

选择文件后单击“Update”会出现上传微码的界面（见图 9-24），上传完成后会出现旧微码和新微码的信息，例如“The current build id is D6E148B. You will be installing D6E149A build id”，如图 9-25 所示。

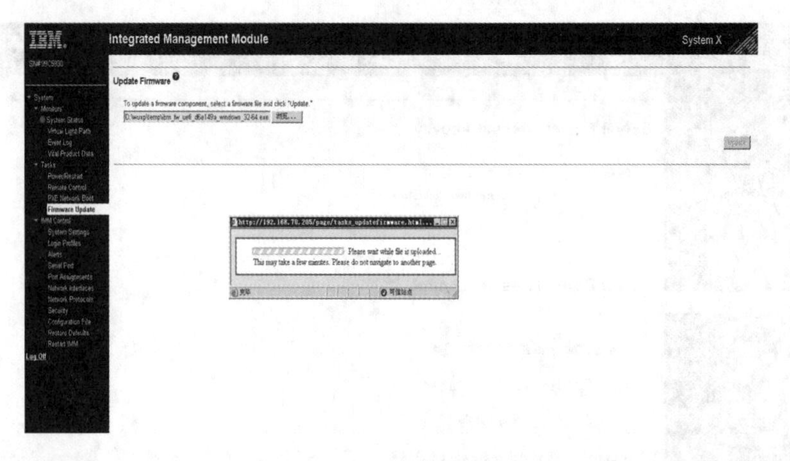

图 9-24

图 9-25

单击“Continue”后开始刷新,出现刷新进程显示界面,如图 9-26 所示。

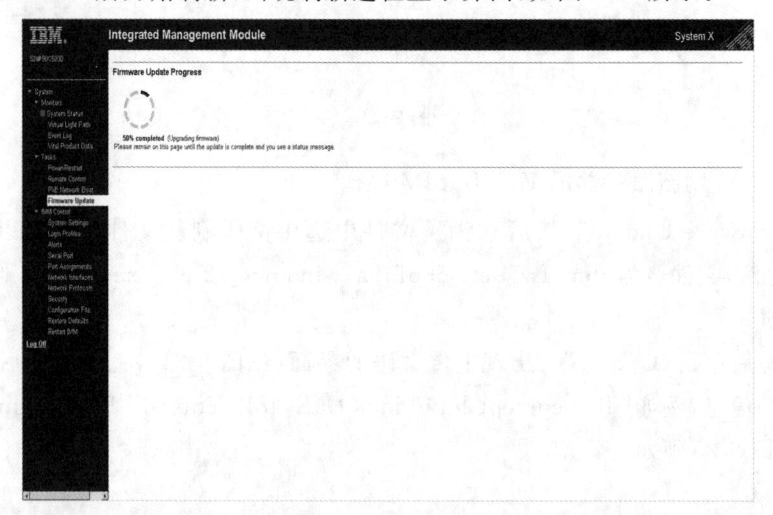

图 9-26

3. 远程终端功能

远程终端功能需要添加 IBM Virtual Media Key 选件来实现，大部分机型标配没有此选件。同时，要求打开远程控制的客户机(是登录 IMM 界面的台式机或者笔记本，不是控制的目标服务器)，该客户机需要安装 JRE(Java runtime environment)软件，可以到 https://www.java.com/zh_CN/网站下载。

打开菜单中的“Remote Control”页面，如果只允许一个用户连接到服务器终端，选择“Start Remote Control in Single User Mode；如果允许多个用户同时连接到服务器终端，选择“Start Remote Control in Multi-User Mode”，如图 9-27 所示。

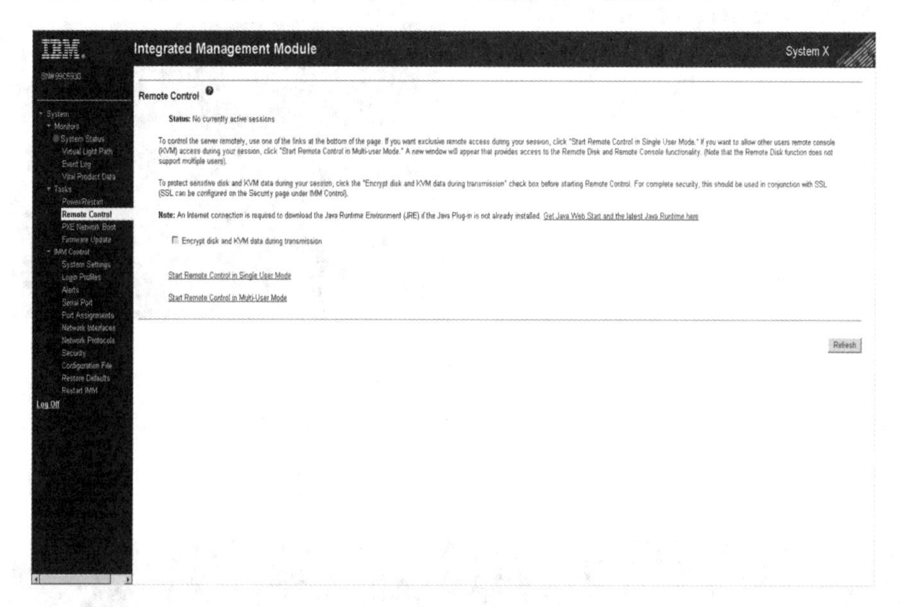

图 9-27

选择相应命令后弹出终端窗口，如图 9-28 所示，通过该窗口可以对服务器的终端进行控制。

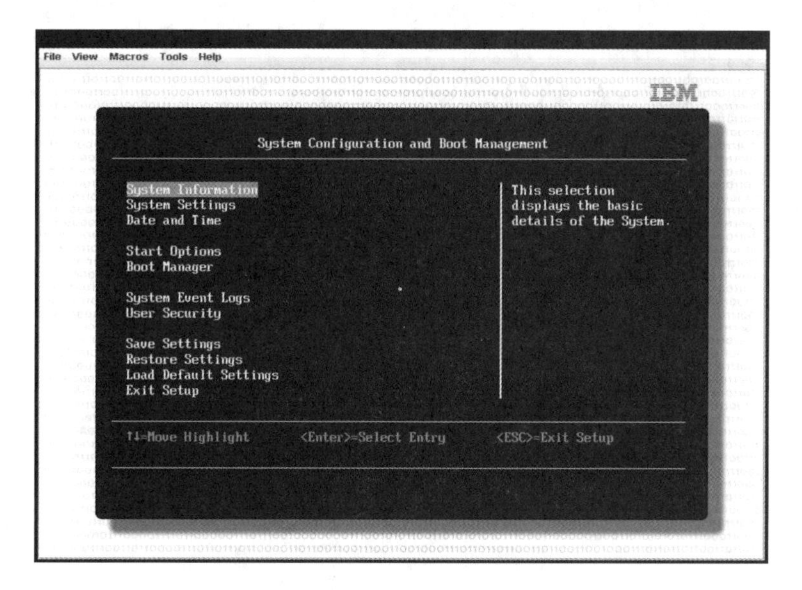

图 9-28

4. 虚拟媒体功能

利用IMM的虚拟媒体功能可以将本地计算机、笔记本上的光驱、软驱或者ISO、IMG镜像文件远程地挂载给远程服务器使用。

在虚拟媒体窗口中，选中要挂载到远程服务器上的光驱前面的Map选项，然后单击窗口右边的"Mount Selected"按钮，就可以把本地的光驱挂载到远程服务器上。例如，将本地插有Windows 2003光盘的光驱F挂载到远程服务器上，远程服务器启动后就可以从挂载的光驱启动安装Windows 2003操作系统了，如图9-29所示。

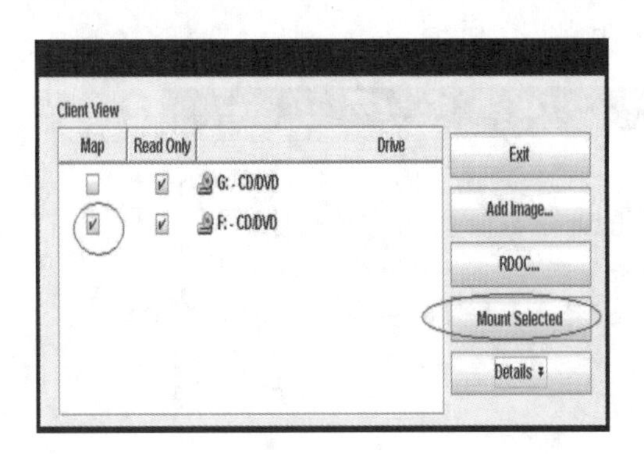

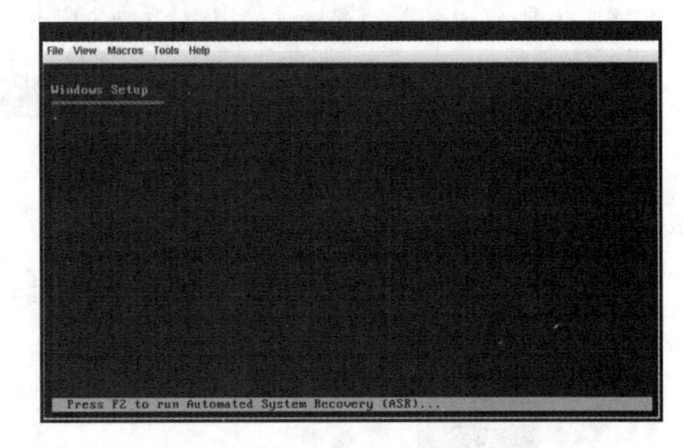

图 9-29

类似地，单击虚拟媒体窗口右边的"Add Image"可以将本地的ISO、IMG镜像文件挂载到远程服务器上。

本章练习

1. OSI参考模型的层次从下到上分别是什么？
2. Telnet协议属于OSI参考模型中的哪一层？
3. 100.32.13.3属于第几类IP地址？
4. IDC机房的网络架构有哪几层？
5. 127.0.0.1的作用是什么？
6. 简单解释ILO、BMC、IMM等概念。
7. 远程管理地址可以实现哪些功能？
8. 如何验证远程管理地址是否配置成功？

第10章 IDC网络设备基础配置

学习本章内容,可以获取的知识:

• 了解 H3C 交换机的命令特性
• 会对交换机进行初始化配置
• 掌握交换机的基本命令管理
• 掌握交换机的远程 Telnet 配置
• 掌握交换机的 SSH 登录配置
• 了解常见交换机的配置实例

本章重点:

△ 交换机本地、远程配置方法
△ 交换机基础配置命令
△ VLAN 的配置

10.1 命令使用入门

10.1.1 H3C 视图介绍

H3C 系列交换机提供丰富的功能,相应地也提供了多样的配置和查询命令。当使用某个命令时,需要先进入这个命令所在的特定模式(即视图)。各命令行的视图是针对不同的配置要求实现的,它们之间既有联系又有区别。最常用的两种视图:用户视图和系统视图。各种视图之间的关系如图 10-1 所示。

1. 用户视图

用户视图模式:〈H3C〉。

登录到设备后,首先进入视线的就是用户视图,在用户视图下可以查看运行状态和统计信息等。用户视图的提示符为"〈〉","〈〉"内为系统名称,用户可以自行配置,缺省为 H3C,如下所示。

```
* * * * * * * * * * * * * * * * * * * * * * * * * * * * * * * * * * * *
* Copyright (c) 2004-2007 Hangzhou H3C Tech. Co., Ltd. All rights reserved.
* Without the owner's prior written consent,
* no decompiling or reverse-engineering shall be allowed.
```

扫码观看本章视频课程▶

```
******************************************
User interface con0 is available.
Please press ENTER.
<H3C>
% Apr 22 16:44:16:802 2008 H3C SHELL/4/LOGIN: Console login from con0
<H3C>
```

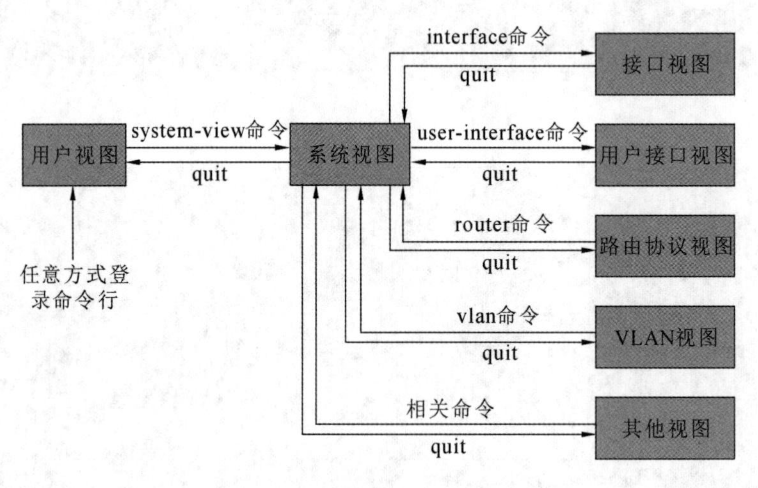

图 10-1

2. 系统视图

系统视图模式:[H3C]。

在用户视图输入命令"system-view"进入系统视图,在系统视图下可以完成交换机的大部分配置,如下所示。

```
******************************************
* Copyright (c) 2004-2007 Hangzhou H3C Tech. Co., Ltd. All rights reserved.   *
* Without the owner's prior written consent, *
* no decompiling or reverse-engineering shall be allowed. *
******************************************
User interface con0 is available.
Please press ENTER.
<H3C>
% Apr 22 16:44:16:802 2008 H3C SHELL/4/LOGIN: Console login from con0
<H3C>
<H3C>system-view
System View: return to User View with Ctrl+ Z.
[H3C]interface GigabitEthernet 0/0
[H3C-GigabitEthernet0/0]description to_MyPC
[H3C-GigabitEthernet0/0]ip add 192.168.0.1 255.255.255.0
[H3C-GigabitEthernet0/0]quit
[H3C]user-interface vty 0 4
[H3C-ui-vty0-4]authentication-mode scheme
System view:return to user view with Ctrl+ Z.
```

3. 功能视图

在系统视图下，可以分别进入各功能视图。H3C 设备常用的功能视图及进入各功能视图的方式如表 10-1 所示。

表 10-1

基本接入功能视图	包括常用接口、VLAN、MSTP、QinQ、RRPP、DHCP 等基本接入功能视图
设备管理功能视图	包括用户界面、NQA 测试组、ftp 等日常管理操作视图
流量控制功能视图	包括 ACL、QOS 策略、user profile 等视图
接入安全功能视图	包括 ISP 域、RADIUS 方案、SSL、SSH 等功能视图
路由相关功能视图	包括 RIP、OSPF、BGP 等 IPv4 路由协议相关功能视图，以及 RIPng、OSPFv3、IPv6 BGP 等 IPv6 路由协议相关功能视图
组播相关功能视图	包括 IGMP、MLD、PIM、IPv6 PIM、MSDP、MBGP、组播 VLAN、IPv6 组播 VLAN 等相关功能视图
MPLS 相关功能视图	包括 MPLS、VPN、MPLS-L2VPN、MPLS-TE 等视图

VLAN 视图模式：[H3C-vlan9]。

路由协议视图模式：[H3C-route]。

接口视图模式：[H3C-Ethernet1/0/24]。

用户界面视图模式：[H3C-ui-vty0-4]。

VLAN 接口视图模式：[H3C-Vlan-interface9]。

普通用户模式：[H3C-luser-sina]。

例如：

```
<H3C>
<H3C>system-view
System View: return to User View with Ctrl+ Z.
[H3C]interface GigabitEthernet 0/0
[H3C-GigabitEthernet0/0]description to_MyPC
[H3C-GigabitEthernet0/0]ip add 192.168.0.1 255.255.255.0
[H3C-GigabitEthernet0/0]quit
```

10.1.2 H3C 命令特性

1. 命令的级别

H3C 命令有四种运行级别，分别为访问级、监控级、系统级和管理级。命令的级别由系统默认设置，各个级别的命令分别控制对应登录用户的权限。

命令级别的含义：

访问级(0 级)：网络诊断工具命令、从本设备出发访问外部设备的命令。

监控级(1 级)：用于系统维护、业务故障诊断的命令。

系统级(2 级)：业务配置命令。

管理级(3 级)：关系到系统基本运行和系统支撑模块的命令。

命令级别与用户级别之间的关系如表 10-2 所示。

表 10-2

用户级别	允许使用的命令级别
0	访问级
1	访问级、监控级
2	访问级、监控级、系统级
3	访问级、监控级、系统级、管理级

2. 命令的帮助特性

各种视图都为客户提供了帮助功能，下面主要介绍几种常用视图的帮助特性。

1）普通用户模式命令列表(见表 10-3)

[Quidway]?

表 10-3

命　　令	说　　明
quit	Exit from EXEC
help	Description of the interactive help system
language	Switch language mode (English, Chinese)
ping	Send echo messages
display	display running system information
telnet	Connect remote computer
tracert	Trace route to destination

上述命令在用户视图模式下借助“?”来实现对用户的帮助。当输入“?”后，系统会对应列出在普通用户模式下可以使用的命令以及各个命令的对应含义。比如，在用户模式下输入“quit”命令后系统会退出到登录状态；可以通过“telnet”命令来配置交换机的远程登录。

2）系统视图模式命令列表(见表 10-4)

[Quidway]?

表 10-4

命　　令	说　　明
debugging	Debugging functions
delete	Erase the configuration file in flash or nvram
reboot	Reboot the router
display	Show running system information
save	Write running configuration to flash or nvram
undo	Disable some parameter switchs
⋮	⋮

上述命令在系统视图模式下借助“?”来实现对用户的帮助。当输入“?”后，系统会对应列出在系统视图模式下可以使用的命令以及各个命令的对应含义。比如，在用户模式下输

入“reboot”命令后系统会重新启动；可以通过“save”命令保存之前做过的配置。

3）接口视图模式命令列表（见表 10-5）

[Quidway]interface serial 0

[Quidway-Serial0]?

表 10-5

命　令	说　明
baudrate	Set transmite and receive baudrate
link-protocol	Set encapsulation type for an interface
ip	Interface Internet Protocol configure command
shutdown	Shutdown the selected interface
physical-mode	Configure sync or async physical layer on serial interface
undo	Negate a Command or Set its default
dialer	Dial-On-Demand routing(DDR) command
quit	Exit from config interface mode
loopback	Configure internal loopback on an interface
mtu	Maximum transmission unit
⋮	⋮

上述命令在接口视图模式下借助“?”来实现对用户的帮助。当输入“?”后，系统会对应列出在接口视图模式下可以使用的命令以及各个命令的对应含义。比如，在用户模式下输入“undo”命令可以取消某些之前配置过的内容；可以通过“quit”命令退出到视图模式。

3. 命令的错误分析

在 H3C 的配置过程中，若命令输入错误则会遇到各种不同的报错信息，如图 10-2 所示。

```
[Quidway]diplay
  Incorrect command        （不正确的命令）

[Quidway]display
  Incomplete command       （不完整的命令）

[Quidway]display interface serial 0 0
  Too many parameters      （参数太多）
```

(a)

```
[Router]di
   ^
 % Ambiguous command found at '^' position.          （含糊不清的命令）
[Router]dispaly
   ^
 % Unrecognized command found at '^' position.       （无法识别的命令）
[Router]display
         ^
 % Incomplete command found at '^' position.         （不完整的命令）
[Router] display interface gigabitethernet 0/0 0
                                            ^
 % Too many parameters found at '^' position.        （参数太多）
[Router]display interface gigabitethernet 0/0/0
                                   ^
 % Wrong parameter found at '^' position.            （错误的参数）
```

(b)

图 10-2

注意：图 10-2 中，“^”所指示的位置并不能精确说明命令出错的具体位置，还要根据报错信息进行分析。

4. 命令的编辑特性

H3C 同其他系统类似，也提供了相应的编辑命令和快捷键。

H3C 中一些快捷键的用法如下所述。

普通按键:输入字符到当前光标位置。

退格键【BackSpace】:删除光标位置的前一个字符。

删除键【Delete】:删除光标位置的字符。

左光标键【←】:光标向左移动一个字符位置。

右光标键【→】:光标向右移动一个字符位置。

上、下光标键【↑】【↓】:显示历史命令。

对于 H3C,在配置命令的过程中,敲完一条命令后经常发现想要找的内容不在本页中,如下所示。

```
〈H3C〉display interface
Aux0 current state: DOWN
Line protocol current state: DOWN
Description: Aux0 Interface
The Maximum Transmit Unit is 1500, Hold timer is 10(sec)
Internet protocol processing : disabled
Link layer protocol is PPP
LCP initial
Output queue : (Urgent queuing : Size/Length/Discards)  0/50/0
Output queue : (Protocol queuing : Size/Length/Discards)  0/500/0
Output queue : (FIFO queuing : Size/Length/Discards)  0/75/0
Physical layer is asynchronous, Baudrate is 9600 bps
⋮
—More—
```

如果本页出现"—More—"提示,说明本页信息未显示完,需要按相应的快捷键来查看后续信息,如果想继续显示下一屏信息需要按【Back Space】键,如果想显示下一行信息需要按【Enter】键,如果想终止显示或者结束该命令需要按【Ctrl+C】组合快捷键。

以上编辑特性和 Windows 或 Linux 中命令行的编辑特性是一样的。

10.2 常用命令

10.2.1 设备初始化

如图 10-3 所示,当忘了口令无法配置路由器时,我们应该初始化设备。以 H3C 3600 交换机为例,介绍设备初始化过程:

图 10-3

(1) 重启路由器;

(2) 按下【Ctrl+B】组合键;

(3) 在出现的 0~9 项中选择 7(跳过当前配置);

(4) 选择 0(重启);

(5) 删除当前配置:reset saved-configuration;

(6) 重新配置密码。

10.2.2 基本命令的使用

常用的命令如下：

sysname——配置主机名。

clock datetime——配置系统时间。

display——显示系统相关信息。

ping——测试网络连通性。

tracert——跟踪路由。

ip route-static——配置路由。

reboot——重启。

undo——取消操作。

1. 基本的管理命令

H3C 设备的管理命令有很多，这里只介绍经常使用的比较有适用效用的命令，例如配置设备名称、显示系统时间、配置系统时间、配置欢迎提示信息等。

配置设备名称：

```
[H3C]sysname?
TEXT  Host name (1 to 30 characters)
```

配置系统时间：

```
<H3C>clock datetime?
TIME  Specify the time (HH:MM:SS)
```

显示系统时间：

```
<H3C>display clock
```

配置欢迎/提示信息：

```
[H3C]header?
    Incoming Specify the banner of the terminal user-interface
    legal Specify the legal banner
    login Specify the login authentication banner
    motd Specify the banner of today
    shell Specify the session banner
```

2. 信息查看命令

H3C 中常用的信息查看命令如下。

查看版本信息：

```
<H3C>display version
```

查看当前配置：

```
<H3C>display current-configuration
```

显示接口信息：

```
<H3C>display interface
```

显示接口 IP 状态与配置信息：

```
<H3C>display ip interface brief
```

显示系统运行统计信息：

```
<H3C>display diagnostic-information
```

display version 会显示当前系统的版本号，如下所示。

```
[Quidway]display version
Copyright Notice:
All rights reserved (Apr 10 2003).
Without the owner's prior written consent, no decompiling
or reverse-engineering shall be allowed.
Huawei Versatile Routing Platform Software
VRP (R) software, Version 1.74 Release 0006
Copyright (c) 1997-2003 HUAWEI TECH CO., LTD.
Quidway R2630E uptime is 0 days 0 hours 3 minutes 10 seconds
System returned to ROM by reboot.
```

display current-configuration 会显示当前系统下的所有配置(包括系统默认配置)，如下所示。

```
[Quidway]display current-configuration
   Current configuration
hostname huawei-bj
   !
   interface Ethernet0
ip address 100.10.110.1 255.255.0.0
   !
   interface Serial0
encapsulation ppp
ip address 11.1.1.2 255.255.255.252
    exit
   ip route 10.110.0.0 255.255.0.0 11.1.1.1 preference 60
   !
   end
  ⋮
```

注意：display diagnostic-information 会不断刷屏显示系统运行统计信息，这可能会造成系统负荷过大，从而导致设备死机，切记慎用。

3. 网络状态测试命令

和其他类似系统相似，H3C 也需要通过各种测试命令来测试网络的连通性。交换机中的 ping 命令和 Linux 中的很相似，可测试目标主机的连通性，一般用于网络故障排错。如果不用【Ctrl+Z】组合快捷键来终止就会一直 ping 下去。

ping 测试工具：

```
[Quidway]ping 11.1.1.1
         PING 11.1.1.1: 56   data bytes, press CTRL_C to break
      Reply from 11.1.1.1: bytes= 56 Sequence= 0 ttl= 255 time =  31 ms
      Reply from 11.1.1.1: bytes= 56 Sequence= 1 ttl= 255 time =  31 ms
      Reply from 11.1.1.1: bytes= 56 Sequence= 2 ttl= 255 time =  32 ms
      Reply from 11.1.1.1: bytes= 56 Sequence= 3 ttl= 255 time =  31 ms
      Reply from 11.1.1.1: bytes= 56 Sequence= 4 ttl= 255 time =  31 ms
```

```
--- 11.1.1.1 ping statistics---
5 packets transmitted
5 packets received
0.00%  packet loss
round-trip min/avg/max =  31/31/32 ms
```

tracert 测试工具：

tracert 用来跟踪网络，可查看在到达目标主机的过程中所经过的网络节点，即到达目标主机的过程中经过了哪些路由器(以 IP 地址表示)。

```
[Quidway]tracert  10.110.201.186
traceroute to 10.110.201.186(10.110.201.186) 30 hops max,40 bytes packet
  1 11.1.1.1 29 ms  22 ms  21 ms
  2 10.110.201.186 38 ms  24 ms  24 ms
```

在 Windows 和 H3C 交换机中，路由跟踪命令为 tracert。在 Linux 和 CISCO 交换机中，路由跟踪命令为 traceroute。路由跟踪命令的格式：tracert/traceroute 目标 IP。

10.3 交换机基础配置

10.3.1 端口配置

1. 端口的基本配置

在对交换机的端口进行操作之前应该清楚端口的状态是开启还是关闭。我们一般通过 shutdown 和 undo shutdown 来关闭和开启端口，不过首先要进入想要更改端口模式的对应端口，具体步骤如下：

(1) 进入指定端口：

```
[YD_S3552]interface eth 0/38
```

(2) 关闭端口：

```
[YD_S3552-Ethernet0/38]shutdown
```

(3) 打开端口：

```
[YD_S3552-Ethernet0/38]undo shutdown
```

对于端口，除了可以对其进行开启和关闭操作外，还可以进行相应的描述，如果想取消描述在描述命令前加上一个“undo”即可：

```
[YD_S3552]interface eth 0/38
[YD_S3552-Ethernet0/38]description shihuanbaoju.
[YD_S3552-Ethernet0/38]undo desc
```

一般情况下，为了方便管理要对端口进行配置，即为某个端口取名，让管理员很容易看出此端口的用途。例如，为 H3C 3600 的 24 号端口取名为 admin，从而管理员可以看出此端口用于管理交换机。

如果交换机有三层端口，还可以直接对端口进行 IP 配置：

```
[YD_S3552]interface eth 0/38
[YD_S3552-Ethernet0/38]ip address 192.168.1.1 255.255.255.0
```

2. 端口双工及速率配置

交换机的端口速率一直是人们关心的问题。交换机的端口也有全双工和半双工之分，端口的速率也可以做相应的设置。duplex 和 speed 用来设置端口的物理状态。目前大多数以太网端口都采用自动匹配或者速度自适应的技术。故若无特别需要，可以省略此配置。

双工状态分为自动、全双工和半双工。速率分为自动适应、10 Mbps、100 Mbps、1 000 Mbps。目前好一点的交换机皆为 1 000 Mbps。

端口双工及速率的配置命令如下。

双工：

```
duplex { auto | full | half }
undo duplex
```

速率：

```
speed { 10 | 100 | auto }
undo speed。
```

3. 端口的模式配置

交换机的端口模式有 Access 模式、Trunk 模式和 Hybrid 模式，交换机端口默认的端口模式是 Access 模式。如果想让交换机充当中继端口，就要将该端口配置成 Trunk 模式。

端口的链路类型决定了端口传输数据的功能，H3C 交换机的端口模式及功能介绍如下。

Access 模式：用于接入端口，只负责传输一个 LAN 或 VLAN 的数据。

Hybrid 模式：用于混合型端口(H3C 专有)，属于兼容模式，目前已不使用。

Trunk 模式：一般用于交换机与交换机之间相连的端口，允许多个 VLAN 的数据在其中传输。通过其特有的技术，为每个进入的 VLAN 数据分别打上不同的标记，以便区分。

设置端口模式：

```
[YD_S3552]interface eth 0/38
[YD_S3552-Ethernet0/38] port link-type access/hybrid/trunk
```

恢复端口模式为默认：

```
[YD_S3552-Ethernet0/38]undo port link-type
```

10.3.2 VLAN 配置

定义：VLAN(virtual local area network)的中文名为“虚拟局域网”，是一种将局域网设备从逻辑上划分成一个个网段，从而实现虚拟工作组的新兴数据交换技术。

组成：VLAN 网络可以由混合的网络类型设备组成，如 10 Mbps 以太网、100 Mbps 以太网、令牌网、FDDI、CDDI 等，可以是工作站、服务器、集线器、网络上行主干等。

功能：VLAN 既能将网络划分为多个广播域，从而有效地控制广播风暴的发生，使网络的拓扑结构变得非常灵活，还可以用于控制网络中不同部门、不同站点之间的互相访问，保证网络的安全。

常见的 VLAN 都是基于端口来划分的。基于端口划分 VLAN 是较简单、有效的 VLAN 划分方法，它按照局域网交换机端口来定义 VLAN 成员。VLAN 从逻辑上把局域网交换机的端口划分开来，从而把终端系统划分为不同的部分，各部分相对独立，在功能上模拟了传统的局域网。

1）默认 VLAN 的设置

交换机默认的 VLAN 号为 1，可以通过命令将其修改：

```
port trunk pvid vlan vlan_id
```

例如：将交换机的默认 VLAN 设置成 VLAN 10。

```
port trunk pvid vlan 10
```

2）VLAN 的创建与删除

创建 VLAN：

```
[H3C]vlan vlan_id
```

删除 VLAN：

```
[H3C]undo vlan vlan_id
```

3）VLAN 端口的配置

进入 VLAN 端口：

```
[H3C]interface vlan-interface vlan_id
```

配置端口管理 IP：

```
[H3C]interface vlan-interface 9
[H3C-Vlan-interface9]ip address 1.1.1.1 255.255.255.0
[H3C-Vlan-interface9]quit
```

4）VLAN 管理

（1）将端口加入 VLAN 中。

把当前以太网端口加入指定 VLAN：

```
port access vlan vlan_id
```

将当前 Hybrid 端口加入指定 VLAN：

```
port hybrid vlan vlan_id_list { tagged | untagged }
```

把当前 Trunk 端口加入指定 VLAN：

```
port trunk permit vlan { vlan_id_list | all }
```

（2）将端口从 VLAN 中删除。

把当前 Access 端口从指定 VLAN 删除：

```
undo port access vlan
```

把当前 Hybrid 端口从指定 VLAN 中删除：

```
undo port hybrid vlan vlan_id_list
```

把当前 Trunk 端口从指定 VLAN 中删除：

```
undo port trunk permit vlan { vlan_id_list | all }
```

5）查看 VLAN 信息

显示 VLAN 端口相关信息：

```
display interface vlan-interface [vlan_id]
```

显示 VLAN 相关信息：

```
display vlan [vlan_id/all/static/dynamic]
```

10.3.3 访问管理配置

1. 交换机的认证模式

H3C 对用户的访问有严格的审核机制，不同认证模式下用户访问系统的方式也不尽相同。

交换机的认证模式有以下几种：

LOCAL——本地帐号认证；

NONE——不需要认证；

PASSWORD——只需要密码认证；

SCHEME——需要用户名和密码认证。

设置交换机的认证模式：

进入用户界面视图：

```
[SwitchA]user-interface vty 0 4
```

设置认证方式为密码验证方式：

```
[SwitchA-ui-vty0-4]authentication-mode password
```

设置登录验证的密码为"Huawei"(simple为明文,cipher为密文)：

```
[SwitchA-ui-vty0-4]set authentication password simple/cipher Huawei
```

设置登录访问级别为level 3：

```
[SwitchA-ui-vty0-4]user privilege level 3
```

2. 本地用户管理

创建本地用户：

```
[H3C]local-user username
```

删除本地用户：

```
[H3C]undo local-user username
```

设置本地用户密码：

```
[H3C-luser-xxx] password { cipher | simple }password
```

配置用户访问级别：

```
[H3C-luser-xxx] level level
```

设置用户访问类型：

```
[H3C-luser-xxx] service-type ssh/telnet
```

3. 路由配置

H3C交换机的路由配置分为缺省路由、到网络的路由及到目标主机的路由。添加缺省路由的命令:ip route-static 0.0.0.0 0.0.0.0 网关(下一跳)。

例如：

```
ip route-static 0.0.0.0 0.0.0.0 10.10.10.1
```

在H3C二层交换机上可配置路由,主要是为交换机远程控制服务。上面例子中的0.0.0.0代表任意目标地址或网段。

静态路由的配置命令:ip route-static 目标主机或网络 目标掩码 网关(下一跳)。

例如：

```
ip route-static 202.103.24.68 255.255.0.0 192.168.1.1
```

取消静态路由的命令:undo ip route-static

如果不知道交换机上配置了哪些路由,可以查看路由表,命令:display ip routing-table。

```
[YD_S3552]display ip routing-table
```

```
Routing table publle net
Destlnatlon/Nask   protoool Pre Coet NexthopInterface
0.0.0.0/0   STATIC600211.138.158.217   Vlan- Interface1000
127.0.0.0/sDIRBCT   0 0 127.0.0.1
127.0.0.1/32   dirbct 0 0 127.0.0.1
InLoopBack0
211.138.135.184/29 DIRBCT  0  0  211.138.135.185Vlan-interface104
211.138.135.185/32 DIRBCT  0  0  127.0.0.1   InLoopBack0
211.138.135.236/30 DIRBCT  0  0  211.138.135.237Vlan-interface102
```

10.3.4 文件系统管理

1. 显示目录或文件信息命令:dir

```
<YD_S3552> dir
Directory of flash:/
-rwxrwxrwx   l  noone   nogroup   3418167   Dec  14  2003
10:00:44S3552-VRP310-0005.in
-rwxrwxrwx   l  noone   nogroup 4   Aug   05  2005
07;44;57 snmpboots
-rwxrwxrwx   l  noone   nogroup  5992   Jul  21  2005
17:22;33vrpcfg.txt
16125952  bytes  total  (12692480 bytes free)
```

注:vrpcfg. txt 为交换机配置文件。

2. 文件操作命令

删除文件——delete。

恢复删除文件——undelete。

复制文件——copy。

移动文件——move。

注意:可以通过删除 vrpcfg. txt 直接删除交换机的配置,恢复到出厂缺省配置。

例如:

delete vrpcfg. txt

3. 查看以太网交换机的当前配置和初始配置

显示当前配置:

```
display  current-configuration
```

显示交换机的起始配置:

```
display  saved-configuration
```

注意:saved-configuration 保存在 flash memory(闪存)中,current-configuration 保存在 DRAM 中。flash memory 相当于交换机的硬盘,断电后仍然保留;而 DRAM 相当于交换机的内存,断电后就会消失。

4. 保存配置

在完成之前的操作后想要保存当前的配置就要使用命令 save。

```
〈YD_S3552〉save
This will save the configuration in the flash memory
The switch configurations will be written to flash
Are you sure[Y/N]y
Now saving current configuration to flash memory.
Please wait for a while...
Saved current configuration to flash successfully
```

如果出现上面所示最后一行，说明已经成功保存了当前的配置。

5. 删除所有配置(初始化配置)

擦除 flash memory 中的配置文件需要输入命令：reset saved-configuration。

注意：配置文件被擦除后，以太网交换机下次上电时，系统将采用缺省的配置参数进行初始化。

在以下两种情况下，用户可能需要擦除 flash memory 中的配置文件：

(1) 在以太网交换机的软件升级之后，系统软件和配置文件不匹配。

(2) flash memory 中的配置文件被破坏(常见原因是加载了错误的配置文件)。

10.4 远程访问配置

10.4.1 Telnet 远程登录配置

图 10-4 所示为 Telnet 远程登录配置示意图。

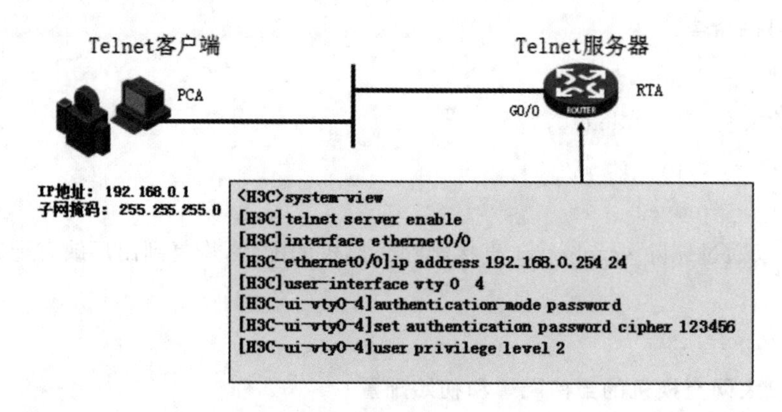

图 10-4

1. 基础配置

配置访问 IP 地址：

```
[H3C-ethernet0/0]ip address ip-address { mask | mask-length }
```

开启 Telnet 服务：

```
[H3C]telnet server enable
```

进入 vty 用户界面视图，设置验证方式：

```
[H3C]user-interface vty first-num2 [ last-num2 ]
[H3C-ui-vty0]authentication-mode { none | password | scheme }
```

设置登录密码和用户级别：

```
[H3C-ui-vty0]set authentication password { cipher | simple } password
[H3C-ui-vty0]user privilege level level
```

注意：此密码和用户级别在认证模式为 password 时生效。

创建用户、配置密码、设置服务类型、设置用户级别：

```
[H3C]local-user username
[H3C-luser-xxx] password { cipher | simple } password
[H3C-luser-xxx] service-type telnet
[H3C-luser-xxx] level level
```

注意：此用户在认证模式为 scheme 时使用。

2. password 验证配置

只需要输入 password 即可登录交换机。

进入用户界面视图：

```
[SwitchA]user-interface vty 0 4
```

设置认证方式为密码验证方式：

```
[SwitchA-ui-vty0-4]authentication-mode password
```

设置登录验证的 password 为明文密码“huawei”：

```
[SwitchA-ui-vty0-4]set authentication password simple huawei
```

配置登录用户的级别为最高级别 3(缺省为级别 1)：

```
[SwitchA-ui-vty0-4]user privilege level 3
```

注意：可以在交换机上增加 super password，例如，配置级别 3 用户的 super password 为明文密码“super3”。

```
[SwitchA]super password level 3 simple super3
```

3. scheme 认证配置

需要输入 username 和 password 才可以登录交换机。

进入用户界面视图：

```
[SwitchA]user-interface vty 0 4
```

配置本地或远端用户名和口令认证：

```
[SwitchA-ui-vty0-4]authentication-mode scheme
```

配置本地 Telnet 用户，用户名为“huawei”，密码为“huawei”，权限为最高级别 3(缺省为级别 1)：

```
[SwitchA]local-user huawei
[SwitchA-user-huawei]password simple huawei
[SwitchA-user-huawei]service-type telnet
[SwitchA-user-huawei] level 3
```

注意：可以在交换机上增加 super password。

```
[SwitchA]super password level 3 simple super3
```

10.4.2 SSH 登录配置

1. 基本配置

图 10-5 所示为 SSH 远程登录配置示意图。

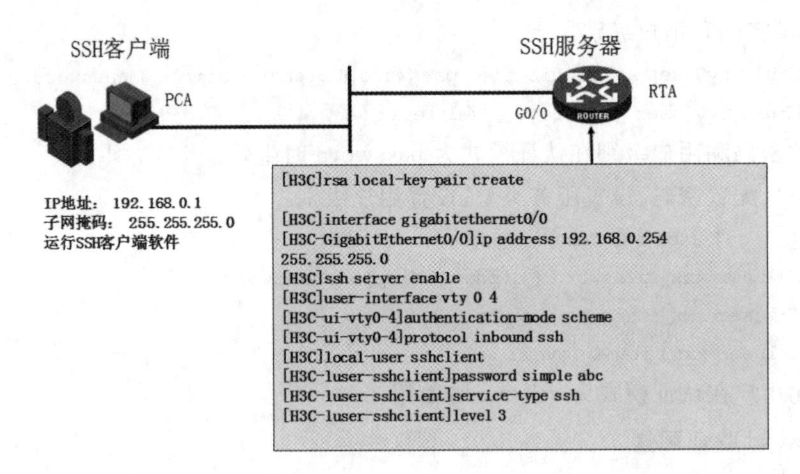

图 10-5

使用 SSH 服务器功能：

```
[H3C] ssh server enable
```

配置 SSH 客户端登录时的用户界面：

```
[H3C-ui-vty0-4]authentication-mode scheme
[H3C-ui-vty0-4]protocol inbound ssh
```

配置 SSH 用户：

```
[H3C]local-user username
[H3C-luser-xxx] password { cipher | simple }password
[H3C-luser-xxx] service-type ssh
[H3C-luser-xxx] level level
```

密钥配置如下。

生成 RSA 密钥：

```
[H3C]rsa local-key-pair create
```

导出 RSA 密钥：

```
[H3C]rsa local-key-pair export ssh2
```

销毁 RSA 密钥：

```
[H3C]rsa local-key-pair destroy
```

2. SSH 认证配置

生成本地密钥对：

```
[Quidway] rsa local-key-pair create
```

注意：如果已经创建则略过此操作。

进入用户界面视图：

```
[Quidway] user-interface vty 0 4
```

配置远端用户名和口令认证：

```
[Quidway-ui-vty0-4] authentication-mode scheme
[Quidway-ui-vty0-4] protocol inbound ssh
```

配置 SSH 用户：

```
[Quidway] local-user client001
```

```
[Quidway-luser-client001] password simple huawei
[Quidway-luser-client001] service-type ssh
[Quidway-luser-client001] level 3
```

注意：可以使用 SSH 客户端进行登录，如图 10-6 所示。

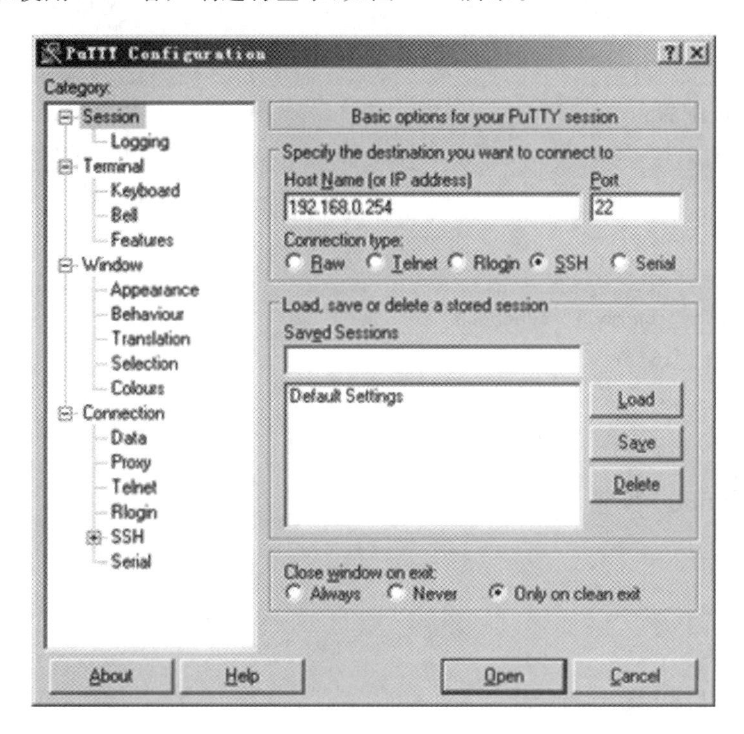

图 10-6

10.5 常见交换机配置实例

10.5.1 华为 3600 配置

基本配置如下：

```
<H3C>system-view
[H3C]sysname H3C
[H3C]vlan 9
[H3C-vlan9]description admin
[H3C-vlan9]quit
[H3C]interface Ethernet 1/0/24
[H3C-Ethernet1/0/24]port access vlan 9
[H3C-Ethernet1/0/24]quit
[H3C]interface vlan-interface 9
[H3C-Vlan-interface9]ip address 1.1.1.1 255.255.255.0
[H3C-Vlan-interface9]quit
Password 验证配置：
User-interface  VTY  0  4
```

```
Authentication-mode Password
Set authentication password cipher 123456
User privilege level 3
Idle-timeout 15 0
Quit
Save
```

scheme 验证配置：

```
Local-user * * *
Level 3
Service-type telnet
User-interface VTY 0 4
Authentication-mode  scheme
Idle-time  15  0
Quit
Save
```

10.5.2 华为 5800 配置

基本配置如下：

```
<H3C>system-view
[H3C]sysname H3C
[H3C]telnet server enable
[H3C]vlan 9
[H3C-vlan9]description admin
[H3C-vlan9]quit
[H3C]interface Ethernet 1/0/24
[H3C-Ethernet1/0/24]port access vlan 9
[H3C-Ethernet1/0/24]quit
[H3C]interface vlan-interface 9
[H3C-Vlan-interface9]ip address 1.1.1.1 255.255.255.0
[H3C-Vlan-interface9]quit
```

password 验证配置：

```
User-interface  VTY  0  4
Authentication-mode Password
Set authentication password cipher 123456
User privilege level 3
Idle-timeout 15 0
Quit
Save
```

scheme 验证配置：

```
Local-user * * *
Level 3
Service-type telnet
```

```
User-interface VTY 0 4
Authentication-mode  scheme
Idle-time  15  0
Quit
Save
```

10.5.3 FEX424 配置

清除密码：

(1) 通过 Console 接入交换机，重启后按【B】键中断引导。

(2) 输入 no password，再输入 boot system flash primary。

清理配置：

(1) 进入系统后输入 enable 进入特权模式。

(2) 输入 erase startup-config。

(3) 使用 reboot 重启系统并选择不保留配置文件。

基本配置：

```
Enable
Configure  terminal
Interface  Ethernet  24
Port-name  netadmin
Route-only
Ip  address  1.1.1.1  255.255.255.0
Write
```

查看配置：

```
Show  running-config
```

FEX424 的大部分配置和 CISCO 交换机的配置类似。

本章练习

1. 登录到交换机上进行配置的方式有哪几种？
2. 交换机有哪些视图？
3. VLAN 的作用是什么？
4. 使用什么命令检测网络的连通性？
5. SSH 和 telnet 有什么区别？

第11章 IDC现场操作规范

学习本章内容，可以获取的知识：
- 掌握IDC行业术语和定义
- 熟悉IDC日常行为准则
- 掌握IDC日常运维框架
- 掌握IDC日常运维操作流程
- 掌握服务器相关操作流程
- 掌握网络设备相关操作流程

本章重点：

△ IDC日常行为准则

△ IDC日常运维操作流程

△ 服务器操作流程

△ 网络设备操作流程

11.1 术语和定义

11.1.1 术语

IDC现场操作规范相关术语及其释义如表11-1所示。

表 11-1

术　语	释　义
标准作业流程	用标准流程定义IDC机房内各项操作的行为(简称SOP)
客户	IDC基础运维的甲方(现场工程师服务的对象)
值守工程师	负责IDC机房现场管理和操作的人员
运营商	类似于电信、联通、移动等ISP
工单平台	任务发布和交接的线上平台
厂商	设备的提供方(HP、DELL、联想、华为、思科)
……	……

◀扫码观看本章视频课程

11.1.2 定义

IDC标准作业流程定义了几乎所有运维操作的步骤和要求，以指导和规范值守工程师在现场的运维工作。

11.2 IDC日常行为准则

降低IDC机房服务质量的因素如下。

(1) 技术水平较低。

① 一次性解决问题的能力较差。

② 对用户提出的问题不能给予满意答复。

(2) 业务规范性差。

① 不遵守操作规范和标准规范。

② 没有及时答复用户反馈的问题，甚至拖着不解决。

③ 机房现场脏乱差，制度得不到执行。

(3) 行为规范差。

① 失约、不守时。

② 说话随意，使用忌语。

③ 不注重仪表。

④ 未经许可在机房内使用电话，特别是长时间打私人电话。

常言道：没有规矩，不成方圆。每一家公司都有一些行为准则来指导员工的日常工作与行动，行为准则是工作顺利进行的必要保障。

11.2.1 精神面貌

精神面貌的总体要求如下。

(1) 衣着整洁规范，仪表得体大方。

(2) 礼貌热情，精神饱满。

(3) 保持愉快的工作情绪，不将个人情绪带到工作之中。

(4) 保持健康的心理：自尊、自信、自爱、自重。

(5) 进出机房必须按要求换鞋和穿鞋套。

(6) 机房安排值班人员，负责监督机房人员的日常行为。

1. 言谈

(1) 首问负责制，言而有信。

(2) 交谈的语气和言辞要注意场合，掌握分寸，不夸夸其谈和恶意中伤，不轻易打断客户谈话，不随意转移话题。

(3) 谈话时尊重对方，注意倾听，切忌与客户发生争执。

(4) 没有把握的事情不随意承诺。

(5) 自觉维护公司形象，不传播或散布不利于公司的言论，不恶意贬低公司的竞争友商和客户的竞争友商。

(6) 在工作期间不讲方言,使用普通话沟通。

(7) 上班时禁止聊天、禁止喧哗;机房内不应大声喧哗、注意噪声和音响的音量控制、保持安静的工作环境。

(8) 上班时严禁打私人电话,接听私人电话要简短。

(9) 公司给配备手机的员工应保证通信 24 小时畅通。

(10) 电话铃响三声内摘机,摘机后主动说"您好",结束前说"再见"。

(11) 电话用语礼貌、简练,声音适中。

(12) 同事不在时要及时代接同事电话。

(13) 电话中断后要主动打给对方。

(14) 接听时无论对方态度如何,都应该耐心、谦和、不卑不亢。

(15) 对打错的电话要耐心说明,切勿生硬回绝。

(16) 详细记录客户的电话内容,以免遗漏问题,好记性不如烂笔头。

日常用语:

(1) 感谢您的支持。

(2) 希望我们能共同发展。

(3) 欢迎到办事处指导工作。

(4) 您的意见很重要。

(5) 公司的成长离不开大家的支持。

(6) 这件事我来处理。

(7) 欢迎您提出宝贵意见。

日常忌语:

(1) 这事不归我管。

(2) 以前这是谁做的,水平这么差。

(3) 这是公司规定,我没办法。

(4) 这是小事,无所谓。

(5) 不关我事,你找别人吧。

(6) 你会不会,你怎么搞的?

(7) 这么简单的问题还问我!

(8) 不可能。

(9) 我是新来的,这我不懂。

(10) 这我早告诉过你,怎么还是搞错了?

2. 举止

(1) 站立时抬头挺胸,走路莫摇晃,急事莫慌张。

(2) 坐下时不要跷二郎腿,不可抖动双腿,不可仰坐在沙发或座椅上。

(3) 自觉维护公共卫生,办公桌面保持整洁,物品摆放有序;下班后清理办公现场,做好"五关"。

(4) 爱护公物,爱惜办公设备,注意节约。

(5) 工作时间禁止看与工作无关的报刊、书籍。

(6) 工位区不得大声喧哗、不得追跑打闹,以免影响其他人员的正常工作。

(7) 不得在工位区吃饭,如需用餐,需到指定区域用餐。

(8) 工位区严禁吸烟、拍照。

(9) 工作时间内不得使用办公区域的计算机及网络做任何与工作无关的事情,包括玩游戏、看电影、下载与工作无关的软件等。

(10) 所有计算机的命名应符合公司计算机命名规范。

(11) 所有计算机应正确安装防病毒系统,确保及时更新病毒码。

(12) 所有计算机应及时安装系统补丁,应与公司发布的补丁保持一致。

(13) 公司所有计算机的密码不能为空,离开工位后个人计算机必须锁屏。

(14) 所有计算机不得私自装配并使用可读写光驱、磁带机、磁光盘机和USB硬盘等外置存储设备。

(15) 所有办公计算机不得私自转借给他人使用,防止信息的泄密和数据破坏。

(16) 所有移动办公计算机在外出办公时,不要使其处于无人看管状态。

(17) 办公计算机不得私自安装盗版软件和与工作无关的软件,不得私自安装扫描软件或黑客攻击工具。

(18) 未经公司IT服务部门批准,员工不得在公司进行拨号上网。

(19) 不得在办公桌上摆放备机、备件以及其他设备零部件。

(20) 各类文档、物流单据、设备出入库处理单均要分类妥善存放,确保随时可查。

(21) 若在用餐时间有紧急情况发生,应结束用餐优先解决紧急故障。若现场执行存在困难,反馈到上一级项目经理,通过项目经理反馈给客户。

(22) 必须注意环境卫生。禁止在机房内吃食物、抽烟、随地吐痰;对于意外或在工作过程中弄脏机房地板和其他物品的,必须及时采取措施清理干净,保持机房无尘、洁净环境。

(23) 当日事,当日毕,养成"日清"工作习惯。

(24) 以数据说话,做到事事有记录,各项工作有文档。

(25) 养成平时自我学习的习惯,多看技术资料。

(26) 出差注意安全,尽量避免深夜赶路,途中乘车小心,注意保管行李,维护良好的个人形象。

(27) 在客户的工作场所时,应主动了解并遵守客户的各项规章制度;不能乱动客户的物品和设备,出入机房要征得客户同意,所带物品应严格登记;出入房间,上下电梯,让客户先行。

(28) 严禁在机房内抽烟、玩游戏和乱动其他厂家设备。

(29) 对设备进行维护操作时,须经用户主管认可。

(30) 在设备正常运行时,重大操作应选择在深夜进行,数据操作应谨慎,重要数据事先备份。

(31) 插拔机房核心设备时须带防静电手套等工具。

(32) 工作结束后,要清理工作现场,整理各种物品,保持机房整洁。

11.2.2 书面往来

(1) 对外邮件、传真中不得涉及公司机密。

(2) 给客户发的邮件、传真中用字应仔细斟酌,避免用词生硬、尖刻、不礼貌,发重要邮件或传真前应征求部门主管意见。

(3) 与客户之间往来的邮件、传真是重要的书面记录,应认真归档保存,不得随意处置。

(4) 节约公司网络资源,不乱发与工作无关的邮件或超大邮件。

11.2.3 保密行为规范

1. 公司保密规范

(1) 员工有义务保守公司的商业秘密与技术秘密,遵守员工保密规范,维护公司的知识产权。

(2) 员工未经公司授权或批准,不准对外有意或无意提供任何涉及公司商业秘密与技术秘密的书面文件和未公开的经营机密或口头泄露以上秘密。

(3) 在任何场合、任何情况下,对内、对外都不泄露、不打听、不议论本人及公司的薪酬福利待遇的具体细节和具体数额。

(4) 员工未经公司书面批准,不得在公司外兼任任何获取薪金的工作。尤其严格禁止以下兼职行为:

① 兼职于公司的业务关联单位或商业竞争对手。

② 所兼任的工作对本单位构成商业竞争。

③ 在公司内利用公司的时间资源和其他资源从事兼任的工作。

(5) 不得随意带走机房物品。

(6) 不得与用户谈论有关用户竞争对手的情况,不得泄露公司相关信息给其他无关人员,否则造成损失需要承担关联责任。

2. 客户保密规范

1) 客户保密规范范围

(1) 客户的业务运作体系、组织结构,以及业务关系和工作职责。

(2) 客户的管理制度、业务流程。

(3) 客户的工作规划(计划)、作业计划。

(4) 客户的技术档案与资料、工作记录。

(5) 客户的设备维护技术指标。

(6) 客户的质量管理制度及数据。

(7) 属于客户之外的第三方所有,但客户对该第三方担有保密义务的技术信息和经营信息。

(8) 属客户所有的、具备法律规定的商业秘密性质的其他信息。

2) 客户保密规范行为

(1) 与客户进行业务接触时,应严格执行客户的信息安全、保密规定。工程师在日常工作中,对从客户获知的商业秘密负有保密责任。

(2) 不得以盗窃、利诱、胁迫或者其他不正当手段获取客户保密规范范围内的商业秘密。

(3) 不得披露、使用或者允许他人使用以上条规定的不正当手段获取的客户保密规范范围内的商业秘密。

(4) 不得违反客户有关保守商业秘密的要求,不得披露、使用或者允许他人使用自身所掌握的客户保密规范范围内的商业秘密。

(5) 客户提供的商业秘密归客户所有，工程师只能在约定(通过合同或协议形式)的业务范围内使用，在约定的业务范围之外不得以任何方式使用客户的商业秘密。

(6) 不得以任何方式向任何第三方泄露、出售、出租、转让、许可使用或共享客户的技术信息、经营信息，或提供可接触客户技术信息、经营信息的手段。

(7) 如果为了履行合作项目，需要向合作单位提供客户的保密信息，应先获得客户的书面同意，并确保该合作单位不向任何与合作项目无关的人泄露信息，信息相关资料不得抄录、复制和带离。合作项目结束时，应根据客户的具体要求返还全部或部分含有技术信息、商业秘密的书面、电子资料。

(8) 对客户的保密义务不因合作项目结束而终止。只要客户的相关信息还属于法律上规定的商业秘密，对该信息的保密义务就一直存在。

(9) 工程师应严格执行客户信息的保密规定。对违反客户信息保密规定并给客户造成损失的，责任人应赔偿客户损失并承担相关的法律责任，包括民事责任、刑事责任。

11.3 IDC 日常运维框架

1. 适用范围

IDC 日常运维框架适用于 IDC 机房值守工程师的日常工作。值守工程师的所有操作必须在该框架规定的范围内执行。

2. 流程说明

(1) 客户通过工单平台发单。

(2) 工单被分配到现场后，值守工程师接单并仔细查看工单内容。

(3) 涉及非操作类流程：人员进出流程、物流使用流程、资产相关流程、拍照流程、门禁管理流程。

(4) 涉及操作前确认的，联系客户工程师进行操作前确认。所有没有明确规定的操作，都需要进行确认。

(5) 开始操作工单。

除了日常操作和紧急操作之外，所有操作都需要通过工单进行；对工单内容有疑问或者发现工单内容有错误时，需要与发单人进行沟通和修正，直到确认工单无误后进行操作。

根据操作内容涉及的具体流程进行匹配。流程包括：新服务器到货上架流程、服务器故障处理流程、服务器重启流程、服务器上线流程、系统安装流程、服务器下线流程、服务器迁移流程、网络设备更换流程、网络设备到货上架流程、网络设备故障处理流程。

(6) 操作过程中遇到问题时进行反馈。

通过客户规定的方式(电话、聊天软件、邮件、工单平台等)进行反馈；由一些不可控的因素造成工单无法继续操作时(如厂商人员无法到达、配件缺失、操作人员无授权、机房条件不满足等)，在得到客户许可的情况下可以对工单进行暂停操作。

(7) 操作完成后进行检查，确认无误后结单。

(8) 客户工程师审核，通过后进行评价打分。

3. 流程说明——日常例行操作

(1) 发现紧急情况时:紧急情况通报流程、紧急情况处理流程。

(2) 日常巡检:IDC例行巡检流程。

(3) 定期盘点时,发现常用耗材缺失:常用耗材采购流程。

11.4 日常运维流程

日常运维流程主要适用于非操作类流程,包括人员进出流程、紧急情况通报流程、紧急情况处理流程、IDC例行巡检流程、IDC门禁管理流程、拍照流程。

11.4.1 人员进出管理流程

1. 适用范围

人员进出管理流程适用于客户方人员、现场运维团队、与IDC机房业务相关的第三方进出IDC机房的人员。

2. 流程说明

(1) 需求说明:客户方需求(包含客户企业内的所有人员)、现场运维需求(现场值守工程师及其团队、厂商和物流等第三方支持人员)。

(2) 客户方人员进入IDC机房需要填写人员入室申请,由内部进行审核。

(3) 现场工程师及管理成员、设备厂商支持人员、物流支持人员需要进入机房时,由现场值守人员填写人员入室申请,并交由客户方进行审核。提交方式可以是工单平台或邮件。

(4) 客户方人员入室审核通过后,入室人员授权信息将会被推送给运营商和现场值守人员。

(5) 值守工程师需要在入室人员到达前与运营商确认授权信息(授权发出后2小时内确认)。

(6) 入室人员在规定的授权期内到达机房,超过期限需要重新办理授权手续。除了现场值守人员外,入室人员分为:客户运维团队工程师、客户方参观或其他人员、设备厂商售后支持人员、物流或其他无操作权限人员。

(7) 入室人员到达现场后,需要先进行授权核查并登记,并通知值守人员接入机房;值守工程师需要对入室人员的信息进行二次核实,并要求登记。要求入室人员学习IDC管理规定并签字确认。

(8) 对于没有操作权限的,禁止任何操作。

(9) 非客户运维团队工程师[(b)、(c)、(d)类人员]进入机房时,一律需要全程陪同;客户运维团队工程师[(a)类人员]进入机房时可以不全程陪同,领用门禁卡后可以自行进入机房。

(10) 待操作结束后,归还门禁卡,登记离开。

在全程陪同过程中,不允许出现私自离开,让入室人员单独留在机房的情况。如遇到紧急情况需要离开,应暂停当前陪同的操作,或者让现场其他同事断续陪同。

3. 紧急入室流程

当人员无授权,但需要紧急进入机房时,按紧急入室流程处理(需要客户和运营商建立快速通道)。

(1) 及时将紧急入室情况反馈给客户相应接口人。

(2) 客户接口人确认紧急入室情况。

(3) 客户接口人走快速通道将授权信息发送到运营商和现场运维团队。

(4) 收到信息后及时与运营商确认授权信息。

(5) 核实入室人员信息。

(6) 登记并全程陪同进入机房。

11.4.2 紧急情况通报流程

1. 适用范围

紧急情况通报流程适用于IDC机房中发生的机柜掉电、空调故障、空调回风温度过高、消防事故、办公环境故障等紧急情况。

2. 流程说明

(1) 紧急情况种类:机架单路或双路掉电、空调回风温度达到28 ℃或以上、空调故障、消防事故、办公环境网络或电力异常。

(2) 发现紧急情况后,第一时间了解相关信息并在规定时间(10分钟以内)内通知运营商进行处理,并持续跟进处理进度,实时反馈给客户,并发送紧急情况通报给客户相应人员。

(3) 第一时间(10分钟以内)同步电话通知客户接口人,若第一接口人无法联系到,可联系第二接口人,直到得到确认为止。

(4) 客户接口人给出书面确认,通报结束。

运营商、客户、第三方施工方事先书面确定好的施工项目所产生的符合紧急情况的内容,在确认信息无误的情况下,可以不走紧急情况通报流程,采用全程陪同并实时反馈的方式。

3. 通报内容要求

通报内容包括:紧急情况发生的时间、事故原因、现场观察的情况、运营商的补救措施和维修进度、预计恢复时间、影响范围。

11.4.3 紧急情况处理流程

1. 适用范围

紧急情况处理流程适用于紧急情况发生之后的处理。

2. 流程说明

(1) 发生紧急情况时,首先进行紧急情况通报。

(2) 如果是空调回风温度过高或者空调故障,在等待运营商修复的过程中,我们需要与客户协商,评估一下是否需要采取物理降温及设备减载等措施,若需要,则进行相应操作,待故障修复后恢复。

(3) 如果是机柜掉电或者办公环境电力故障,及时联系运营商处理,并跟进解决进度,进行实时反馈,直到故障修复。

11.4.4 IDC例行巡检流程

1. 适用范围

IDC例行巡检流程适用于IDC运维的日常巡检。

2. 流程说明

(1) 巡检频率:1天/次。

(2) 巡检内容:机架的用户情况、空调的运行情况、机房的温度情况、核心设备运行情况。

(3) 巡检过程中若发现有属于紧急情况范围的,立即进行紧急情况通报和处理。

(4) 记录巡检过程中的异常情况并将其录入巡检报告。

(5) 按时发送IDC机房巡检报告。发送方式与模板根据客户的实际情况进行定制。

11.4.5 IDC门禁管理流程

1. 适用范围

IDC门禁管理流程适用于IDC机房中门禁卡的管理和使用。

2. 流程说明

(1) 门禁卡采用集中式管理,现场由专人进行保管。

(2) 领用门禁卡需要有领用资格,只有现场运维值守团队和客户运维管理团队具备领用资格。

(3) 领用门禁卡需要进行领用登记。

3. 门禁卡遗失或补办

(1) 当门禁卡遗失或损坏时,责任人需要按运营商的规定进行赔偿。

(2) 由门禁卡保管员通知运营商进行门禁卡的注销,并向客户发出补办申请。

(3) 客户向运营商提出补办和领用申请。

(4) 运营商受理申请并办理补办手续。

(5) 门禁卡保管员领用新的门禁卡。

11.4.6 拍照流程

1. 适用范围

拍照流程适用于IDC机房现场拍照管理,工单操作过程中的截屏类拍照除外。

2. 流程说明

(1) 拍照需求:现场运维过程中产生的必要性拍照需求、客户业务宣传过程中所产生的拍照需求。

(2) 现场产生的拍照需求,由现场负责人向客户发出书面申请,得到客户方的书面回复后按具体要求进行拍照。

(3) 客户方产生的拍照需求,现场接到工单或书面通知后按要求进行拍照。

(4) 拍照产生的照片需要进行备案处理,不得泄露。

11.5 服务器操作流程

11.5.1 新服务器到货上架流程

1. 适用范围

新服务器到货上架流程适用于IDC机房新服务器到货上架。

2. 流程说明

(1) 客户通过工单平台发起服务器到货通知。

(2) 现场值守工程师接收工单并确认到货内容。

(3) 现场工程师完成新服务器到货接收准备工作,包括:协助厂商办理人员入室授权手续、设备入室授权确认、机架加电确认、服务器上架位置清单确认、目标机柜是否符合上架条件确认、其他不确定因素确认(如电梯、小推车、天气、卸货区等)。

(4) 现场工程师(资产岗优先)完成服务器到货签收。

(5) 厂商物流人员进行拆箱。

(6) 现场工程师对10%的服务器设备进行硬件抽检,具体抽检方式以客户制定的规范为准,大概硬件抽检要求包括:① 按客户制定的配置出厂要求,根据清单核对服务器硬件配置是否满足要求,包括CPU型号和数量、内存参数和数量、硬盘参数和数量、RAID卡型号和出厂配置、电源参数和数量、网卡参数和数量等;② 硬件是否松动;③ 厂商针对可能出现的硬件问题所提供的备用配件。

(7) 硬件抽检通过后,厂商物流人员将服务器运输到指定区域进行测电。

(8) 测电通过后,对10%的服务器进行软件抽检,具体抽检方式以客户制定的规范为准,大概软件抽检要求包括:① 服务器的BIOS系统的默认配置是否满足客户制定的要求;② RAID信息和硬盘盘序情况。

(9) 硬件抽检、测电、软件抽检过程中如遇到问题,没有通过,需要立即通知厂商人员进行维修处理,修复完成后重新进行抽检和测电。

(10) 厂商物流人员进行服务器上架,将服务器放至指定位置。之后,按客户的绑线标准进行电源线的绑扎及网线的连接。

(11) 现场值守人员对电源线的绑扎和网线的连接进行验收,若验收不通过,则要求厂商物流人员立即整改。验收内容主要包括:① 服务器的所在机位是否与清单所列一致;② 服务器是否推到位,摆放是否标准;③ 电源线的绑扎是否符合要求(具体要求根据环境进行制定);④ 网线的连接是否正确,绑扎是否美观,是否与电源线交叉;⑤ 硬盘的盘架是否有松动或弹出。

(12) 现场值守人员与客户进行加电确认。

(13) 现场值守人员联系运营商进行机柜的加电。

(14) 加电完成后对所有上架设备进行再次验收检查。检查内容包括:机房卫生及工具是否归还、服务器报警情况、服务器整齐性。

(15) 最后填写验收报告,将报告反馈给客户接口人。新服务器到货验收报告可参考表11-2。

表 11-2

<table>
<tr><td colspan="8">新服务器到货验收报告</td></tr>
<tr><td rowspan="2">机房</td><td rowspan="2">到货时间</td><td rowspan="2">验收时间</td><td rowspan="2">工单号</td><td colspan="3">服务器</td></tr>
<tr><td>品牌</td><td>型号</td><td>到货数量</td></tr>
<tr><td></td><td></td><td></td><td></td><td></td><td></td><td></td></tr>
<tr><td rowspan="2">硬件抽检</td><td>问题</td><td colspan="5"></td></tr>
<tr><td>说明</td><td colspan="5"></td></tr>
<tr><td rowspan="2">软件抽检</td><td>问题</td><td colspan="5"></td></tr>
<tr><td>说明</td><td colspan="5"></td></tr>
<tr><td colspan="2">测电情况反馈</td><td colspan="5"></td></tr>
<tr><td rowspan="4">上架绑线验收</td><td>电源线</td><td colspan="5"></td></tr>
<tr><td>网线</td><td colspan="5"></td></tr>
<tr><td>机架</td><td colspan="5"></td></tr>
<tr><td>其他</td><td colspan="5"></td></tr>
<tr><td rowspan="4">厂商情况</td><td>人数</td><td colspan="5"></td></tr>
<tr><td>备件准备</td><td colspan="5"></td></tr>
<tr><td>工作态度</td><td colspan="5"></td></tr>
<tr><td>工作效率</td><td colspan="5"></td></tr>
<tr><td colspan="2">其他情况反馈</td><td colspan="5"></td></tr>
</table>

11.5.2 服务器故障处理流程

1. 适用范围

服务器故障处理流程适用于 IDC 机房内服务器故障的操作处理。

2. 流程说明

(1) 客户通过工单平台发起服务器故障处理工单。

(2) 值守工程师接收工单并仔细查看工单内容。

(3) 根据工单内容定位设备位置并核实故障信息。

(4) 紧急故障处理:① 向资产管理员申领备件;② 办理资产出库手续;③ 现场完成备件更换;④ 如果没有备件,资产管理员申请从其他机房调用或立即采购。没有备件时,可以评估采购和报修的速度来决定采取哪种方式。

(5) 处理非紧急故障时,如果在保修期内则立即报修;不在保修期内则与客户确认是否报修。客户确认不报修,则参考步骤(4)的流程走备件领用流程现场更换处理;客户确认报修,则定期进行集中故障报修。

(6) 报修需要现场协助办理厂商售后人员的入室授权,并监督厂商完成备件更换操作。

（7）服务器备件更换完成后，需要检测服务器故障是否修复，若没有修复则进行二次更换，多次更换也无法修复，则向客户反馈，由客户另行处理。

（8）故障修复后，结束工单。

11.5.3 服务器重启流程

1. 适用范围

服务器重启流程适用于IDC机房服务器重启或卡死时的操作处理。

2. 流程说明

（1）客户工程师发起服务器重启工单。

（2）值守工程师接收工单并仔细阅读工单内容。

（3）根据工单内容定位服务器位置。

（4）查看服务器是否有硬件报错，有则记录信息并反馈。

（5）重启操作分为软重启和硬重启两种。

① 软重启：按下【Ctrl＋Alt＋Del】组合键。

② 硬重启：按住服务器启动键6秒，等服务器关机后再按启动键开机。

（6）启动过程中如果遇到文件系统报错，则需要进入单用户进行文件系统扫描。如果遇到其他故障，则反馈给客户。无法判断故障信息的，需要参考如下条例注明：① 重启前后硬件是否有报警；② 重启过程中是否有异常；③ 服务器开机自检是否有异常；④ 当前状态。

（7）重启正常后进入Login界面。

（8）值守工程师进行连通性检查，如有问题则反馈给客户进一步沟通处理。

（9）一切正常后，结束工单，客户评价工单。

11.5.4 服务器上线流程

1. 适用范围

服务器上线流程适用于IDC机房内服务器的上线操作处理。

2. 流程说明

（1）客户发起服务器上线工单。

（2）值守工程师接收工单并仔细查看工单内容。

（3）根据工单信息定位服务器位置。

（4）检查现场环境是否符合上架条件。检查内容包括：机架位是否可用、电源PDU插头是否充足。

（5）值守工程师将服务器上架到指定位置。

（6）现场如果没有综合布线，则需要按要求布放线缆。

（7）按要求进行系统安装。

（8）进行网络连通性检查。

（9）期间遇到问题，立即反馈给客户方接口人。

（10）操作完成后结束工单，客户评价。

11.5.5 服务器下线流程

1. 适用范围

服务器下线流程适用于IDC机房服务器下线、下架操作。

2. 流程说明

(1) 客户发起服务器下线工单。

(2) 值守工程师接收工单并仔细查看工单内容。

(3) 根据工单信息定位服务器位置。

(4) 判断服务器是否处于可操作状态。若不处于可操作状态,则反馈给客户接口人申请关机或得到书面确认。若处于可操作状态,则参考如下操作。

① 关机。

② 服务器状态异常,且工单中注明的,可直接关机。

③ 经过和客户沟通,书面确认后也可以直接关机。

(5) 断开电源线和网线。

(6) 将服务器下架到指定位置。

(7) 期间如遇到问题,及时反馈给客户接口人。

(8) 操作完成,结束工单。

(9) 客户工程师评价工单。

11.5.6 服务器迁移流程

1. 适用范围

服务器迁移流程适用于IDC机房服务器迁移操作。

2. 流程说明

(1) 客户在工单平台发出服务器迁移工单。

(2) 值守工程师接收工单并仔细查看工单内容。

(3) 根据工单信息定位服务器位置,并确认服务器是否处于可操作状态。如果不处于可操作状态,则与客户工单发起人确认。如果处于可操作状态,则参考如下操作。

① 关机。

② 服务器状态异常,且工单中注明的,可直接关机。

③ 经过和客户沟通,书面确认后也可以直接关机。

(4) 移出服务器电源线和网线。

(5) 异地机房迁移需要使用物流进行运输,到达目标机房后由现场工程师进行服务器上架操作;本机房迁移直接由现场工程师进行上架操作。

(6) 加电开机后,查看服务器能否正常启动,若出现异常,则需要立即反馈给客户接口人做进一步沟通处理。

(7) 服务器正常启动后,查看网络连通性是否正常。若出现异常,则反馈给客户接口人做一步沟通处理。

(8) 一切正常后,结束工单。

(9) 客户工程师评价工单。

11.5.7 服务器备件更换流程

1. 适用范围

服务器备件更换流程适用于IDC机房服务器硬件更换操作,包括但不限于CPU、硬盘、内存、RAID、主板、flash卡、电源模块、网卡、风扇、扩展卡等配件。

2. 流程说明

(1) 客户在工单平台发出服务器件更换工单。

(2) 值守工程师接收工单并仔细查看工单内容。

(3) 根据工单信息定位服务器位置,并确认服务器是否处于可操作状态。如果不处于可操作状态,则与客户工单发起人确认。若处于可操作状态,则参考如下操作。

① 关机。

② 服务器状态异常,且工单中注明的,可直接关机。

③ 经过和客户沟通,书面确认后也可以直接关机。

(4) 停机后开始操作,根据相应的操作规范进行配件更换操作。

(5) 配件更换完成后,对服务器进行硬件变更检测,通过后,再进行网络连通性检测。

(6) 检测过程中,若有问题,则反馈给客户接口人做进一步沟通处理。

(7) 没有问题后,结束工单。

(8) 客户评价工单。

11.5.8 服务器系统安装流程

1. 适用范围

服务器系统安装流程适用于IDC机房服务器系统重装操作。

2. 流程说明

(1) 客户在工单平台发出服务器系统重装工单。

(2) 值守工程师接收工单并仔细查看工单内容。

(3) 根据工单信息定位服务器位置,并确认服务器是否处于可操作状态。如果不处于可操作状态,则与客户工单发起人确认。如果处于可操作状态,则参考如下操作。

① 关机。

② 服务器状态异常,且工单中注明的,可直接关机。

③ 经过和客户沟通,书面确认后也可以直接关机。

(4) 停机后开始操作,根据要求进行系统重装操作。

(5) 系统重装操作完成后,对服务器进行网络连通性检测。

(6) 检测过程中,如有问题,则反馈给客户接口人做进一步沟通处理。

(7) 没有问题后,结束工单。

(8) 客户评价工单。

11.6 网络设备操作流程

11.6.1 网络设备整机更换流程

1. 适用范围

网络设备整机更换流程适用于IDC机房网络设备整机更换操作。

2. 流程说明

(1) 客户发起服务器整机更换工单。

(2) 值守工程师接收工单并仔细查看工单内容。

(3) 根据工单信息定位服务器位置，现场确认设备信息。

(4) 向资产管理员申领同型号设备。

(5) 如果没有同型号设备，则由资产管理员申请采购。

(6) 办理设备出库手续。

(7) 对设备进行初始化设置。

(8) 将备机搬到故障设备位置，与客户进行可操作确认。

(9) 确认可以操作后，记录线缆线序后断开线缆。

(10) 更换设备后加电。

(11) 与客户接口人进行确认接线操作，然后根据具体要求按线序接入线缆。一般是先接入管理网线，再接入上线缆，最后接入服务器线缆。

每一步接线都需要与客户接口人进行确认后再进行。

(12) 线缆接入完毕后，客户接口人确认链路正常。

(13) 操作完成后反馈更换信息。更换信息主要包括以下两种。

① 上线的新设备信息:SN、资产号、位置、更换时间、原因、工单号等。

② 下线的故障设备信息:SN、资产号、位置、更换时间、原因、工单号等。

(14) 结束工单。

(15) 客户评价工单。

11.6.2 板卡故障处理

1. 适用范围

板卡故障处理流程适用于IDC机房非报修类核心网络设备的板卡更换操作，报修类的更换操作可参考此流程。

2. 流程说明

(1) 客户接口人发起板卡故障处理工单。

(2) 现场值守人员接收工单，仔细查看工单内容。

(3) 根据工单信息定位故障板卡位置，并进行故障核实。

(4) 向资产管理员申领同型号的板卡备件，如果没有，则在资产管理员进行采购后再领用。

(5) 办理备件板卡出库手续。

(6) 记录新板卡的信息(SN、资产号等)。

(7) 与客户接口人进行可操作确认。一定要在客户接口人确认后再下线该板卡。在有明显故障的情况下,要在客户接口人十分肯定地确认后再开始操作。

(8) 记录线序并断开线缆。

(9) 更换故障板卡后通知客户接口人。

(10) 客户接口人确认板卡状态信息。

(11) 值守工程师在等到客户接口人确认后,开始恢复线缆的接入,完成后反馈给客户接口人。线缆恢复时,连接的顺序要按照客户接口人的要求进行。

(12) 客户接口人确认网络链路正常。

(13) 反馈更换设备的信息。信息包括下面两种。

① 上线的新设备信息:SN、资产号、位置、更换时间、原因、工单号等。

② 下线的故障设备信息:SN、资产号、位置、更换时间、原因、工单号等。

(14) 结束工单。

(15) 客户评价工单。

3. 板卡更换操作规范

板卡拆卸过程包括下列步骤。

(1) 确定需要卸载的业务板卡。

(2) 若卸载业务板卡,请注意先拔下模块拉手条上的以太网电缆、串口电缆或者光纤接头,并放置在安全的地方做好标记以便复原。操作有光口的线路接口模块时,请不要直视光模块的TX端口和光纤线缆末端,以免激光烧伤眼睛。

(3) 用螺丝刀松开拉手条两端的紧固螺丝。

(4) 双手抓住拉手条两端的扳手,朝相反的方向用力,板卡会自动脱出机箱少许。

(5) 双手抓住扳手,将板卡垂直拉出10 cm左右。

(6) 右手抓住模块拉手条的中上部,左手托住板卡下边缘,将板卡从机箱中完全拉出来,并放置在安全的地方。

(7) 如果需要重新装入包装盒,请将板卡先装入防静电袋,再装入包装盒。

板卡安装过程(板卡安装过程相对拆卸过程是相反的操作过程)如图11-1所示。

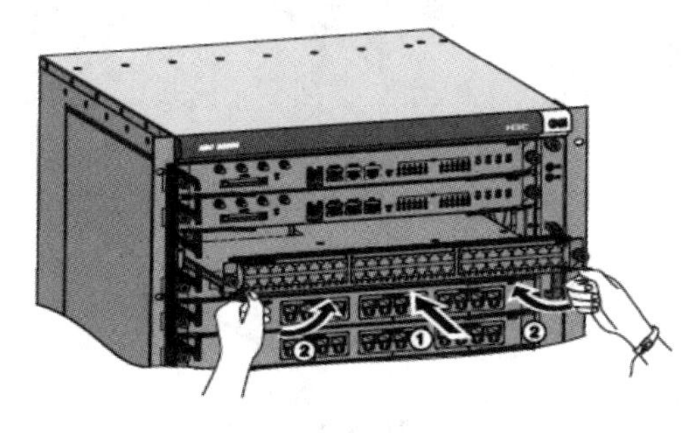

图11-1

更换板卡时,应戴防静电手腕带或防静电手套。

11.6.3 模块及光纤链路故障处理流程

1. 适用范围

模块及光纤链路故障处理流程适用于IDC机房内网络设备模块故障和光纤链路故障的处理操作。

2. 流程说明

(1) 客户工程师通过工单平台发起模块故障处理或光纤链路处理工单。

(2) 现场值守工程师接收工单并仔细查看工单内容。

(3) 根据工单信息定位模块或光纤链路所在的位置。

(4) 与客户接口人确认是否可以开始操作。

(5) 客户接口人给出明确的操作确认后开始进行操作。

(6) 如果是模块故障,则向资产管理员申领备件并办理备件出库手续。核对模块信息后再进行模块的更换。

(7) 如果是光纤链路故障,确认故障光纤信息后,有冗余备用光纤时,直接进行光纤更换;没有冗余光纤,则重新进行布线并更换。

(8) 更换完成后,反馈信息给客户接口人。

(9) 客户接口人确认链路正常。

(10) 现场值守工程师结束工单。

(11) 客户评价。

3. 模块更换规范

(1) 确定需要卸载的模块。

(2) 若卸载模块,请注意先拔下模块拉手条上的以太网电缆、串口电缆或者光纤接头,并放置在安全的地方做好标记以便复原。操作有光口的线路接口模块时,请不要直视光模块的TX端口和光纤线缆末端,以免激光烧伤眼睛。

(3) 平行方向取出或插入模块,如图11-2所示。

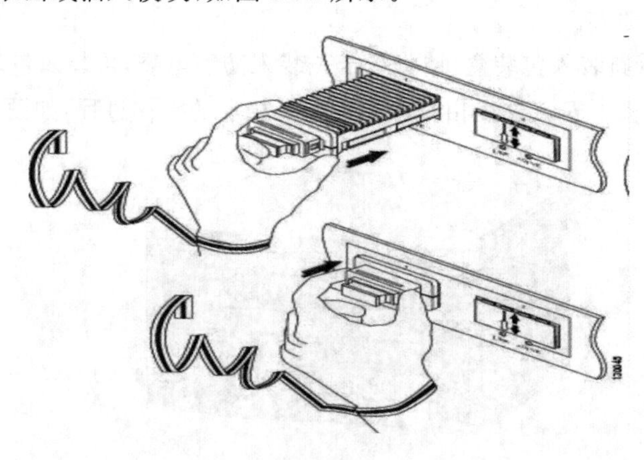

图 11-2

(4) 如果需要重新装入包装盒,请先将模块装入防静电袋,再装入包装盒。

更换模块时,要戴防静电手腕带或防静电手套。

11.6.4 网络设备到货上架流程

1. 适用范围

网络设备到货上架流程适用于IDC机房网络设备到货上架操作。

2. 流程说明

(1) 客户通过工单平台发出网络设备到货工单。

(2) 现场值守工程师接收工单,仔细查看工单内容,确认设备到货信息。

(3) 现场工程师到货前准备:协助厂商办理人员入室授权、设备入室授权确认、机架加电确认、网络设备上架清单信息确认、机柜环境是否符合上架条件确认、仓库是否有存放空间确认、其他不确定因素确认(如电梯、小推车、天气、卸货区等)。

(4) 网络设备到货签收。检查外包装是否破损,以及数量、型号、采购批次、SN等信息。

(5) 厂商人员进行拆箱。

(6) 现场值守人员对设备组件的防拆标签进行检查。

(7) 监督厂商人员进行设备组装,进行测电、初始化配置、测试等操作。

(8) 现场值守人员根据工单要求监督厂商将设备上架到目标位置或者入库存放。

(9) 最后核查验收上架或入库设备信息。

(10) 反馈网络设备到货验收报告。

(11) 结束工单。

(12) 客户评价工单。

11.6.5 网络设备配置流程

1. 适用范围

网络设备配置流程适用于IDC机房网络设备的初始化配置。

2. 流程说明

(1) 客户接口人通过工单平台发起网络设备配置工单。

(2) 现场值守工程师接收工单并仔细查看工单内容。

(3) 通过工单信息定位设备位置。

(4) 与客户接口人进行可操作确认(确认设备是否处于可操作状态)。

(5) 得到客户确认之后,开始操作。

(6) 非初始化配置时,需要客户提供配置信息。

(7) 写入配置。

(8) 期间如有问题,及时向客户接口人反馈并做进一步沟通处理。

(9) 没有问题后,结束工单。

(10) 客户评价工单。

本章练习

1. 可以将进出 IDC 机房的人员分为哪几类?
2. 公司领导到机房告知你需要进入机房进行视察,你该如何处理?
3. 作为 IDC 运维工程师,在 IDC 机房内发现哪些情况可以归为紧急情况?
4. 如果运营商的一名工程师告知你某机房内发生掉电,你该如何处理?
5. 新服务器到货上架流程中,上架完成后的验收内容有哪些?

第12章 CDN 节点建设工作指导

学习本章内容，可以获取的知识：

- 掌握 CDN 建设的基本流程
- 了解 CDN 节点下线的基本流程
- 熟悉 CDN 工作的基本知识

本章重点：

△ CDN 建设的基本流程

△ CDN 节点下线基本流程

12.1 现场工程师正式进入节点建设

现场工程师根据人员需求和安排，准时进入节点，正式开始建设工作。

12.1.1 现场工程师需具备的素质和意识

（1）正确认识 CDN 建设：多人参与、多任务并行、任务之间存在依赖关系并相互制约的复杂工程。

（2）时间意识充分，合理安排时间及工作顺序，建立高效沟通机制，避免无效等待时间。

（3）沟通意识充分，在运营商与客户之间充当润滑剂及传话筒，信息同步转达至一线。

（4）风险意识充分，把风险和困难想在前面，主动解决和规避问题。

（5）影响建设进度的部分典型制约因素如表 12-1 所示，皆可通过充分沟通和提前做好风险控制来解决。

扫码观看本章视频课程▶

表 12-1

相关方	意外情况举例	影响	解决办法
运营商	表示没有收到入室授权，设备搬入工单，拒绝人员、设备入场	不能按计划开始建设，造成窝工； 设备不能入场，出现安全风险	工勘时与运营商充分沟通，了解运营商管理规定； 正式进入节点前 1 天，与运营商充分沟通是否满足进场条件
	现场工程师工作证上无照片，不允许人场	不能按计划开始建设，造成窝工； 设备不能入场，出现安全风险	工勘时与运营商充分沟通，了解运营商管理规定； 及时反馈至客户各组，客户提前介入疏通解决问题
	建设开始时，对设备搬入、加电等工作临时提出特殊要求，比如缴纳施工押金 2 000 元，填写运营商纸质工单，并进行运营商 4 级审批，往返公司和机房 8 个来回，加盖 4 个公章后方可开始工作； 运营商负责审批的领导出差导致需等待 30 天方可完成审批	不能按计划开始建设，造成窝工； 设备不能入场，出现安全风险	
	运营商机柜托盘数量、规格不符合客户上架要求，需花费 20 天时间走内部流程	不能按计划开始建设，造成窝工	
	审批才能调整	设备不能入场，出现安全风险	
	运营商机柜 PDU 不能正常工作	不能按计划开始建设，造成窝工； 设备不能及时加电，延误进度	工勘时通过检测提前发现，敦促运营商修复； 工勘时与运营商充分沟通，了解运营商工作流程； 及时反馈至客户各组，客户提前介入疏通解决问题
	运营商上行链路不能调通，需花费 30 天时间走内部流程配置变更工单及 2 级审批，才能完成路由器配置；网管休假需等 2 天才能配好	网络不能及时调试连通，延误进度	
客户	未及时发出加电工单	设备不能及时加电，运营商禁止设备上架，严重延误进度	正式进入节点前 1 天，充分检查各类工单，物品是否已正确发出； 及时反馈至客户各组，客户提前介入疏通解决问题 工程师自备 Console 线等必要工具，特殊情况下应急
	服务器到货时间发生异常； 网络设备、网络、CDN 工具箱没有按预期时间到达节点	不能按计划开始建设，造成窝工	
现场工程师	对节点建设流程掌握不足	拖慢建设进度，遭到客户各组投诉	对所有 CDN 建设流程及操作指导均熟练掌握
	对交换机配置不熟悉		
	对搭建系统安装环境不熟悉，计算机没有预装相关软件		
	对剩余物品发送流程不熟悉，延误发送时间		

12.1.2 现场工程师需具备的技术能力

现场工程师需具备以下全部技术能力。

1. 网络领域

(1) 掌握锐捷 S6220、博科 FCX648、华三 S5820V2、华为 CE6810 等主流交换机的常用配置命令。

(2) 掌握以上交换机文件清空配置、TFTP 导入配置、保存配置的命令和方法。

(3) 掌握以上交换机软件版本检查、升级、排错、修复的命令和方法。

(4) 掌握以上交换机添加、删除、查看静态默认路由的命令和方法。

(5) 掌握以上交换机创建、删除、查看 VLAN,为 VLAN 配置 IP 地址(包含 sub/secondary 地址),将端口划分至 VLAN,将聚合链路划分至 VLAN 的命令和方法。

(6) 掌握以上交换机查看聚合端口信息、查看端口光功率信息、查看端口错误包信息的命令和方法。

2. 系统领域

(1) 掌握 Vim 工具的使用方法及常用命令,如清空文本、编辑文本、保存、退出、编辑、删除行、删除字符等。

(2) 掌握在 Linux 体系下操作系统文件的命令,如为文件添加可执行权限、删除文件、运行可执行文件、识别脚本文件类型(是 Python 还是 Shell)。

(3) 掌握 Relay 和 Ubuntu 服务器(即 VM)中 DHCP 以及 TFTP 的配置、启动命令。

(4) 掌握为 DHCP 分配地址池,修改 DHCP 中分配的网关、next-server 的方法和配置命令。

(5) 充分理解 next-server 的作用,充分理解 DHCP share-network 的功能。

12.1.3 正式建设需遵循的守则

现场工程师进行节点建设时,需遵循以下工作守则。

1. 现场工程师沟通工具

(1) 手机:整个建设过程中,接打通畅,通话清晰,电量充足,无欠费。尽量使用与节点同一家运营商的手机号,以保障信号良好。

(2) 客户 Hi:整个建设过程中,保持 Hi 在线并及时响应,传递对话、照片、截图等信息。

(3) 公司邮箱:整个建设过程中,收发邮件顺畅,能及时查看并响应邮件。

(4) 3G 上网卡/手机热点:网速稳定,当运营商节点的上网环境不理想时,可作为备用。

2. 每日工作安排

(1) 现场工程师当日工作任务及计划,由客户根据节点建设进度指定并告知。下一日工作计划会根据当日工作进度视情况安排。

(2) 进入机房后的工作时间为:10:00—19:00。如遇加班、网络调整等特殊情况,由客户通知特殊工作时间。现场工程师到达或离开机房时,均须知会客户。确认当日再无工作安排后方可离开,禁止出现擅自离开的情况。

(3) 当日工作进度及完成情况需实时填入 CDN 建设进度反馈表,并在当日 20:00 前发出机房工作报告邮件。

(4) 在操作过程中若发生影响建设的任何异常问题,需及时通过电话、Hi、邮件告知客户,并在机房工作报告中明确记录异常问题所导致的建设延误小时数。

3. 遵守 IDC 管理规范

现场工程师在运营商节点工作时,需严格遵守数据中心管理规定,并同时遵守当地运营商的管理规定。如出现规范相关问题,需立即向客户通报。

某机房工作报告邮件的正文如图 12-1 所示。

发件人：该节点建设的现场主管工程师
收件人：SYSNOC组接口人；
抄送：服务商项目管理邮箱；参与建设的其他现场工程师；
主题：【CDN新建/扩容/故障处理】XXXXX机房工作报告-2014XXXX》

Hi all,

节点规模	服务器 50台，交换机 2台
本日支持工程师	张三（主管工程师），李四，王五
本日操作内容	绑扎服务器电源线，已完成 40台，剩余 10台； 布放网线光纤，布放已完成； 配置交换机，2台配置已全部完成
问题反馈	今日服务器厂商没有在 10:00按时到场，13:30才全部到齐开始工作，延误服务器上架进度 3.5小时 交换机已完成配置但运营商侧网络不通，明天排查网络故障，延误 2.0小时
明日操作	绑扎剩余服务器电源线 调试网络连通性 安装操作系统

【邮件附件：基本信息表】

图 12-1

4. 保护客户资产安全

(1) 由于客户 CDN 机房属于非值守机房,一般不配备客户专属库房,所以现场工程师在整个建设周期均需格外注意客户资产的存放安全,现场工程师是保护客户资产安全的第一责任人。

(2) 在早期新节点实地工勘阶段,现场工程师需按照要求对运营商提供给客户用于存放设备物品的区域、房间、储物柜进行检查,确认是否符合安全存放的条件,并进行拍照记录和反馈。

(3) 现场工程师应发挥身处现场的优势,与运营商做好沟通和协调,尽可能找到最佳的设备物品存放地点。

(4) 用于存放设备物品的区域、房间、储物柜应具备以下条件:在视频监控覆盖区,有门禁卡、锁等出入控制设备;有运营商专人管理控制物品进出时,需通过运营商专人监督办理,有正式签字交接手续;区域、房间、储物柜附近人员活动较少且人员成分单一(如均为运营商工作人员),无外来闲散人员。

(5) 在节点建设过程中,现场工程师应始终将客户资产存放于运营商提供的安全存放环境中。

(6) 如果运营商不具备安全存放客户资产的条件,现场工程师在操作时需要将所有客户资产带入机房，将其放置于机房监控可覆盖及现场工程师可以观察到的位置。现场工程师可充分利用带锁CDN工具箱来妥善保存体积较小、价值高的资产。

（7）在节点建设过程中，现场工程师应每日对客户资产进行清点，发现问题时应立即向客户反馈，以便及时进行干预处理。

12.1.4 设备接收

1. 发往节点的设备

发往节点的设备一般包含但不局限于以下设备。

（1）服务器（新采购到货机器，库存机器，含10 A电源线）。

（2）交换机（商用交换机，客户自研交换机，含10 A电源线）。

（3）光模块（多种型号，供交换机、服务器、运营商设备使用）。

（4）光纤（3 m、5 m、10 m、15 m等多种长度）。

（5）网线（3 m、5 m、10 m、15 m等多种长度）。

（6）分光器（1分2、1分4型号），OEO光放。

（7）特殊电源线（如IEC C13、C14电源线）。

（8）CDN工具箱（所含物品见工具箱物品清单）。

节点建设用设备到达后，现场工程师需按照物流使用规范中设备接收及验收环节的要求进行接收和验收工作。

2. 具体操作流程及要求

（1）接到物流送货通知后，在物流平台按实际情况填写开始收货时间。

（2）监督物流人员在整个拆卸包装、下货过程中轻拿轻放，禁止暴力搬运。

（3）确认发货清单中的设备信息、外包单中的设备信息、实物，三样核对一致（数量、SN），客户签约物流送货人员需现场在发货单模板上勾选相关内容并签字。

（4）若CDN机房接收的工具箱为物流提供的航空箱（合金箱），若箱子外观有损坏请在接收单中注明并让物流确认，此箱子暂时保留在CDN机房用于建设使用，待CDN机房建设完毕，将剩余工具和物流航空箱一并发回北京，发回北京后物流收回航空箱。现场人员需妥善保管物流航空箱，因现场人员保管不善造成航空箱损坏或丢失的，需由现场人员赔偿损失。

（5）确认接收设备的物理外观无损坏（包装箱内部泡沫无挤压、碰撞痕迹）、服务器外观（前面板、网口、电源模块等）无损坏。

（6）正常收货的话，在物流平台单击“正常收货完成时间”填写实际时间并结束物流单，同时在外包工单平台中确认收货已经完成。注意，当发货页面的目的机房选“其他”时，收货流程由发货人处理，由发货人询问收货人实际的收货时间，并在系统里补充完整，结束工单。

（7）异常收货——发现设备的SN与发货单上的不一致，确认不是物流问题后，需要在物流平台上单击“一般问题反馈”，详细填写问题描述，同时在外包工单平台中确认收货已经完成。

（8）异常收货——出现设备运损，在物流平台单击“事故反馈”，填写收货证明，保存后打印,需物流送货人及现场收货人在收货证明上签字,对损坏情况进行确认;然后,收货人在物流系统中填写物流事故信息表,单击“保存”后,再单击“发送给客户”,系统会自动向客户发送邮件(抄送接收人);物流单状态变更为“等待维修”,后续机器全部维修好后,需收货人在物流平台上录入维修情况及填写维修完成的时间,最后结束物流单,同时在外包工单平台中结束外包单。

3. 设备损坏维修流程及注意事项

(1) 出险货物由现场工程师进行签收。

(2) 物流服务商人员负责拍摄用于保险理赔的货物破损照片(如当时未携带照相机,需于 3 个工作日内完成货物破损照片的拍摄)。

(3) 物流服务商联系、安排设备厂商对损坏设备进行故障诊断,并出具设备故障检测报告。

(4) 物流联系厂家更换坏损机器的部件,现场工程师陪同厂家进行更换。

(5) 厂家更换下来的故障件在现场做好记录(将信息填写在故障设备交接记录中)、保管好。原则上,厂家更换下来的故障件后续是交给物流进行理赔备案的。特殊情况下,厂家需要带走故障件,请现场及时反馈给客户进行协调。

(6) 故障件在机器维修后应及时交给物流,若维修时物流不在现场,应在维修完 5 个工作日内交给物流(需客户提前发设备搬出单给现场),故障件交给物流时请填好故障设备交接记录,一式两份,现场和物流取货人均要签字,取货当天现场需将故障设备交接记录拍照后发给客户进行备案。

若厂家物流在运输过程中损坏设备,厂家能修复的话会在现场直接修复,修复后现场可正常接收,此情况需要在当日日报中注明;不能修复的话,现场拒收设备,并及时反馈给客户 HSC 组接口人,厂家后续会再发新设备到机房。

4. 设备丢失流程

(1) 若接收机房人员超过 4 天未收到客户工单中调动的货物,需及时联系物流询问货物进展。若货物丢失,需及时在物流平台填写事故反馈信息,并通过系统通报给客户发单人。

(2) 根据客户提供的硬件测检信息,核对服务器型号、电源、硬盘、SSD 盘、内存的型号和规格,硬件检测比例为 10%,如有任何不一致需立即反馈给客户。

(3) 设备接收完毕并验收(包括硬件检测)通过后,在工单平台中及时完成确认到货流程,将接收到的发货单和物流运单进行拍照,照片作为附件添加到机房工作报告邮件中(照片命名为“××接收机房发货单-××工单号”)。

(4) 在到货验收环节中出现任何异常情况,现场工程师均需按照物流使用规范进行处理,并立即通知 HSC、客户。

12.1.5 综合布线

节点按布线差异分为普通万兆节点和全光纤万兆节点两种,二者的区别如表 12-2 所示。

表 12-2

类　型	规　模	布线类型	布线人员	工作协调	工作要点
普通万兆节点	100台服务器以下	服务器上联全部使用网线，交换机互联使用少量光纤（配光模块）；SSL类型节点要求连接分光器和OEO光放	现场工程师进行布线、验收工作	现场工程师在节点协调服务器厂商与工程师自己并行工作	现场工程师需具有过硬的布线技巧和速度，质量效率兼顾
全光纤万兆节点	100台服务器以下	服务器上联、交换机互联全部使用光纤（配光模块），需连接分光器	客户SYSNOC组派遣专业布线商布线，现场工程师配合布线商工作及验收	现场工程师在节点协调服务器厂商、布线商、工程师自己，3方人员的并行工作	多方人员在节点工作，需把控好现场节奏；需与SYSNOC、布线商充分沟通，协同工作

1. 普通万兆节点建设

1）布线基本方式

CDN机房为两层结构：一台核心交换机、多台接入交换机。核心交换机和接入交换机之间通过3条（或4条）光纤互联，接入交换机和服务器之间通过光纤（或网线）互联。

核心交换机的前4个接口和ISP互联，接入交换机的前4个接口和核心交换机互联。

机柜内服务器、交换机的布线顺序为从下往上，连接交换机的接口顺序为从小到大，机架位编号顺序与交换机接口编号顺序一致。例如：A01-1——1/0/5、A01-2——1/0/6。

每个机柜布放一根备网线，备网线的长度满足整个机柜所有客户CK连接使用。布放有光纤的机柜时，备份一根光纤，备光纤的长度可满足整个交换机所有接口使用。

同一机柜中同时有光纤和网线时，需将两者分开：若网线布放在机柜左侧，光纤需布放在机柜右侧。

2）标签规范

线缆标签需要注明两端机架位，相同机架位之间的多根光纤和网线需用编号区分；交换机到服务器机柜备纤，服务器侧无需标明机架位但需注明备纤；交换机之间备纤仍需标明两端机架位，且注明备纤。

例如：

在线光纤/网线标签：A01-1——D01-1。

在线光纤/网线同机架位超过2根标签：A01-1——D01-1＃1、A01-1——D01-1＃2。

交换机到服务器备纤标签：A01-1——D01（备）。

交换机之间备纤标签：A01-1——E01-1（备）。

交换机标签内容由客户接口人提供，若未及时提供，现场工程师应主动索取。标签应贴在醒目的地方，以便后期运维查看。

交换机理线示意图如图12-2所示。

2. 全光纤万兆节点建设

一般情况下，全光纤万兆节点由客户派遣专业布线商布线，现场工程师仅配合布线商工作及完成验收，此处仅做简单介绍。

布放光纤注意事项：不可对折光纤线、不可踩压、不能大力拉伸。

光纤布线的基本流程如下。

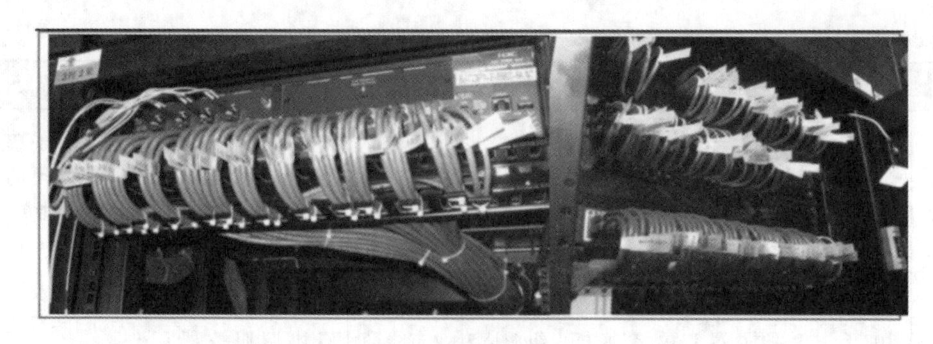

图 12-2

(1) 光纤拆袋后按照布放的位置做好标签(先用标签笔做标签)。

(2) 将做好标签的光纤按照同机柜放到一起,准备布放。

(3) 将光纤的一个线头甩到指定机柜里并绑扎。

(4) 将光纤的另一线头甩到 TOR 端,扎到理线器上。

(5) 用测线仪或者打光笔进行测线。

(6) 整理光纤分为两部分,一部分是理线槽里的光纤,另一部分是机柜里的光纤不能盘或者绑扎,可以捋顺了绑扎好放在理线槽里。

(7) 粘贴标签(标签最后粘贴,这样能保证标签方向一致、整体美观),如图 12-3 所示。

注意,客户发出的基本信息表中,包含节点建设所需全部网络建设技术参数。

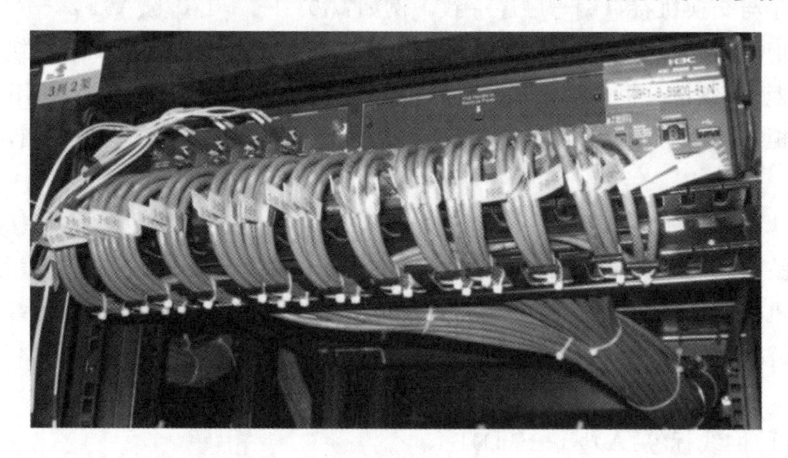

图 12-3

12.1.6 设备上架

1. 设备上架简介

网络设备从其他 IDC 机房发送,没有厂商人员支持,现场工程师根据工单内容将网络设备上架至指定机架位。基本要求如下。

(1) 每台 TOR 均需配备 1U 理线器并安装在 TOR 下部,特殊情况除外。

(2) 所有 TOR 需要通过螺丝固定在机架上,以防脱落。

(3) 一般情况下,交换机需安装在机柜顶部。

服务器到货分为新服务器到货和旧服务器到货两种,新服务器到货时需按照服务器到货要求发出机房新服务器到货邮件报告,新服务器到货一般有厂商人员支持,由厂商人员负责上架，现场工程师做好验收即可(如机架位是否正确、网线插拔是否正确、服务器推送是否到位、电源线绑扎是否整齐)。库存服务器到货一般无厂商人员支持，由现场工程师负责上架，需严格按照工单要求操作，确保机架位正确、网口位置正确、设备推送到位、电源线绑扎整齐。

2. 服务器上架流程及要求

1) 服务器到货接收及硬检

随机抽查10%的服务器的硬件配置(如涉及多个厂商，则各厂商均需抽检10%)是否与外包单的要求配置相同。如发现问题，及时联系客户HSC组接口人。

要求各厂商送货时配备机，用于发现故障时替换部件进行维修。

2) 服务器测电

测电比例为100%，测电过程中为保证用电安全，需使用带有可靠接地的电源插孔进行测电。

测电方法如下。

(1) 服务器有两个电源。站在面对服务器电源的方向，左边的电源为电源1，右边的电源为电源2。

(2) 将电源1、2顺序接入市电，电源指示灯亮绿灯，能听到机器启动的声音。

(3) 拔掉电源1，确认服务器使用电源2供电时运转正常。

(4) 插回电源1，拔掉电源2，确认服务器使用电源1供电时运转正常。

(5) 若测电过程中发现故障，现场工程师需监督厂商及时解决问题，并且在30分钟内向客户HSC组接口人通报问题解决进度，并在机房新服务器到货测电报告中记录问题服务器的SN号、问题描述、发现问题时间、解决问题时间。

3) 服务器软检

(1) 软检比例为10%。

(2) 将选择的服务器的SN号填到机房新服务器到货软检报告的抽查表中，开机，进入BIOS，对照每个抽查项画勾或者填写实际值。如果遇到抽查表中没有的项，请填写到抽查表的空白处。

(3) 软检机器时均需截屏，每张图片按照序列号命名并汇总打包，通过邮件发给客户HSC组、客户接口人。

(4) 软检中若发现不合格的服务器，需及时通知客户HSC组、客户接口人。

4) 将服务器上架至机架位

按照工单信息，将指定的服务器放入对应机柜的机架位。

电源线绑扎标准如下。

(1) 机架外观整洁：电源线和网线整齐、不杂乱，具有整体感。

(2) 电源线两端统一绑扎标签。标签名称由数和字母组成，字母代表左右机架的电源插线板，数字代表服务器所在托盘的位置，顺序为从机柜最下层开始由下向上递增，如01A～15A，01B～15B。

5) 电源线绑扎方法及要求

(1) 服务器上架后，从前面将服务器向机架位内推到底，再将服务器向前推8～10 cm，预留出电源线绑扎空间。

(2) 将电源线全部插在PDU上，在电源线两端绑扎已做好的电源线标签。

(3) 确定服务器端电源线的预留长度。电源线预留长度以机架内两个 PDU 之间的距离为标准(一般为 60 cm 左右),左右两路电源线均预留同样的长度。

(4) 电源线预留长度确定后,将服务器侧电源线用扎带固定在机架挂孔上。

注意:每根电源线均需确定预留长度后再固定,按自上而下的顺序绑扎在 PDU 后侧的机架挂孔上。

(5) 将电源线捋顺,合束,固定在机柜理线槽中。

(6) 固定每个机架位对应的 PDU 端电源线,弯曲弧度需保持一致。

(7) 电源线插头端的弯曲弧度不宜过小,否则长时间运行后电源线插头容易自动松脱,需保证电源线插头和 PDU 紧密连接。

(8) 电源线尾部捋顺,绑扎成束后放在机柜最下部,用扎带固定在机柜挂孔上。

(9) 电源线插到服务器上。多余的电源线收纳至服务器侧面与机柜的间隙中,或收纳至服务器与下面一台服务器之间的间隙中。

(10) 连接网线。按照客户接口人给出的要求,将网线、光纤连接至服务器指定网口。网线和电源线保持水平且互不交叉。网线、光纤的整理与收纳需使用黑胶带,禁止使用扎带。

6) 绑线收尾工作

(1) 将服务器推到位,使其紧贴机架框。

(2) 机柜内服务器需保持水平,打开机柜内空调的风门(如有),以便于服务器进风散热。

(3) 打扫机柜及周边环境卫生。不允许在机柜内及周边存留任何杂物,如绑线头、扎带头、塑料袋等。

7) 服务器加电

(1) 与运营商确认已收到加电工单,并确认 PDU 已启动电力供应。

(2) 加电,即把服务器电源线插到服务器上。

(3) 插电源线时需注意速度,不宜过快,同一路上两台服务器插线的间隔时间应保持在 5 秒左右,避免 PDU 的瞬时电流过大造成跳闸。

8) 故障处理

如在服务器上架过程中发现服务器故障,应及时按故障处理规范处理。

9) 收尾

以上流程全部结束后,与客户 HSC 组、客户接口人完成确认后即可结束工单。

12.1.7 全光纤万兆节点的光纤和网线连接

本节主要介绍在网络设备及服务器均已上架后,如何配合客户接口人完成 CDN 全光纤万兆节点的光纤和网线连接。

1. 概述

图 12-4 所示为全光纤万兆节点综合布线分布图,图中:

核心交换机的端口分为 4 部分:port1～4 连接 ISP,port5～32 连接接入交换机、port33～36 连接 BCS 服务器、port37～48 连接 BVS 服务器。接入交换机-254. Ext 的端口分为 5 部分:port1～4(只使用 port1～3,port4 预留)连接核心交换机、port5～8 连接 BCS 服务器、

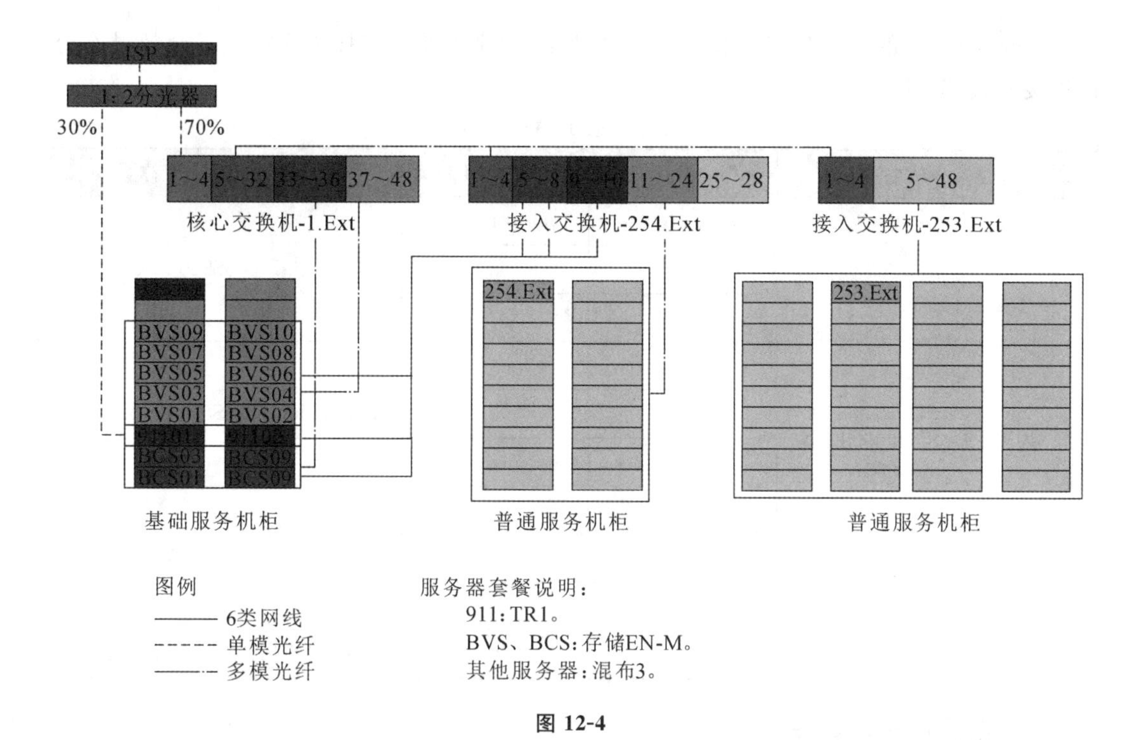

图 12-4

port9～10 连接 911 服务器、port11～24 连接 BVS 服务器、port25～48 连接业务服务器 eth0。

接入交换机-253.Ext 的接口分为两部分:port1～4 连接核心交换机、port5～48 连接服务器 eth0。

互联线缆分为 3 种:与 ISP 相连的为单模光纤、与服务器相连的为多模光纤、与基础服务机柜相连的线缆为 6 类网线。

机柜类型分为 2 种:基础服务机柜和普通服务机柜。基础服务机柜存放 BCS 服务器、911 服务器、BVS 服务器,其中 BCS 和 BVS 服务器的机型为 EN-M 存储,911 服务器的机型为 TR1。

基础服务机柜和核心交换机通过光纤相连,和边缘交换机-254.Ext 通过网线相连。普通服务机柜和边缘交换机通过光纤相连。

综上,综合布线方案归纳如下。

(1) 2 个基础服务机柜从下往上 8 个机架位上各布放 1 根光纤到核心交换机,其中第 3 个机架位上的光纤为单模光纤且和分光器相连,分光器置于核心交换机或核心交换机的托盘之上。

(2) 用 2 米长的单模光纤连接分光器和核心交换机,每 10 GB 需要 1 对光纤。

(3) 2 个基础服务机柜从下往上 8 个机架位上各布放 1 根网线到边缘交换机-254.Ext。

(4) 普通服务机柜布放 1 根多模光纤到相应的边缘交换机。

节点规模不同,接入交换机数量将不同,多则可达 6 台,但接口分布和连线方式都和图 12-4 中接入交换机-253.Ext 一样。

2. 交换机互联

交换机互联就是指核心交换机的 port5～32 和接入交换机的 port1～4 互联(port4 预

留)。交换机互联的端口对应关系如表 12-3 所示，通常万兆节点接入交换机不会超过 6 台，但连接方式都相同。

表 12-3

核心交换机名称	核心交换机端口	接入交换机端口	接入交换机名称
CDNBJ-CT-C-SS820V2-1. Ext	5	1	CDNBJ-CT-B-SS820V2-254. Ext
	6	2	
	7	3	
	8	1	CDNBJ-CT-B-SS820V2-253. Ext
	9	2	
	10	3	
	11	1	CDNBJ-CT-B-SS820V2-252. Ext
	12	2	
	13	3	
	14	1	CDNBJ-CT-B-SS820V2-251. Ext

3. 交换机与服务器互联

(1) 核心交换机和服务器互联：核心交换机只和基础服务机柜的服务器互连，每个机架位布放一根光纤，其中服务器都使用 XGbE0 口。假定基础服务机柜为 A01、A02，则机架位和交换机的端口对应关系如表 12-4 所示。

核心交换机通常布置在整个 CDN 机房第一个机柜的顶部。

表 12-4

核心交换机名称	核心交换机端口	服务器端口	服务器机架位
CDNBJ-CT-C-SS820V2-1. Ext	33	XGbE0	A01-1
	34	XGbE0	A02-1
	35	XGbE0	A01-2
	36	XGbE0	A02-2
	37	XGbE0	A01-4
	38	XGbE0	A02-4
	39	XGbE0	A01-5
	40	XGbE0	A02-5
	41	XGbE0	A01-6
	42	XGbE0	A02-6
	43	XGbE0	A01-7
	44	XGbE0	A02-7
	45	XGbE0	A01-8
	46	XGbE0	A02-8

（2）接入交换机和服务器互联：接入交换机-254. Ext 的 port5～24 和基础服务机柜的服务器通过网线互连，服务器端口为 eth1；port25～48 和普通服务机柜的服务器通过光纤互连，服务器端口为 XGbE0。接入交换机-254. Ext 的 port5～24 原本是光口，故这里需要插上光转电模块（SFP-T），以便和服务器端口相连。假定基础服务机柜为 A01、A02，普通服务机柜依次为 A03、A04……，交换机端口和服务器机架位的对应关系如表 12-5 所示。

表 12-5

接入交换机-254. Ext	交换机端口	服务器端口	服务器机架位
CDNBJ-CT-B-SS820V2-254. Ext	5	eth1	A01-1
	6	eth1	A02-1
	7	eth1	A01-2
	8	eth1	A02-2
	9	eth1	A01-3
	10	eth1	A02-3
	11	eth1	A01-4
	12	eth1	A02-4
	13	eth1	A01-5
	14	eth1	A02-5
	15	eth1	A01-6
	16	eth1	A02-6
	17	eth1	A01-7
	18	eth1	A02-7
	19	eth1	A01-8
	20	eth1	A02-8
	25	XGbE0	A03-1
	26	XGbE0	A03-2
	27	XGbE0	A03-3
	……	……	……

（3）接入交换机-253. Ext 和服务器互联：该交换机只和普通服务器互连。根据节点大小的不同，接入交换机数量也不同。其他接入交换机的互联方式和接入交换机-253. Ext 一样。根据每个机柜容纳服务器数量的不同，每个接入交换机所管辖的机柜数量将不同，在正式建设时，客户接口人会给出每个接入交换机所管辖的机柜范围。交换机端口和服务器机架位的对应关系如表 12-6 所示。

表 12-6

接入交换机-253. Ext	交换机端口	服务器端口	服务器机架位
CDNBJ-CT-B-SS820V2-253. Ext	5	XGbE0	A05-1
	6	XGbE0	A05-6
	……	……	……

4. 分光器布线方案

CDN全光纤万兆节点建设只使用1∶2分光器，如图12-5所示，1∶2分光器有3个端口，分别为IN、70%和30%，具体连接方法：IN口连接发光光纤，70%口连接核心交换机，30%口连接911(TR1)服务器。

图 12-5

分光器的连接步骤如下。

步骤 1 将2个1∶2分光器用透明胶带捆绑在一起，并在侧面贴上标签，如图12-6所示。

图 12-6

步骤 2 连接ISP侧光纤。ISP的互联光纤和1∶2分光器相连，将ISP互联光纤的固定头去掉并将其分成两芯，有光一芯连接1∶2分光器1的IN口，无光一芯连接1∶2分光器2的70%口，如图12-7所示。

步骤 3 连接核心交换机侧光纤。将核心交换机的互联光纤和1∶2分光器相连。

同样，将光纤分成两芯，有光一芯连接 1∶2 分光器 2 的 IN 口，无光一芯连接 1∶2 分光器 1 的 70%口，如图 12-8 所示。

图 12-7

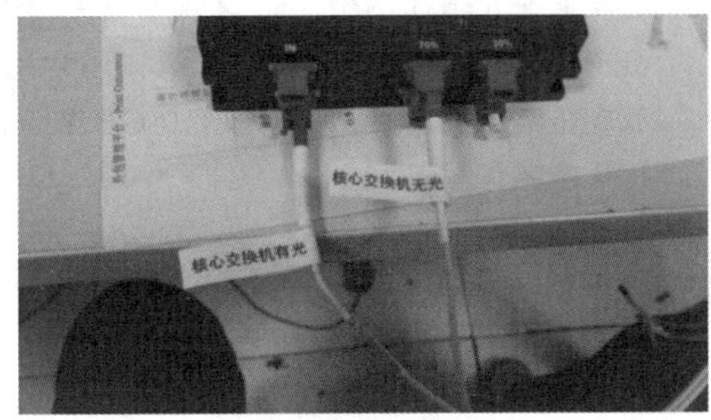

图 12-8

步骤 4 连接 911(TR1)光纤。取一根光纤连接 911 服务器和 1∶2 分光器。其中，1∶2 分光器侧连接在 1∶2 分光器 1 的 30%口，911 服务器侧连接在模块收光的一芯，如图 12-9 所示。

如何判断模块的哪一芯是收光的？判断方法：① 将模块平放且正面朝上，右边的那一芯是收光的；② 使用光功率计测试，无光的一芯是收光的。

分光器连接完成后的效果如图 12-10 所示。

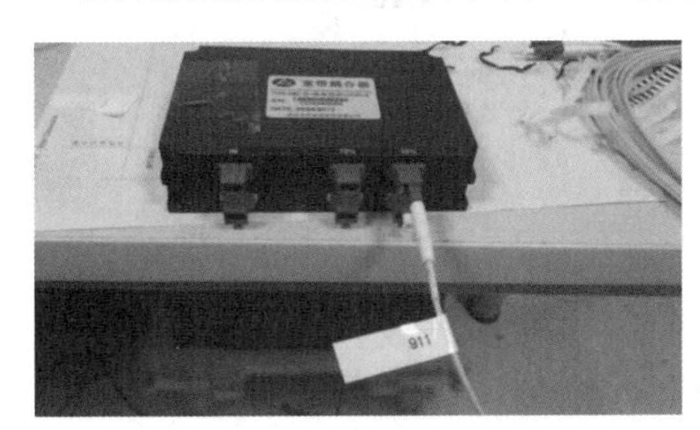

图 12-9

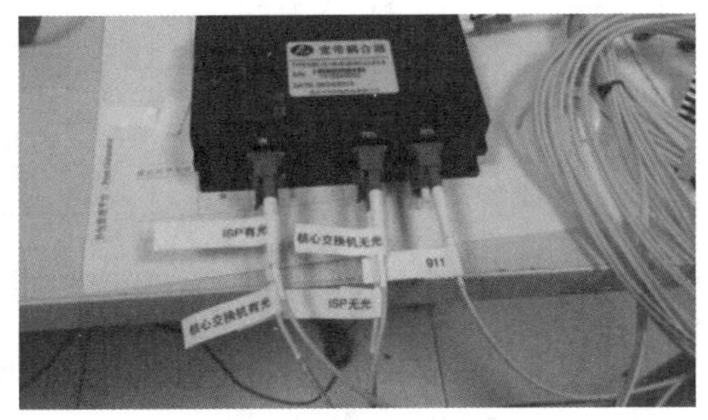

图 12-10

注意：本节图中的标签内容只为方便描述而特意书写，与实际不符；本节只描述了 1 对光纤如何互联，实际工程中和 ISP 互联的光纤可能多达 4 对，现场工程师按上述方法克隆即可。

分光器的标签说明如下。

分光器名字：1∶2 分光器 N(N=1,2,3……)

分光器和 ISP 互联光纤：分光器名-端口-ISPN(N=1,2,3,4)。例如：1∶2 分光器 1-IN-ISP1、1∶2 分光器 2-70%-ISP1。

分光器和核心交换机互联光纤：分光器名-端口-核心交换机机架位-端口。例如：1∶2 分光器 2-IN-A01-10-1/0/1、1∶2 分光器 1-70%-A01-10-1/0/1。

分光器和 911 服务器互联：分光器名-端口-911 服务器机架位。例如：1∶2 分光器 1-30%-A01-10-03。

12.1.8 SSL节点的光纤和网线连接

本节主要介绍在网络设备及服务器均已上架后，如何配合客户接口人完成SSL节点的光纤和网线连接。

本节介绍的方案适用于SSL 10 GB节点的建设，不适用于SSL 40 GB节点的建设。

1. 总体布线方案

总体布线方案如图12-11所示，图中有2台交换机，1台为核心交换机、1台为ILO交换机。

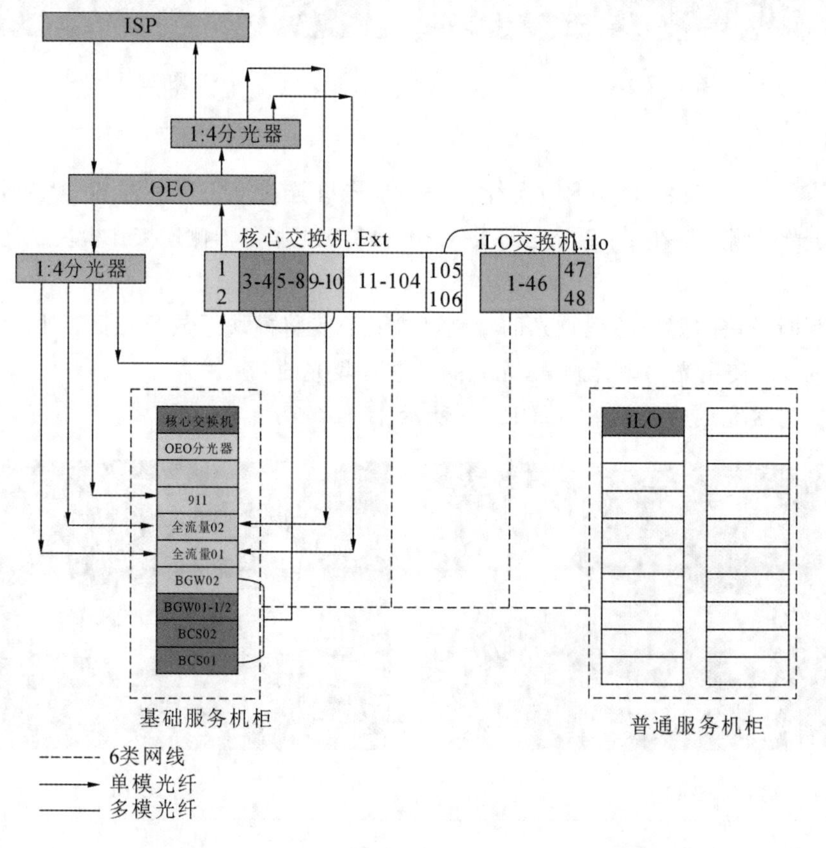

图 12-11

核心交换机的端口分为6部分，port1～10为SFP万兆光口：port1单模光纤中的两芯，通过串联1∶4分光器及OEO连接到ISP(port2预留)；port3、4分别连接两台BCS交换机；port5～8布设4根多模光纤连接BGW01服务器上的两个节点BGW01-1、BGW01-2；port9、10布设2根多模光纤连接BGW02服务器上的一个节点。核心交换机的port11～106为以太电口：port11～104用于连接服务器内网网口；port106用于与iLO交换机的port48互联(port105预留)。

iLO交换机的端口分为2部分，且全为以太电口(如果服务器支持NCSI，则无须iLO交换机)：port1～46用于连接服务器的iLO网口；port48用于与核心交换机的part106互联(part47预留)。

互连线缆分为3种：和分光器、OEO、ISP相连的线缆为单模光纤，在该结构下仅使用1

根光纤中的一芯；和 BGW、BCS 服务器相连的线缆为多模光纤；和服务器内网及 iLO 口相连的线缆为 6 类网线。

机柜类型分为两种，分别为基础服务机柜和普通服务机柜。基础服务机柜用于存放 BCS、911、BGW、全流量服务器。

综上，布线方案归纳如下。

基础服务机柜从下往上：BCS01、BCS02 这 2 个机架位各布放一根多模光纤到核心交换机；BGW01-1/2 这个机架位布设 4 根多模光纤到核心交换机；BGW02 这个机架位布设 2 根多模光纤到核心交换机；全流量 01、全流量 02 这 2 个机架位各布设 2 根单模光纤到 OEO/分光器机架位；911 这个机架位布设 1 根单模光纤到 OEO/分光器机架位；运营商的外网 10 GB 单模光纤需要布放在 OEO/分光器机架位；OEO/分光器机架位同机架位需要布设 2 根单模光纤来连接 OEO 与 1∶4 分光器，同时，OEO/分光器机架位需要布设 2 根单模光纤到核心交换机；核心交换机需要布设 1 根 6 类网线到 ILO 交换机（如果服务器支持 NCSI，则无须 ILO 交换机）；除 BCS、全流量和 911 外的所有服务器均需要布设 2 根 6 类网线到核心交换机；所有服务器均需要布设 1 根 6 类网线到 ILO 交换机（如果服务器支持 NCSI，则无须 ILO 交换机及布线）。

2. 分光器布线方案

1）分光器介绍

如图 12-12 所示，1∶4 分光器有 5 个端口：IN、CH1～CH4。IN 口连接发光光纤，CH1～CH4 无区别。

图 12-12

2）分光器连接

步骤 1 将 2 个 1∶4 分光器用透明胶带或扎带捆绑在一起并在侧面贴上标签：1∶4分光器 IN、1∶4 分光器 OUT。

步骤 2 连接 ISP 在 IN 方向的光纤。

拿到运营商的尾纤后，用光功率计分别测量 2 芯，记录有读数一芯的数值，并贴上标签：ISP 发光-to-OEO-IN。在另一芯贴上标签：ISP 无光-to-1 分 4-OUT。

图12-13所示为光功率计，打开开关后，由于运营商光纤一般为多模光纤，因此选择的波长为1 310 nm，光功率计上连接fc-lc光纤，lc头再用法兰和运营商光纤连接。如光纤有光则有读数，若光纤无光，则无读数或显示为－70 dBm。

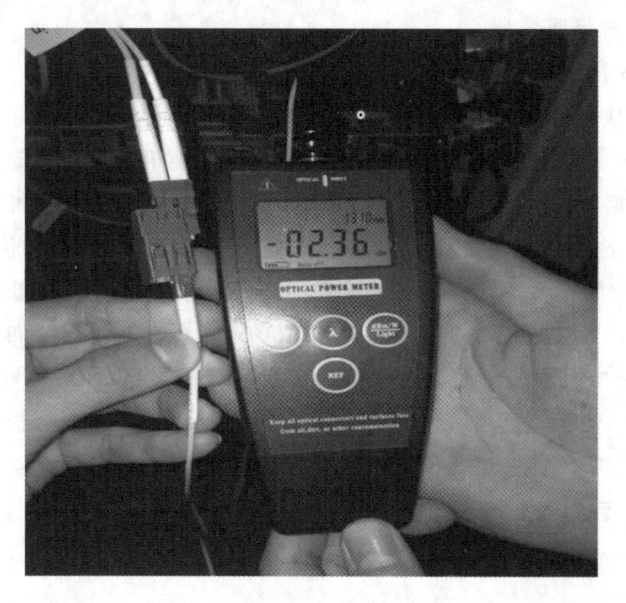

图 12-13

ISP发光-to-OEO-IN光纤需要接到OEO上，OEO的最佳收光范围为－9 dBm～－12 dBm，因此根据图12-13所示光功率计的读数可知，还需要接上适当衰耗的光衰（见图12-14），ISP发光-to-OEO-IN光纤接入OEO后，再连接光纤，接到OEO-TO-1分4 IN（见图12-15）上。

图 12-14

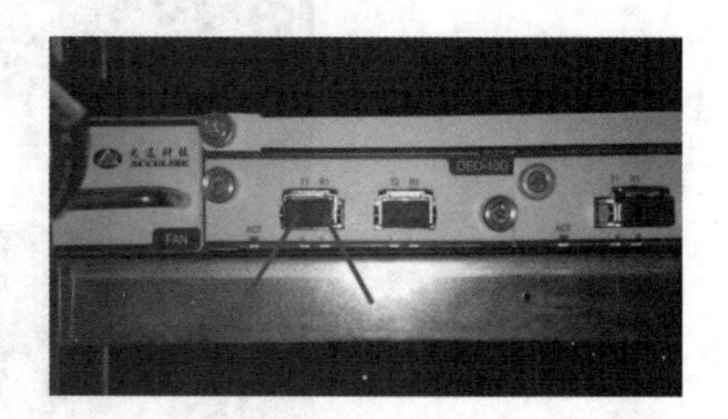

图 12-15

OEO-TO-1分4 IN连接至1∶4分光器后，再把分出的4份光分别连接到全流量1服务器、全流量2服务器、911服务器和5830交换机上连接口的光模块的收光口。图12-16所示为1∶4分光器连接示意图。

连接光模块及光纤时的注意事项：全流量系统使用的均为单模光纤；本节中连接OEO、分光器等设备，只使用一对光纤的一芯，另一芯可作为备线，因此，同一对光纤需要找到同一芯的两边接头，具体方法是将光纤一芯的一端插在单模模块的发光口上，在另一端用光功率计测试，光功率计有读数的即为同一芯。光模块收发侧的识别方法如图12-17所示。

图 12-16

图 12-17

步骤 3 连接 ISP 在 OUT 方向的光纤。

首先从 5830 交换机上连接口的发光口接光纤到 OEO，连接前同样需要用光功率计测试 5830 发光口的光功率，并接上合适大小的光衰，再插入 OEO 模块的 R2 口，对应光纤为 5830-TO-OEO OUT，OEO 模块的 T2 口连接光纤 OEO-TO-1 分 4OUT 到 1∶4 分光器，如图 12-18 所示。

OEO-TO-1 分 4OUT 连接至 1∶4 分光器后，分出的 4 份光中只使用 3 份，分别连接到全流量 1、全流量 2 和之前测试的运营商尾纤中无光的一芯。图 12-19 所示为 1∶4 分光器连接示意图。

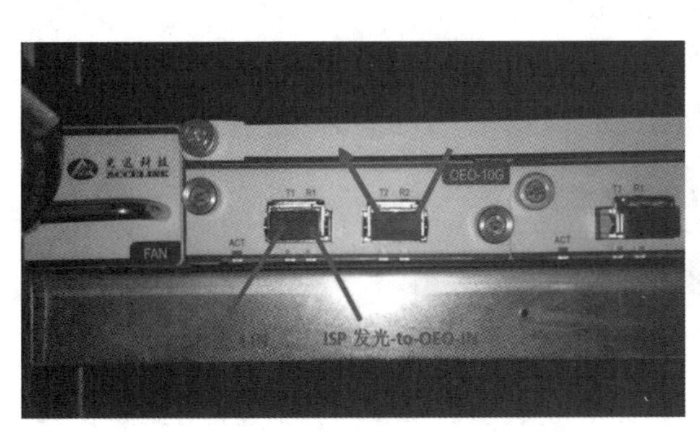

图 12-18

图 12-19

12.1.9 CDN/SSL 节点的光纤和网线连接

本节主要介绍在网络设备及服务器均已上架后，如何配合客户接口人完成 CDN/SSL 节点的光纤和网线连接。本节介绍的方案适用于 2016 年及以后 CDN/SSL 节点的建设。

1. 拓扑连接方式

拓扑连接方式如图 12-20 所示。

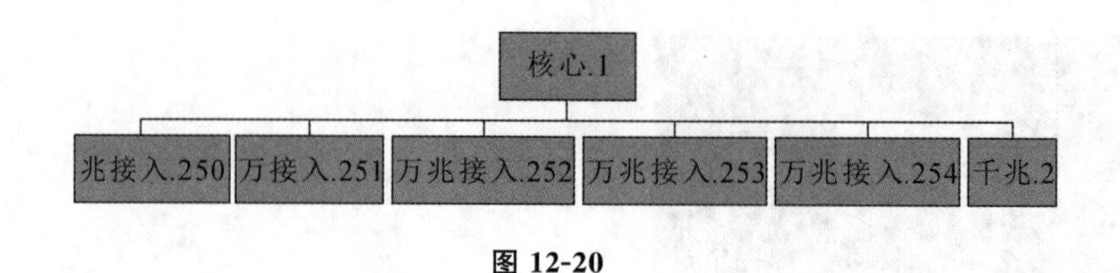

图 12-20

2. CDN 节点连接方式

CDN 节点为一台核心交换机下接入多台接入交换机,根据机房服务器数量的不同,下连的万兆接入交换机一般从 2 台到 5 台不等,一般都会有 1 台千兆接入交换机。交换机的连接方式如表 12-7 所示。

表 12-7

交 换 机	交换机端口	对端交换机	对端交换机端口
核心.1	第 1、2 个 40 GB 端口	接入.253	第 1、2 个 40 GB 端口
核心.1	第 3、4 个 40 GB 端口	接入.254	第 1、2 个 40 GB 端口
核心.1	第 33~40 个 10 GB 端口	接入.252	第 1~8 个 10 GB 端口
核心.1	第 41~48 个 10 GB 端口	预留出来连接 ISP 或者接入.251	
核心.1	第 9、10 个 10 GB 端口	千兆.2	第 3、4 个万兆端口
核心.1	第 5~8 个 10 GB 端口	连接 ISP	无
核心.1	第 11~32 个 10 GB 端口	按照顺序连接基础服务器	

必须严格按照表 12-7 所示方式连接核心交换机和接入交换机。如果万兆接入交换机不足 5 台,则从低位数减少设备。例如,如果该节点计划使用 4 台万兆接入交换机,则只连接 251~254 四台设备,减去的设备是"接入.250"。

3. SSL 节点连接方式

SSL 节点连接示意图如图 12-21 所示。

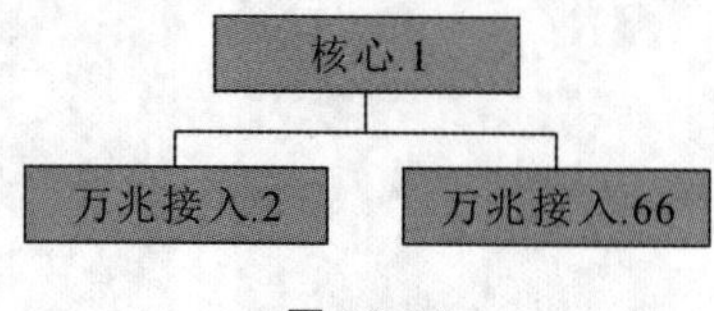

图 12-21

SSL 节点一般只使用 3 台万兆交换机,无千兆交换机。SSL 节点的连接方式如表 12-8 所示。

表 12-8

交 换 机	交换机端口	对端交换机	对端交换机端口
核心.1	第 1~8 个 10 GB 端口	ISP	
核心.1	第 9~12 个 10 GB 端口	接入.2	第 1~4 个 10 GB 端口
核心.1	第 13~16 个 10 GB 端口	接入.66	第 1~4 个 10 GB 端口
核心.1	第 25~32 个 10 GB 端口	全流量千兆,按顺序连接,需要光转电模块	

必须严格按照表12-8所示方式连接核心交换机和接入交换机。如果万兆接入交换机不足2台，则从高位数减少设备。例如，如果该节点计划使用1台万兆接入交换机，则只连接“接入.2”一台设备，减去的设备是“接入.66”。

注意：

需要严格按照配置文件的名字来进行对应交换机的配置，如果连接错误会导致无法调通网络。

12.1.10 网络配置

现场工程师根据客户指令，将初始化配置文件导入交换机，并配合客户接口人完成连通性测试等工作。

1）准备工作

工具准备：笔记本计算机1台、USB转Console接头1个及驱动、Console线1根、网线1根、SecureCRT软件等。

配置文件：提前找客户获取交换机配置文件及交换机版本信息。

2）配置步骤

（1）驱动安装：将USB转Console驱动安装到笔记本计算机中，在“计算机管理”中查看COM端口号，如图12-22所示。

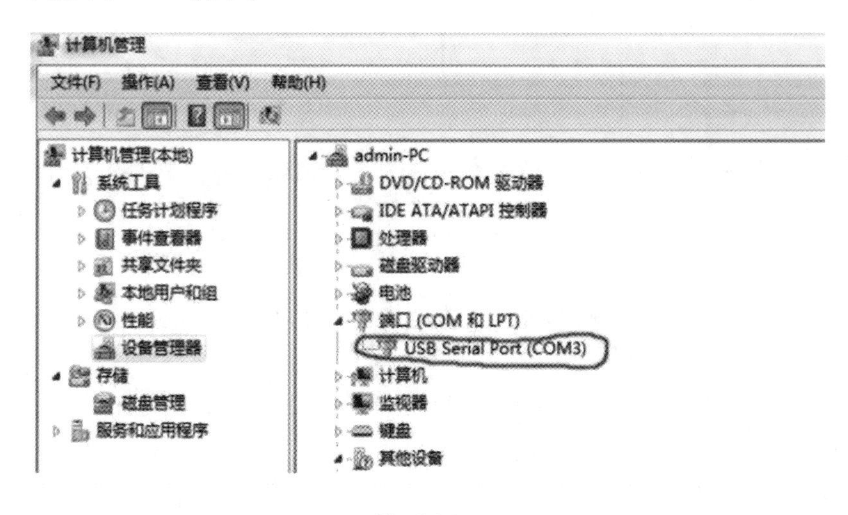

图 12-22

（2）设备连接：将USB转Console接头与Console线相连，USB端插入笔记本计算机，RJ45端接入交换机Console口，如图12-23所示。

（3）软件检查：接入交换机后，检查交换机的软件版本是否符合发单人的要求，如不符合需要升级软件版本，BIN文件需要客户接口人提供。

（4）配置：使用SecureCRT软件已查找好的COM端口号连接交换机，比特率为9600 bps，连接成功后将客户提供的交换机配置灌入交换机中（注意保存配置），配置完成后查看是否配置成功并检查，如图12-24和图12-25所示。

图 12-23

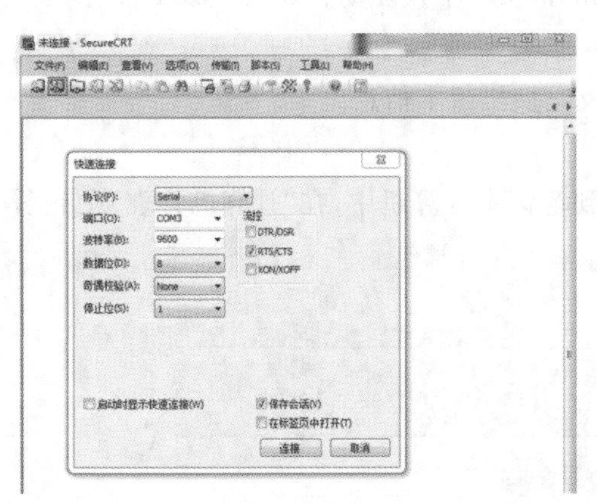

图 12-24

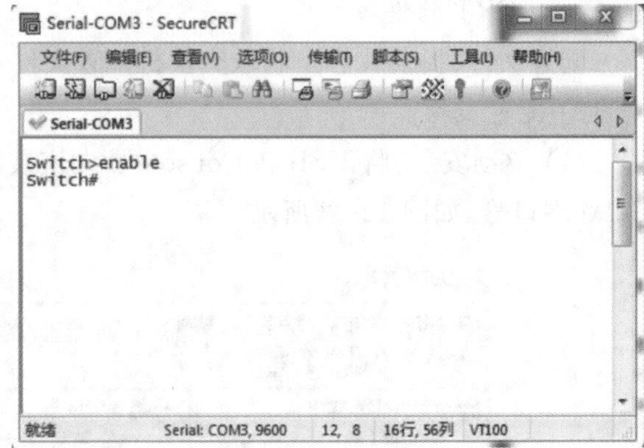

图 12-25

(5) 配合客户进行连通性测试,如无法连通请按照客户的需求进行检查并反馈。

3) 交换机配置文件获取

现场工程师必须提前获取机房网段地址、交换机互联地址、iLO 地址等信息;客户根据以上信息生成配置文件,并提前发送给现场工程师。

4) 交换机配置文件生成

修改 make_config. sh 脚本中的变量,CDN 节点的名称规范:节点名称-运营商简称-CDN 节点类型如 CDNQDCT-CT-CDN。

运营商地址最多支持 8 个,如果没有 8 个,没有的留空即可,如图 12-26 所示。

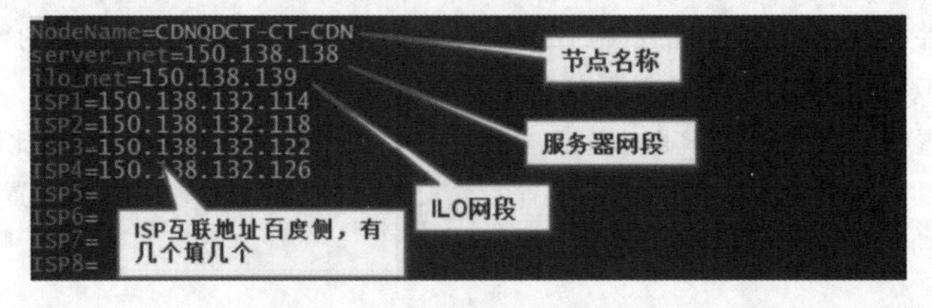

图 12-26

脚本的使用方法，如图 12-27 和图 12-28 所示。

root@vm3-ubuntu:~/make_config# ./make_config.sh
NAME
EXAMPLE
sh make_config.sh ruijie small
sh make_config.sh ruijie big
sh make_config.sh h3c small
sh make_config.sh h3c big
使用锐捷交换机的小节点
使用锐捷交换机的大节点
使用H3C交换机的小节点
使用H3C交换机的大节点

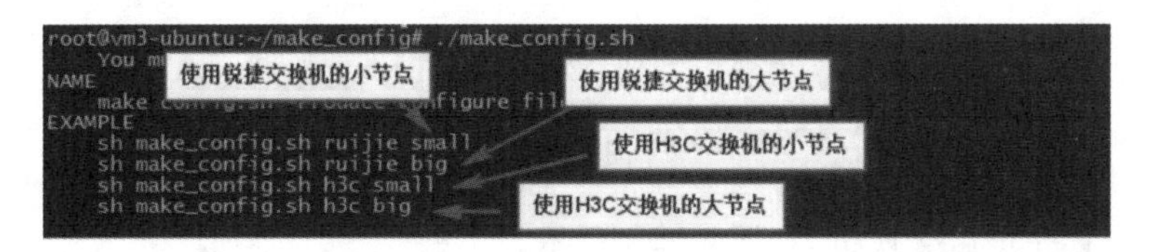

图 12-27

```
root@vm3-ubuntu:~/make_config# dpkg-reconfigure dash

选择no
```

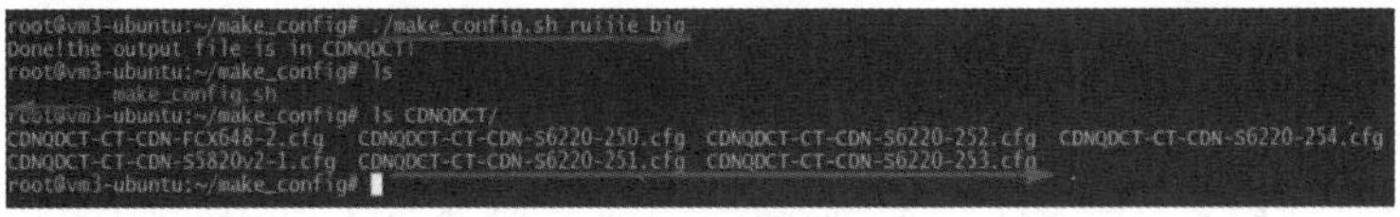

root@vm3-ubuntu:~/make_config# ./make_config.sh ruijie big
Done!the output file is in CDNQDCT!
root@vm3-ubuntu:~/make_config# ls
make_config.sh
root@vm3-ubuntu:~/make_config# ls CDNQDCT/
CDNQDCT-CT-CDN-FCX648-2.cfg CDNQDCT-CT-CDN-S6220-250.cfg CDNQDCT-CT-CDN-S6220-252.cfg CDNQDCT-CT-CDN-S6220-254.cfg
CDNQDCT-CT-CDN-S5820v2-1.cfg CDNQDCT-CT-CDN-S6220-251.cfg CDNQDCT-CT-CDN-S6220-253.cfg
root@vm3-ubuntu:~/make_config#

图 12-28

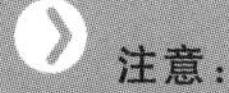

> **注意：**
> 如果在 Ubuntu 系统上使用该脚本需要将 dash 环境改成 bash 环境。

5）配置交换机

根据生成好的配置文件提前刷好交换机的配置并修改 ECMP 条目，如图 12-29 所示。

```
[BJ-CQ025B-B-5800v2-16.Int]max-ecmp-num 16

<BJ-CQ025B-B-5800v2-16.Int>save
```

图 12-29

6）升级交换机

在笔记本上用 TFTP 软件搭建 TFTP 服务器，或者使用 VMware 虚拟机中的 TFTP 服务器，将 IOS 软件下载到交换机上。

(1) H3C S5820v2 升级。

① 查看交换机的软件版本，如图 12-30 所示。

```
<BJ-CQ025B-B-5800v2-16.Int>dis version
```

图 12-30

②下载 IOS 文件 〈BJ-CQ025B-B-5800v2-16. Int〉 tftp x. x. x. x get S5820V2_5830V2-CMW710-R2311P05. ipe。

③ 设置启动参数，如图 12-31 所示。

```
<BJ-CQ025B-B-5800v2-16.Int>boot-loader    file    flash:/S5820V2_5830V2-CMW710-
R2311P05.ipe slot 1 main
```

图 12-31

④ 检查是否设置成功,如图 12-32 所示。

```
<BJ-CQ025B-B-5800v2-16.Int>dis boot-loader
```

图 12-32

⑤ 保存配置并重启交换机,如图 12-33 所示。

```
<BJ-CQ025B-B-5800v2-16.Int>save
<BJ-CQ025B-B-5800v2-16.Int>reboot
```

图 12-33

如果 H3C S5820v2 交换机的版本为 2311P05 以上版本则不需要升级。

(2) Broadcom FCX648 升级。

Broadcom FCX648 一般是不需要升级的,只有某些命令不可用或发生其他情况时需要升级。

Broadcom FCX648 常规升级的步骤如图 12-34 所示。

```
第一步: copy flash flash secondary
第二步: erase flash primary
第三步: copy tftp flash tftp 地址 bin 文件 primary
第四步: 查看文件是否上传成功。
第五步: 保存好配置。
第六步: 直接重启。
第七步: 查看系统是否升级成功。
```

图 12-34

如果 FCX 开机后进入 monitor 模式,说明机器没有系统。这个时候需要将交换机的管理口连接到一台 TFTP 服务器上。然后在交换机上重新设置网络的参数。之后将系统导入交换机,指定下次重启的镜像后再重启。相关命令暂时无,可以在 monitor 模式下查看相关网络参数的设置方法。

(3) 锐捷 S6220 启动时主程序丢失的解决方法。

适用设:锐捷 RG-S6220-48XS4QXS, Boot Version: RGOS 10.4(5b2)p3 Release (187968)。

故障现象:交换机启动后,主程序丢失。

原因:锐捷交换机的 flash:/rgos.bin 主程序丢失,导致系统启动后进入 BootLoader 界面,交换机无法正常工作。

解决方法 1:使用 TFTP 软件上传主程序。

步骤 1 将 TFTP 软件及锐捷交换机主程序文件存放在文件夹中,主程序文件所在文件夹路径中不能有中文字符。

步骤 2 本次修复使用的 BIN 文件名为,如图 12-35 所示 S6220_10.4(5b2)p3_

```
System bootstrap(Master boot) ...
Boot Version: RGOS 10.4(5b2)p3 Release(183261)
Nor Flash ID: 0x017E1000, SIZE: 8388608Bytes
Using 1000.000 MHz high precision timer.
MTD_DRIVER-5-MTD_NAND_FOUND: 1 NAND chips(chip size : 536870912) detected
FAN-5-PLUG_IN: Fan M6220-FAN-F is plug in to fan slot 1.
FAN-5-PLUG_IN: Fan M6220-FAN-F is plug in to fan slot 2.
FAN-5-PLUG_IN: Fan M6220-FAN-F is plug in to fan slot 3.
FAN-5-PLUG_IN: Fan M6220-FAN-F is plug in to fan slot 4.
DEV_FR-5-MODE: The system works on Front to Rear(-F) mode.
Press Ctrl+C to enter Boot ...POWER-5-PLUG_IN: Power-supply RG-M6220-AC460E-F is plug in to power
slot 1.
POWER-5-PLUG_IN: Power-supply RG-M6220-AC460E-F is plug in to power slot 2.
POWER-5-LINK_STATUS: Power-supply RG-M6220-AC460E-F in slot 2 change to LinkAndNoPower status.
..

Load program file: [flash:/rgos.bin]
Bininfo read failed! Main program 'flash:/rgos.bin' may be lost or destroyed.

Host IP[192.168.64.1]  Target IP[192.168.64.128]  File name[FileList.txt]
                  %Now Begin Download File FileList.txt From 192.168.64.1 to 192.168.64.128
```

```
send download request.
send download request.
send download request.
……(一直重复尝试，直到用户按2  次Ctrl+C 取消)

Can't download the FileList.txt!
User terminated!!!

----------------------------------
download all files failed!
----------------------------------

Hot Commands:
------------------------------------------------------------
------------------------------------------------------------
BootLoader>^C
BootLoader>
BootLoader>
```

图 12-35

R187968_install.bin。

步骤 3 将计算机网卡的 IP 设置为 192.168.1.2/24，如图 12-36 所示。

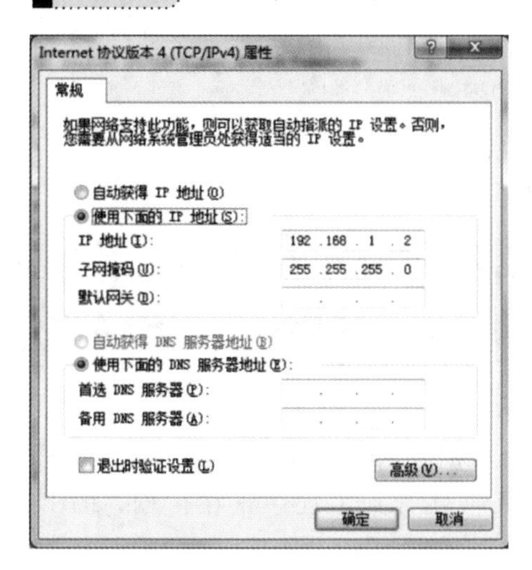

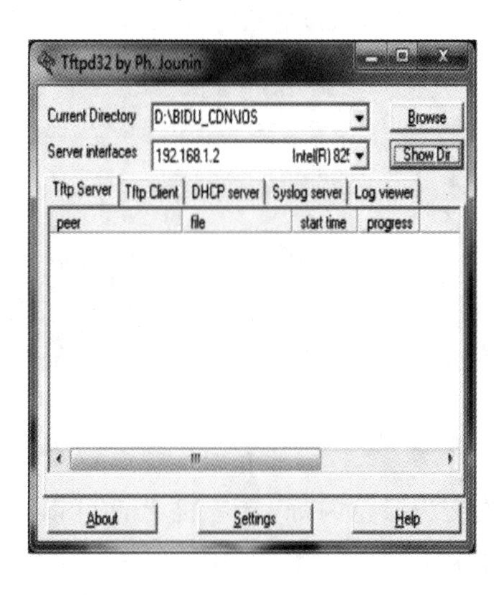

图 12-36

步骤 4 将计算机的所有防火墙(包括 Windows 防火墙)、杀毒软件、安全卫士软件关闭。

步骤 5 使用 Console 线连接，并登录至交换机，使用网线将计算机网卡与交换机左上方的 RCMI 端口(即锐捷 S6220 交换机的 MGMT 端口)连接，如图 12-37 和图 12-38 所示。

图 12-37

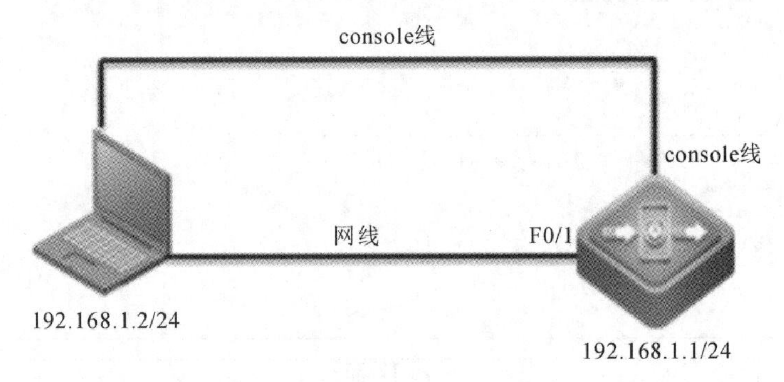

图 12-38

步骤 6 启动交换机，在重复“send download request.”时，按下【Ctrl+C】组合键，进入 BootLoader〉提示符状态，输入图 12-39 命令。

```
BootLoader>tftp 192.168.1.1 192.168.1.2 S6220_10.4(5b2)p3_R187968_install.bin -main
```

图 12-39

> **注意：**
> 请将 S6220_10.4(5b2)p3_R187968_install.bin 文件名替换为计算机上的 bin 文件名。

步骤 7 在传输主程序时，交换机连接计算机的 RCMI 端口的状态指示灯会从灭状态变为绿色闪烁，计算机上也可以通过 TFTP 软件看到主程序正在传输，如图 12-40 所示。

> **注意：**
> 在 BootLoader 模式下，无法在计算机上提前使用 ping 命令检查 192.168.1.2 与 192.168.1.1 之间是否互通，此特殊情况应为锐捷交换机设计使然。

```
Now, begin download program through Tftp...

Host IP[192.168.1.2] Target IP[192.168.1.1] File name[S2600_V10.4(3)_R117920.bin]
                  %Now Begin Download File S2600_V10.4(3)_R117920.bin From 192.168.1

send download request.
send download request.
send download request.
send download request.!!!!!!!!!!!!!!!!!!!!!!!!!!!!!!!!!!!!!!!!!!!!!!!!!!!!!!!!!!!!!!!!!!
          %Mission Completion. FILELEN = 8569600
Tftp download OK, 8569600 bytes received!
Verify the image ..[ok]

CURRENT PRODUCT INFORMATION :
  PRODUCT ID: 0x20110020
  PRODUCT DESCRIPTION: Ruijie Gigabit Security & Intelligence Access Switch (S2652G)

SUCCESS: UPGRADING OK.
```

图 12-40

步骤 8 输入图 12-41 所示命令来加载主程序，主程序加载成功后，交换机的 CLI 提示符将显示为 Ruijie〉。

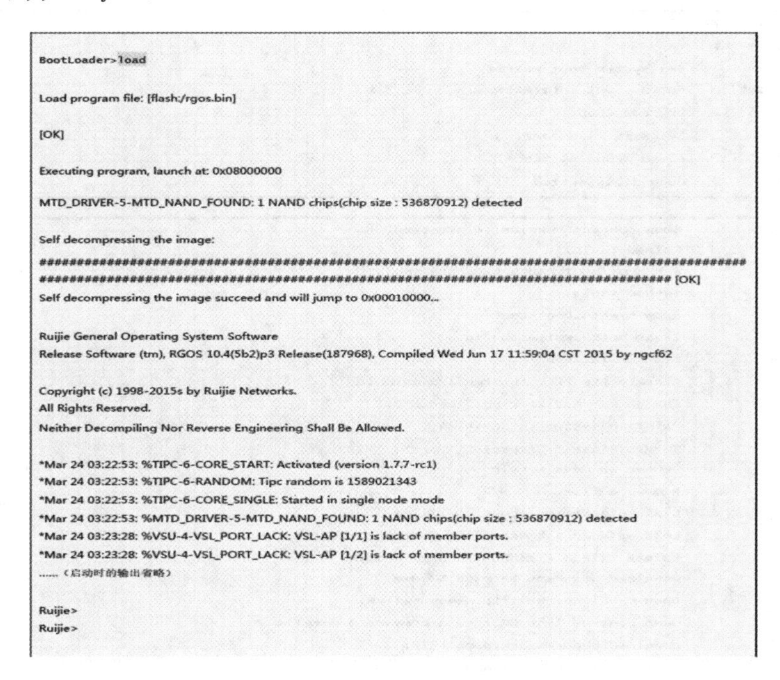

```
BootLoader>load

Load program file: [flash:/rgos.bin]

[OK]

Executing program, launch at: 0x08000000

MTD_DRIVER-5-MTD_NAND_FOUND: 1 NAND chips(chip size : 536870912) detected

Self decompressing the image:
######################################################################################
################################################################################ [OK]
Self decompressing the image succeed and will jump to 0x00010000...

Ruijie General Operating System Software
Release Software (tm), RGOS 10.4(5b2)p3 Release(187968), Compiled Wed Jun 17 11:59:04 CST 2015 by ngcf62

Copyright (c) 1998-2015s by Ruijie Networks.
All Rights Reserved.
Neither Decompiling Nor Reverse Engineering Shall Be Allowed.

*Mar 24 03:22:53: %TIPC-6-CORE_START: Activated (version 1.7.7-rc1)
*Mar 24 03:22:53: %TIPC-6-RANDOM: Tipc random is 1589021343
*Mar 24 03:22:53: %TIPC-6-CORE_SINGLE: Started in single node mode
*Mar 24 03:22:53: %MTD_DRIVER-5-MTD_NAND_FOUND: 1 NAND chips(chip size : 536870912) detected
*Mar 24 03:23:28: %VSU-4-VSL_PORT_LACK: VSL-AP [1/1] is lack of member ports.
*Mar 24 03:23:28: %VSU-4-VSL_PORT_LACK: VSL-AP [1/2] is lack of member ports.
......（启动时的输出省略）

Ruijie>
Ruijie>
```

图 12-41

步骤 9 输入图 12-42 所示命令，验证主程序版本。

```
Ruijie>show version
System description      : Ruijie 10G Routing Switch(S6220-48XS4QXS) By Ruijie Networks
System start time       : 2016-03-24 3:13:53
System uptime           : 0:0:2:8
System hardware version : 1.11
System software version : RGOS 10.4(5b2)p3 Release(187968)
System BOOT version     : 10.4(5b2)p3 Release(187968)
System serial number    : G1HRC02000332
Device information:
  Device-1
    Hardware version : 1.11
    Software version : RGOS 10.4(5b2)p3 Release(187968)
    BOOT version     : 10.4(5b2)p3 Release(187968)
    Serial Number    : G1HRC02000332
Ruijie>
```

图 12-42

至此，该交换机的主程序已成功升级，交换机可正常工作。

解决方法2:使用Xmodem上传主程序。

锐捷S6220交换机在BootLoader模式下，支持Xmodem协议，可以使用串口通信上传文件，因此在某些情况下也可以作为上传交换机主程序的备选方案。但是，因串口通信的传输速率(9 600 bps)慢，传输一个20 MB的主程序需要7～8小时。

步骤1 将锐捷交换机的主程序文件存放在文件夹中，主程序文件所在文件夹路径中不能有中文字符。

步骤2 使用Console线连接交换机，通过SecureCRT软件登录至交换机。

步骤3 启动交换机，在重复“send download request.”时，按下【Ctrl+C】组合键，进入BootLoader>提示符状态。

步骤4 输入图12-43所示命令，查看BootLoader模式下的可用命令，以及xmdown的详细用法。

```
BootLoader>help
Total commands:
boot             Set system boot config.
factory_set      Factory set information.
upgradecpld      Upgrade CPLD.
setmain          Set Main file name.
debugoff         Close debug switch
debugon          Open debug switch
```

```
version          Show current version information.
reload           Reload tools.
setbaud          Set BOOT/BOOTLOADER Baudrate tools.
setmac           SetMac tools.
show             Show system boot config.
no               Clear boot system config.
service          Set service config.
cat              Concatenate FILE to standard output.
cd               Change current working directory.
cust             Maintain system information.
format           Format flash filesystem.
rename           Rename or Move a file.
delete           Remove a file.
dir              List information about the files.
load             Load main or a binary file from filesystem.
xmup             Upload file / FlashROM through XModem.
xmdown           Download programs through XModem.
debug            Open or Close the tftp debug switch.
help             Dump command list OR show a command's details
tftp             Download programs through TFTP.
hotcmd           List current hot commands.
BootLoader>
BootLoader>help xmdown
Syntax: xmdown (-old_boot | -boot | -main | -file NAME | -rom) [-go]
Usage Details:
    -old_boot   Restore the old boot for old device.
    -boot:      Upgrade BootLoader.
    -main:      Upgrade Main program.
    -file NAME: Download a file to flash filesystem.
    -rom:       Upgrade the ROM.
    -go:        Download a program to RAM an run it directly.
Examples:
    xmdown -old_boot
    xmdown -boot
    xmdown -main
    xmdown -file ngsa-xxx.bin
    xmdown -main -go
```

图12-43

步骤 5 输入图 12-44 所示命令，使交换机进入 Xmodem 下载状态（C 字符会递增，表示在等待 Xmodem 协议的新指令）。

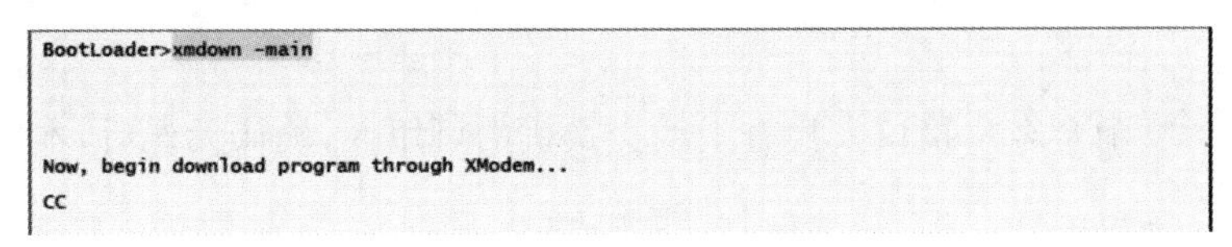

```
BootLoader>xmdown -main

Now, begin download program through XModem...
CC
```

图 12-44

步骤 6 在 SecureCRT 中选择“传输”→“发送 Xmodem”，如图 12-45 所示，在弹出的窗口中选择要上传的主程序 bin 文件。

图 12-45

步骤 7 交换机通过 Xmodem 开始传输主程序文件，如图 12-46 所示，系统会显示传输进度。

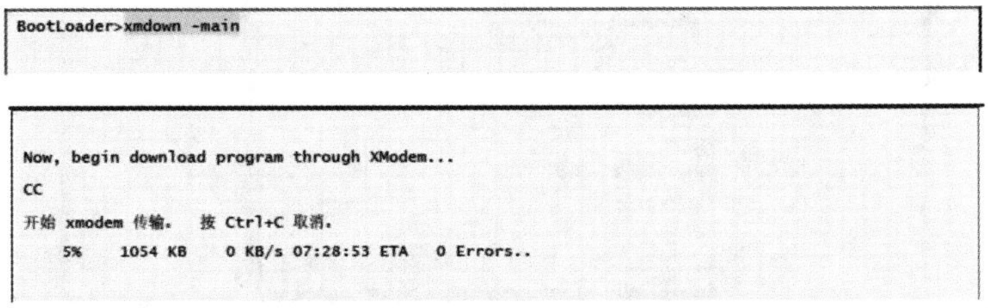

```
BootLoader>xmdown -main

Now, begin download program through XModem...
CC
开始 xmodem 传输.  按 Ctrl+C 取消.
    5%     1054 KB     0 KB/s 07:28:53 ETA    0 Errors..
```

图 12-46

主程序文件传输成功后，使用 load 命令加载主程序，过程与解决方法 1 相同。

7）交换机整机替换

工具准备同交换机配置。配置准备：与客户沟通，提前将替换上线的交换机按照需求配置完成，协助进行连通性测试。

替换步骤如下。

步骤 1 与客户沟通，确认目标交换机是否可以开始操作。

步骤 2 确认可以操作以后，记录网线（光纤）与端口的对应关系。

步骤 3 下架线上交换机并核对 SN 信息是否与工单上的一致。

步骤 4 记录上线交换机的 SN 信息，上架后将其固定并将下线交换机中的模块替换到上线交换机中。

步骤 5 加电后与客户接口人确认网线恢复顺序，按照要求和记录的顺序进行恢复。

步骤 6 配合客户接口人检查上线交换机的可用性，确认无误后，本次操作结束。

12.1.11 安装系统

现场工程师根据客户指令，按照指导文件搭建安装环境，完成服务器系统的安装工作。

1. 准备工作

下载 VM 模板、VMware Workstation(见图 12-47)及 SecureCRT 等工具，下载地址由客户给出。

规划安装服务器所使用的 DHCP 服务地址池(见图 12-48)，预留两个 IP 地址给笔记本和 VM 使用。

CDN 节点服务器通过 VM 获取 IP 地址，并从 VM TFTP 下载“undionly. kpxe”IPXE 文件，并通过 VM 中的 dhcpd. conf 获取 boot. php 的下载地址，IPXE 通过读取 boot. php 获取 kernel 的下载地址，整个 DHCP 和 TFTP 均在 IDC 完成。

2. 安装并配置 VMware 虚拟机自动安装环境

解压 install. zip 文件，双击 install. ova 文件导入 VM 模板。

图 12-47

```
IP="115.231.43.110"    #给VM 分配的IP 地址
NETMASK="255.255.255.0"
GATEWAY="115.231.43.1"
NETWORK="115.231.43.0"
START_IP="115.231.43.128"    #DHCP 服务的IP 地址池开始地址
END_IP="115.231.43.245"    #DHCP 服务的IP 地址池结束地址
```

图 12-48

修改完成后执行./network_dhcp.sh 虚拟机配置完成。

确保计算机关闭防火墙、杀毒软件、360 卫士等所有网络安全工具，修改笔记本地址，例如 115.231.43.109，修改好后可以将笔记本连接到交换机上，正常情况下，若笔记本可以通过 SecureCRT 工具连接虚拟机，则远程主机也可以控制该虚拟机。当虚拟机无法 ping 通笔记本时，注意虚拟机网卡的桥接情况，如图 12-49 所示。

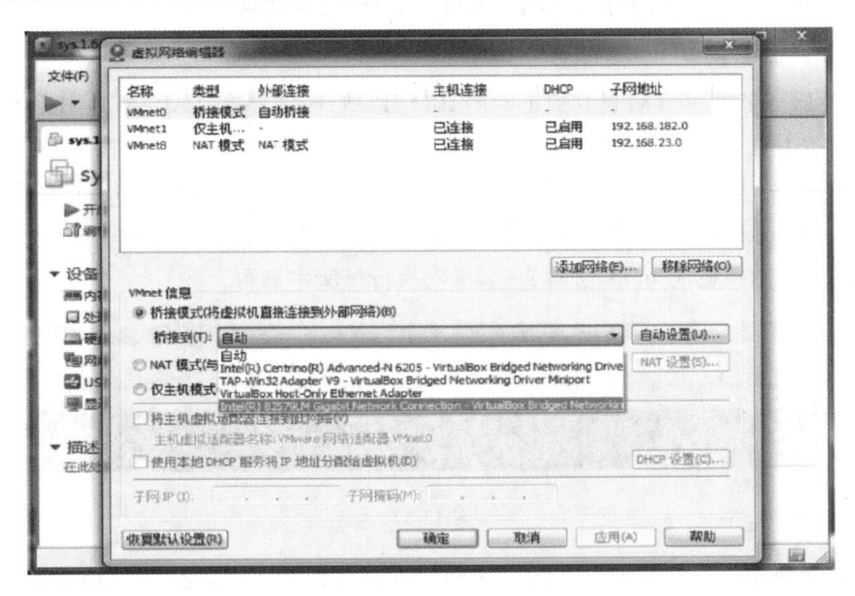

图 12-49

3. 检查服务器安装参数

(1) CDN、SSL 节点新服务器到货上架工作完成后，根据客户指令，在平台中单击本次新服务器到货外包工单中的“确认到货”“确认加电”按钮，等待 10 分钟，客户自动化后台会自动生成服务器上线单和系统安装参数。

(2) 使用 Vim 在 VM 本地工作目录下创建 sn.txt，将本次新服务器到货外包工单中的服务器 SN 列表写入 sn.txt 并保存。

(3) 在 VM 本地工作目录下，下载安装参数，执行图 12-50 所示命令。

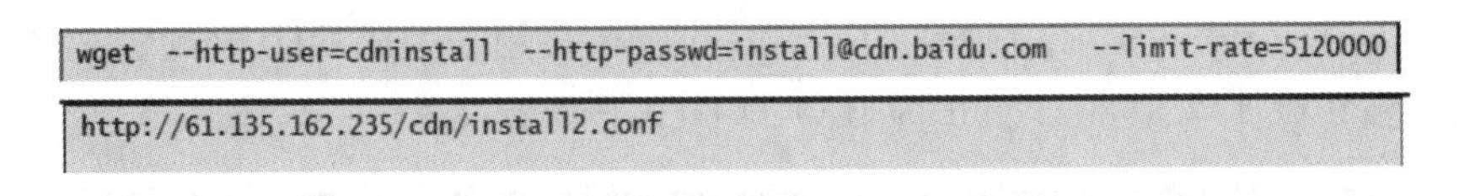

```
wget  --http-user=cdninstall  --http-passwd=install@cdn.baidu.com  --limit-rate=5120000
http://61.135.162.235/cdn/install2.conf
```

图 12-50

(4) 检查 VM 本地工作目录中是否有 conf.sh，如果没有，执行图 12-51 所示命令下载。

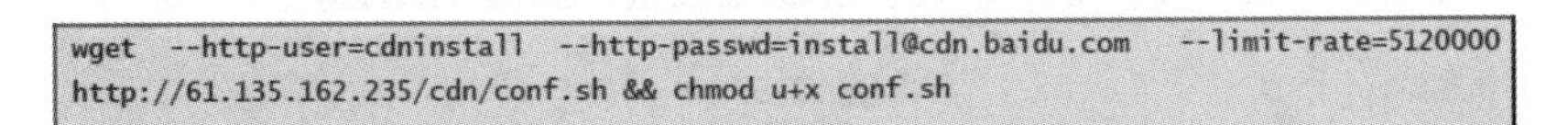

```
wget  --http-user=cdninstall  --http-passwd=install@cdn.baidu.com  --limit-rate=5120000
http://61.135.162.235/cdn/conf.sh && chmod u+x conf.sh
```

图 12-51

(5) 运行 conf.sh 命令，如图 12-52 所示，检查安装参数是否生成。

```
sh conf.sh sn.txt
```

图 12-52

(6) 通过打印结果可以判断有多少服务器没有安装参数。理论上单击“确认加电”按钮1个小时后,所有的安装参数都会生成,如果没有生成,请联系客户。

4. 为服务器配置 DHCPF 服务

为了使服务器能够自动获取到正确的 iLO IP 地址,需要在 RMS 获取 iLO 的 MAC 地址及 IP 地址并在 DHCP 服务中进行绑定。当使用 network_dhcp. sh 脚本(见图 12-53)配置虚拟机的时候,脚本会自动检查虚拟机是否能够 ping 通网关,如果能 ping 通网关则会自动下载 iLO 的 DHCP 配置;如果不能 ping 通网关则会提示配置 DHCP 失败,说明虚拟机环境没有准备好,虚拟机能 ping 通网关后,再次执行该脚本即可。

图 12-53

如果出现报错“Get dhcp configure file is failed”,联系客户查看 http 服务器。确认系统安装参数已经生成后,现场工程师联系客户接口人生成 DHCP 配置文件。客户接口人告知已生成 DHCP 配置文件后,现场工程师执行图 12-54 所示命令下载、解压缩文件。

```
wget --http-user=cdninstall --http-passwd=install@cdn.baidu.com --limit-rate=5120000
http://61.135.162.235/cdn/机房名称.tar.gz
tar -zxvf 机房名称.tar.gz
```

图 12-54

注意:机房名称用实际机房名称的缩写代替,比如 cdnnbct2. tar. gz,需要使用小写字母。

解压文件获得 DHCP 配置参数以及 iLO 地址,如图 12-55 所示。

图 12-55 中,ilo 表示是 iLO 地址;ilo_mac_ip. txt 是用来生成 DHCP 配置文件的中间产物,可以忽略;ILO_192. 168. 1. conf 为 iLO 的 DHCP 配置文件。

```
]# tar -zxvf cdnnbct2.tar.gz
cdnnbct2/
cdnnbct2/ilo
cdnnbct2/ilo_mac_ip.txt
cdnnbct2/ILO_192.168.1.conf
]#
```

图 12-55

复制 ILO_192. 168. 1. conf 的全部内容,粘贴到/etc/dhcp/dhcpd. conf 的 shared-network 段落中,保存配置;如无 shared-network 段落,现场工程师需手工添加,如图 12-56 所示。

shared-network 中的 subnet 分类及关键参数的含义如表 12-9 所示。

```
allow unknown-clients;
allow bootp;
allow booting;
#ping-check true;
default-lease-time 1800;
max-lease-time 2400;
always-broadcast on;
shared-network cdn{
subnet 115.231.43.0 netmask 255.255.255.0 {
        option routers 115.231.43.1;
        option subnet-mask 255.255.255.0;
        option ipxe.username "nsi";
        option ipxe.password "nsi7654321";
        range dynamic-bootp 115.231.43.128 115.231.43.245 ;
        next-server 115.231.43.110;
        if exists user-class and option user-class = "iPXE"
        {
                filename = "http://${next-server}/pxeboot/boot.php";
        } else {
                filename "/undionly.kpxe";
        }
}
}
```

```
subnet 125.39.134.0 netmask 255.255.255.0 {
    next-server 125.39.134.4;
    option routers 125.39.134.1;
    option subnet-mask 255.255.255.0;
    option ipxe.username "nsi";
    option ipxe.password "nsi7654321";
    #range dynamic-bootp 125.39.134.30 125.39.134.50;
    host ILO062WCX5 {hardware ethernet 40:F2:E9:6A:64:24;fixed-address 125.39.134.151;}
    host ILO062WCW7 {hardware ethernet 40:F2:E9:6A:60:E4;fixed-address 125.39.134.150;}
    host ILO062WCW8 {hardware ethernet 40:F2:E9:6A:68:F4;fixed-address 125.39.134.149;}
    host ILO062WCX3 {hardware ethernet 40:F2:E9:6A:63:AC;fixed-address 125.39.134.148;}
    host ILO062WCX4 {hardware ethernet 40:F2:E9:6A:63:84;fixed-address 125.39.134.147;}
    host ILO062WCY0 {hardware ethernet 40:F2:E9:6A:66:8C;fixed-address 125.39.134.146;}
    host ILO062WCX9 {hardware ethernet 40:F2:E9:6A:64:8C;fixed-address 125.39.134.145;}
    host ILO062WCX2 {hardware ethernet 40:F2:E9:6A:69:4C;fixed-address 125.39.134.144;}
    if exists user-class and option user-class = "iPXE"
    {
       filename = "http://${username}:${password}@${next-server}:1074/pxeboot/boot.php";
    } else {
       filename "/undionly.kpxe";
    }
}
```

图 12-56

表 12-9

业　　务		iLO 网关	
option routers option subnet-mask	指向业务网关 业务网关子网掩码	option routers option subnet-mask	ILO 网关子网掩码
next-server	VM 虚拟机地址	next-server	网关地址

执行图 12-57 所示命令重启 VM 上的 DHCP 服务，执行完成后，所有服务器可以通过 DHCP 获取 iLO 地址。

```
/etc/init.d/isc-dhcp-server restart
```

图 12-57

注意：

须确保 DHCP 服务启动成功，如图 12-58 所示。如发生异常，可查看/var/log/messages 定位问题并反馈给客户。

```
root@ubuntu:~# /etc/init.d/isc-dhcp-server restart
Rather than invoking init scripts through /etc/init.d, use the service(8)
utility, e.g. service isc-dhcp-server restart

Since the script you are attempting to invoke has been converted to an
Upstart job, you may also use the stop(8) and then start(8) utilities,
e.g. stop isc-dhcp-server ; start isc-dhcp-server. The restart(8) utility
o available.
isc-dhcp-server stop/waiting
isc-dhcp-server start/running, process 1735
```

图 12-58

使用VM本地工作目录下的fping.py脚本工具进行iLO连通性检查,查看iLO是否全通,命令如图12-59所示。

```
./fping.py -f 机房名称/ilo
```

图 12-59

注意:图12-59所示命令中,“机房名称/ilo”是iLO列表文件所在的绝对路径,该命令需要在fping.py所在的路径下执行,如果VM本地工作目录下没有fping.py,可执行图12-60所示命令下载。

```
wget --http-user=cdninstall --http-passwd=install@cdn.baidu.com --limit-rate=5120000
http://61.135.162.235/cdn/fping.py && chmod u+x fping.py
```

图 12-60

5. 使用VM安装Relay服务器系统

检查VM上DHCP配置文件的业务subnet内容是否正确配置。检查VM中/etc/dhcp/dhcpd.conf的share-network段落,如range dynamic-bootp行含有注释,将“#”删除即可。使用图12-61所示命令重启DHCP服务,使改动生效。

```
/etc/init.d/isc-dhcp-server restart
```

图 12-61

注意:

须确保检查的是业务subnet内容,如图12-62所示,不要和ilo subnet混淆。

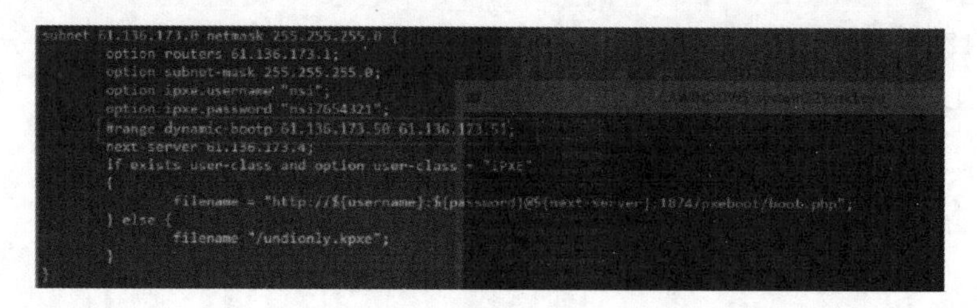

图 12-62

(1) 使用VM虚拟机安装4台Relay服务器。

(2) 现场工程师将配置好VM的笔记本连接到千兆接入交换机(CDN业务通常使用博科FCX648)。

(3) 现场工程师通过机架位规划信息,定位iLO IP地址尾号为4、5、6、7这4台服务器,这4台为Relay服务器(SSL机房Relay服务器1台,iLO地址尾号为.11),如果发现iLO没有被自动获取到,则手动配置,以便于客户接口人远程诊断问题。

(4) 现场工程师连接显示器键盘,逐个查看4台服务器是否已经获取到DHCP地址,并且开始安装系统。如果没有,则核对SN、机架位信息,确认正确无误后,将Relay服务器断电重启。

(5) 现场工程师监视 Relay 服务器系统安装过程，直至 Relay 服务器全部进入 login 界面，且业务、iLO IP 地址均可 ping 通。至此，Relay 服务器系统安装完成。

6. 服务器上部署自动安装环境

为解决 CDN、SSL 服务器在后期运维过程中服务器操作系统重装的问题，需要在 CDN、SSL 机房搭建一台自动安装服务器，如图 12-63 所示。

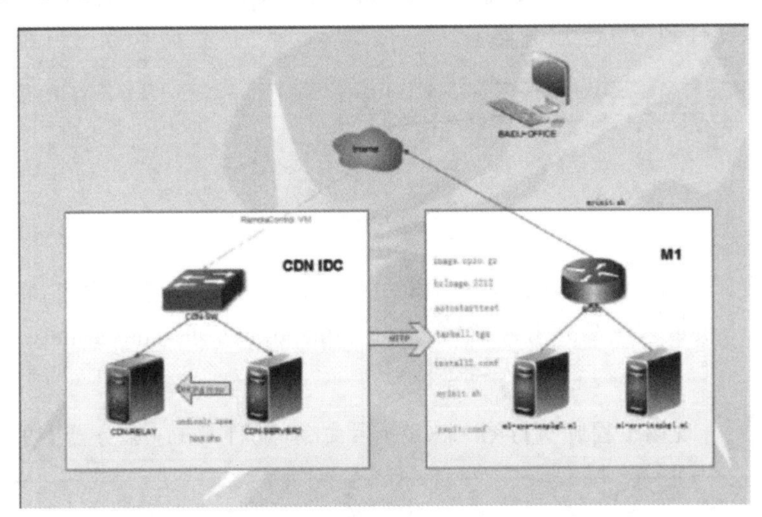

图 12-63

系统安装过程说明：为简化自动部署环境的安装，同时为了保持两个安装方法一致，在 relay server 上部署的自动安装环境同样使用的是 IPXE 方式，由于 rhel 4u3 上的 DHCP 不支持 IPXE 的参数，所以通过源码编译的方式自动安装 DHCP 服务。

需要安装系统的服务器开机并且 PXE 启动后，将会从 relayserver 获取 IP 地址，并下载 undionly. kpxe 文件，读取 dhcp. conf 配置文件中的 boot. php 下载地址，relay server 通过 apache 提供 boot. php 地址的下载服务，boot. php 文件中指定了 kernel 的下载地址(M1)和服务器启动的 kernel。服务器通过 kernel 启动后会执行 kernel 中的 autostarttest 脚本来检测服务器硬件信息。下载其他脚本、配置文件以及文件系统包 tarball. tgz 并解压。系统安装完成后会执行 myinit. sh 文件初始化密码、iptables 等信息，最后执行磁盘格式化。

现场工程师在 Relay 服务器上部署自动安装环境的步骤如下。

步骤 1 现场工程师任意选择一台 Relay 服务器，连接显示器键盘，进入单用户页面修改密码为 baidu. com。重启服务器，使用用户名 root 和修改后的密码登录。

步骤 2 现场工程师在登录的 Relay 服务器上，执行图 12-64 所示命令下载、解压文件，开始搭建安装环境。

```
wget  --http-user=cdninstall  --http-passwd=install@cdn.baidu.com   --limit-rate=5120000

http://61.135.162.235/cdn/local_install.1.3.tgz

tar  -zxvf local_install.1.3.tgz

cd local_install

./base.sh
```

图 12-64

> **注意:**
> 执行./base.sh命令后便会开始进行安装环境的搭建,整个过程大概需要30分钟,期间有任何问题直接电话联系客户接口人。

步骤3 Relay服务器安装环境搭建好之后,现场工程师执行图12-65所示命令下载DHCP配置文件到Relay服务器上。

```
wget --http-user=cdninstall --http-passwd=install@cdn.baidu.com --limit-rate=5120000
http://61.135.162.235/cdn/机房名称.tar.gz
tar -zxvf 机房名称.tar.gz
```

图12-65

步骤4 现场工程师再次复制ILO_192.168.1.conf的全部内容,粘贴到Relay服务器配置文件/home/客户/autoinstall/dhcp/etc/dhcpd.conf的shared-network段落中,保存配置。

步骤5 现场工程师执行图12-66所示命令,重启Relay服务器上的DHCP进程。

```
/etc/init.d/dhcpd stop
/etc/init.d/dhcpd start
```

图12-66

步骤6 现场工程师执行图12-67所示命令,停止VM虚拟机上的DHCP服务。至此,Relay服务器上的自动安装环境部署完成。

```
/etc/init.d/isc-dhcp-server stop
```

图12-67

7. 使用Relay服务器安装剩余的服务器系统

现场工程师使用iLO或连接显示器键盘查看剩余服务器系统的安装进度,将进度异常的服务器逐一断电重启,通过PXE引导进入安装环节,直至剩余服务器全部进入login界面,且业务、iLO IP地址均可ping通。至此,剩余服务器系统安装完成。接下来进行系统安装验收、信息收集。最后检查系统是否正常:VMware虚拟机中已安装有fping命令,可以通过fping的方式查看iLO是否能通,如图12-68所示,也可以通过f_ping.py脚本进行检测。

```
fping -a -q -f server.txt 检查可以通的ip
fping -u -q -f server.txt 检查不能通的ip
f_ping -f server.txt 检查所有通或者不通的ip
```

```
root@ubuntu:~# ls
badhost.txt  ovs.txt    f_ping.py  ilo.txt    network_dhcp.sh  reset_server.sh  server.txt
root@ubuntu:~#
```

图12-68

8. 检查系统是否正常安装

系统安装是采用私有IP地址进行的,系统安装成功后会配置正确的外网IP地址,因此只要能ping通服务器的IP地址即表示系统正常。同样地,可以用fping命令或者f_ping.py脚本进行检查。

(1) 检查服务器硬件是否正常。

在VM虚拟机的/root/check_server目录中有几个用于系统安装后进行检查的脚本,可以批量检查服务器硬盘、系统版本、网卡、BVS对应的交换机端口、抓取交换机的SN,如图12-69和图12-70所示。

```
root@ubuntu:~/check_server# ls
check_hardware.sh  check_sn.sh  check_switch_port.sh  ilo.sh  set_ipmi.sh     sn.exp  ssh_trust.sh  switch.txt
root@ubuntu:~/check_server# pwd
/root/check_server
root@ubuntu:~/check_server#
```

图 12-69

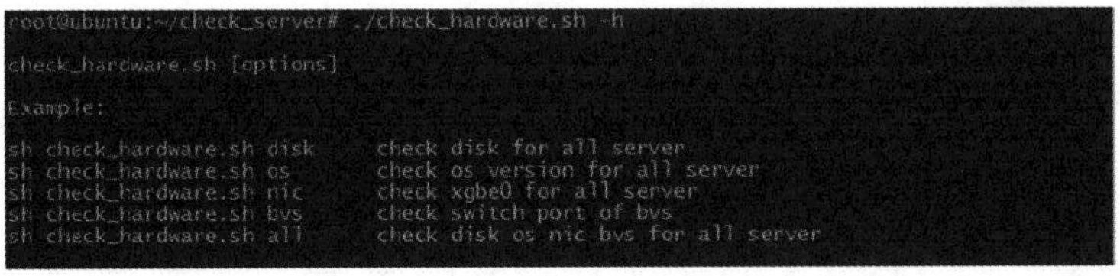

```
root@ubuntu:~/check_server# ./check_hardware.sh -h

check_hardware.sh [options]

Example:

sh check_hardware.sh disk      check disk for all server
sh check_hardware.sh os        check os version for all server
sh check_hardware.sh nic       check xgbe0 for all server
sh check_hardware.sh bvs       check switch port of bvs
sh check_hardware.sh all       check disk os nic bvs for all server
```

图 12-70

检查前需要使用ssh_trust.sh(见图12-71)脚本将虚拟机与其他服务器建立SSH信任关系,通过脚本检查硬盘、网卡等硬件信息是否正常。

```
./ssh_trust.sh
```

图 12-71

(2) 检查BVS连接端口是否正常。

通过在服务器上安装LLDP协议来检查BVS服务器连接交换机的端口是否与之前规划的端口一致,如图12-72所示。

```
root@ubuntu:~# ls
bvs.txt          failed.txt  f_ping.py              network_dhcp.sh  reset_server.sh
root@ubuntu:~#
```

```
#先将bvs  的ip 地址写入到bvs.txt

./check_hardware.sh bvs
```

图 12-72

将服务器的iLO地址由动态获取改成静态,如图12-73所示。

```
#

ILO_NET=211.90.26.
NETMASK=255.255.255.0
ILO_DGWA="
```

```
#修改set_ipmi.sh, 然后执行:

sh ilo.sh
```

图 12-73

通过脚本抓取交换机、电源、模块的对应关系。如果使用的是锐捷交换机、H3C的模块,需要现场工程师用扫码枪记录所有SN。如果使用的是H3C的交换机和模块,则使用脚本抓取交换机的SN即可。

在/root/check_server中修改switch.txt文件,填入交换机的IP地址、名称、机架位信息,执行图12-74所示命令。

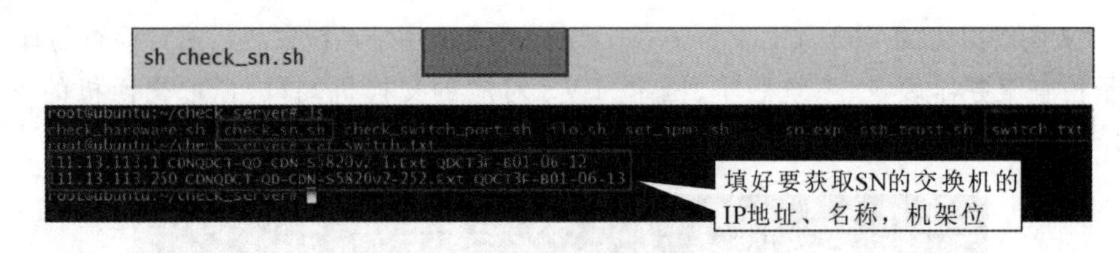

图 12-74

(3) 统计服务器与模块的对应关系:服务器上无法识别模块的SN,需要使用扫码枪进行记录。

(4) 统计有硬件故障需要报修的服务器和网络设备:统计设备的SN、故障现象、故障原因,按照故障处理规范进行后续处理。

(5) 系统安装常见问题说明如表12-10所示。

表 12-10

问　　题	解决办法
DHCP地址池被快速耗尽	查看是否被NCSI占用、DHCP地址池是否过小。通过tail-f/var/log/syslog(ubuntu)tai-f/var/log/message(redha)查看DHCP地址分配过程,通过/var/lib/dhcp/dhcpd.leases(ubuntu)查看DHCP已分配IP地址
文件无法下载	Ubuntu环境中修改/etc/inetd.conf文件,添加以下参数:Tftp dgram udp wait root/usr/sbin/in.tftpd-B512-s/tftpboot Redhat环境中修改/etc/xinetd.d/tftp文件,添加以下参数:server_args=-B512-s/tftpboot
无法下载	查看是否被交换机ACL拒绝,客户SYSNOC接口人检查是否在M1两台服务器Apache配置文件中添加了允许该服务器所在网段访问
DHCP获取IP地址失败(not found dhcp server)	确保DHCP服务正常,检查物理链路、交换机端口是否正常
TFTP失败(tftp open timeout)	查看DHCP服务器中TFTP服务是否正常,查看DHCP服务器中Next-Server(TFTP下载的地址,一般是安装务器自己的地址)是否配置正确
TFTP失败(NBP is too big to fit in free base memory)	重启服务器即可
HTTP下载错误(404、403)	查看是否配置M1 HTTP的访问策略(如果出现报错,联系客户SYSNOC接口人检查远端HTTP服务器配置)
没有安装参数(get sn failed)	检查OMS新服务器到货外包工单是否完成到货、加电确认,RMS流程是否已走完

续表

问　　题	解决办法
创建RAID失败(make raid error)	进入RAID卡查看硬盘状态。 非RAID卡机器在当前环境下执行smartctl-l error/dev/sdax,对硬盘进行状态检查。若硬盘状态正常。可尝试插拔RAID卡和重试硬盘
创建分区失败(make partition table error)	检查RAID卡、硬盘
解压缩数据包失败(decompress packet error)	硬盘或者RAID卡有问题,系统安装包问题
CDN系统安装的技术原理和过程	① 系统开机PXE启动。 ② DHCP获取IP地址。 ③ 通过TFTP下载IPXE文件undionly-kpxe。 ④ 系统进入IPXE环境再次获取IP地址。 ⑤ 下载临时Linux操作系统。 ⑥ 执行临时系统中的脚本文件,获取服务器的SN。 ⑦ 根据SN下载系统安装参数文件,执行系统安装命令。 ⑧ 系统安装完成后进入系统登录界面
利用VM安装首台Relay服务器的过程	① 下载VM模板并导入笔记本中。 ② 打开VM并修改Ubuntu中的IP地址,确保能与自己的笔记本和网关正常ping通。 ③ 将笔记本连接到CDN的交换机上。 ④ 接口人登录虚拟机进行简单配置后即可开始安装系统
安装失败,提示DHGP获取不到IP地址时,该如何处理?	① 检测物理链路是否正常,如正常,ping交换机上联,查看是否可以连通。 ② 更换服务器连接的交换机端口。 ③ 联系客户接口人检查DHCP服务是否正常,检查交换机端口配置是否正确。 ④ 网口的PXE被禁用,需要在BIOS中启用网卡的PXE功能
安装失败,提示"getsnfailed"时,该如何处理?	① 服务器SN的问题,服务器没有SN,要求厂商刷入SN信息。 ② 安装服务器配置参数的问题,联系客户SYSNOC接口人将此SN添加入安装服务器
安装失败,服务器卡在下载Linux虚拟文件系统界面: kernel http://aa:bb @ xx/pxeboot/bzimage. 3212100% initrd http://aabb @ xx/pxeboot/image. cpio. gz n%	重启这台卡住的服务器即可
PXE安装失败,提示无法找到tftp server或者下载地址: kernel http://aa:bb @ xx/pxeboot/bzlmage. 3212initrd http://aa:b @ xx/pxeboot/image. cpio. gZ失败	联系客户SYSNOC接口人检查IPXE环境

续表

问　　题	解决办法
PXE 安装失败,系统安装到 tar zxvf xxxx 被中断,提示"decompression failure"	可能是系统安装包的问题,联系客户 SYSNOC 接口人检查系统安装是否正确
Vmware Workstation 使用什么版本	建议使用 VmwareWorkstation 10 以上版本,如果使用其他版本,在导入虚拟机模板时,忽略报错即可
怎样给 Ubuntu 虚拟机配置 IP 地址	vim/etc/network/interfac auto etho ifaceethoinetstatie addressIP[地址] gateway[网关] netmask[子网掩码] /etc/init. d/networkingrestart[重启网卡]
为什么母机 M 不能远程连通自己的记本?	① 检查笔记本和 Ubuntu 的 IP 地址是否配置正确。 ② 检查是否是笔记本的防火墙问题 ③ 检查是否是 VM 桥接的网卡不正。默认 VmwareWorkstation 是自动桥接的,有可能会自动桥接到无线网卡
NCSI 是什么?	NCSI(NetworkControllerSidebandInterfac)是一种将 NIC 与 IPMA1 端口复合使用的技术,一般 iLO 部分为独立 iLO 和 NCSI 模式的 iLO。独立 iLO 有独立的端口作为 iLO 管理口,其颜色一般与正常的网卡端口不一样,而且会标注 Management Port. NCSI 模式的 iLO 使用 eth0、eth1 等或其他万兆口作为 iLO 管理口,同时这个端口还承载业务数据
ILO 网络跟数据网络有关系吗?	如非 NCSI 模式,则无关系,各自用不同的物理网线; 如是 NCSI 模式,则两个网络共用一根物理网线,在逻辑上则分开为两套网络,互不干扰。登录 BMC 用的是 iLO 网络登录 PXE 安装系统用的是内网数据网络
HP 服务器如何更改 BMC 的访问模式?	在 iLO 设置界面更改 BMC 的访问模式
IBM 服务器如何设置 ILOIP?	进入 BIOS,在 BMC 选项中更改 IP 地址
DELL 服务器如何设置 ILOIP?	在 DELL 服务器开机后按【Ctrl+E】键进入配置界面,找到 1PMI 选项,进入选项后配置 IP 地址
iLO 不通时,如何定位故障点?	① 检查 iLO IP 信息是否配置正确,包括了掩码和网关。 ② 检查 iLO 是否为 NCSI 模式。 ③ 笔记本直连务器 iLO,查看 iLO 是否正常。 ④ 对于处于 NCSI 模式的 iLO,检查 iLO 绑定的端口是否正确,例如 iLO 默认绑定到万兆网口上了
怎样快速定位硬盘故障?	查看服务器硬盘报警指示灯;如无硬盘报警。在停机的状态下,可以在 iLO Web 界面查看相关的日志报错;如还不能查看到,可以进 RAID 下面查看

续表

<table>
<tr><th>问　　题</th><th>解 决 办 法</th></tr>
<tr><td>如何检查硬盘数量</td><td>① 查看服务器硬盘指示灯是否指示绿色。
② 进入 RAID 卡成 SAS 卡查看硬盘数量。
③ 系统下通过 fdisk-l 查看系统识别的硬盘数量，或者通过 Isbl 命令： 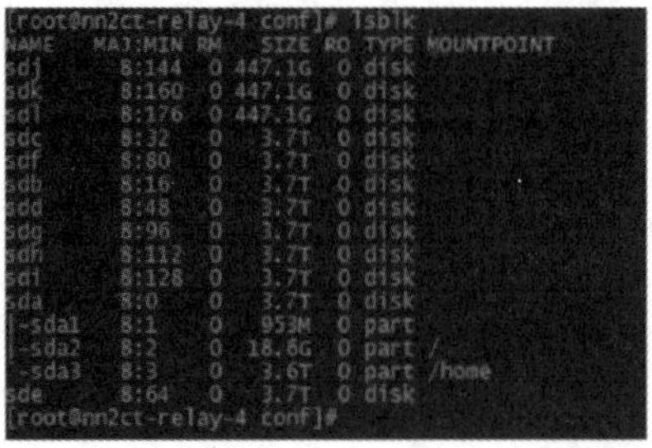
[root@nn2ct-relay-4 conf]# lsblk
NAME MAJ:MIN RM SIZE RO TYPE MOUNTPOINT
sdj 8:144 0 447.1G 0 disk
sdk 8:160 0 447.1G 0 disk
sdl 8:176 0 447.1G 0 disk
sdc 8:32 0 3.7T 0 disk
sdf 8:80 0 3.7T 0 disk
sdb 8:16 0 3.7T 0 disk
sdd 8:48 0 3.7T 0 disk
sdg 8:96 0 3.7T 0 disk
sdh 8:112 0 3.7T 0 disk
sdi 8:128 0 3.7T 0 disk
sda 8:0 0 3.7T 0 disk
|-sda1 8:1 0 953M 0 part
|-sda2 8:2 0 18.6G 0 part /
`-sda3 8:3 0 3.6T 0 part /home
sde 8:64 0 3.7T 0 disk
[root@nn2ct-relay-4 conf]#</td></tr>
<tr><td>物理盘槽位顺序 OS 下盘符的对应关系是怎样的？</td><td>第一个物理盘槽位对应 OS 下的 sda，第二个物理盘槽位对应 OS 下的 sdb，以此类推，</td></tr>
<tr><td>对于阵列中的硬盘，拔掉一块，会损坏数据的完整性吗？</td><td>RAID-5 和 RAID-1 拔掉 1 块硬盘，不会损坏数据的完整性。RAD-O 拔掉 1 块硬盘会导致数据丢失</td></tr>
<tr><td>对于坏块的硬盘，如何修复？</td><td>确认故障硬盘槽位，联系客户 SYSNOC 接口人报修</td></tr>
<tr><td>硬盘 LED 指示灯有几种状态？</td><td>绿色常亮：正常。红色或黄色：故障。绿色闪烁：同步</td></tr>
<tr><td>如何查看硬盘的健康情况？</td><td>进入阵列卡下面查看。或者在客户 SYSNOC 接口人确认可以重启的情况下。在单用户下用命令 smarter-l error/dev/sdx 获取硬盘健康情况</td></tr>
<tr><td>如何组建 RAID-5 阵列？</td><td>Raid-5 生少需要 3 块硬盘。服务器启动至 RAID 界面下，选择 configuration wizard-，按提示步骤进行操作即可</td></tr>
<tr><td>如何删除盘数？</td><td>对于有列的硬盘。直接在 RAID 设置界面删除列阵即可。对于没有列阵的硬盘，在 SAS 卡下 dd，硬盘即可</td></tr>
<tr><td>如何判断硬盘是否飘盘？</td><td>飘盘分为系统盘飘盘和其他盘飘盘。
系统盘飘盘时，会黑屏、闪动光标，无法进入 OS：其他盘飘盘，盘序混乱；当然，飘盘也可以在 SAS 卡设置界面看到</td></tr>
<tr><td>发生飘盘后该如何处理？</td><td>首先联系客户 SYSNOC 接口人重新安排系统安装。如果重装系统后，还是飘盘。可以将其他位置的硬盘换到 sda 的位置，再次安装。
如果以上处理后问题依旧，联系客户 SYSNOC 接口人维修更换阵列卡或者硬盘板</td></tr>
<tr><td>如何判断硬盘的槽位是否坏了？</td><td>如果一块硬盘在此硬盘槽位不能识别，而在别的硬盘槽位可以识别，就可判断此硬盘槽位发生故障</td></tr>
<tr><td>定位服务器网络不通问题的思路是什么？</td><td>① 服务器是否启动、是否进入系统、网口灯是否正常指示等。
② 检查系统中的 IP 地址、子网掩码、网关等是否配置正确，网卡是否在系统中正常启动，网卡是否在系统中是正常连接的，是否有驱动或其他特殊配置（千兆环境用 etho，万兆环境用 xgbeo）。
ifconfig
ehtool etholxgbeo
ethtool-i etho xgbeo
③ 检查网线是否正常、服务器网口是否插对、交换机端口是否正确、交换机上是否有特殊配置、网口所在的 VLAN 是否正确。
④ 将自己的笔记本接到该网线下，配置一个临时 IP 地址进行测试</td></tr>
</table>

9. 服务器系统安装举例

配置 911 服务器的 iLO 地址，下载烧写 bootrom 需要的文件到 Relay 服务器上并解压缩，命令如图 12-75 所示。

```
wget  --http-user=cdninstall  --http-passwd=install@cdn.baidu.com   --limit-rate=5120000
http://61.135.162.235/cdn/911/911.tgz
```

图 12-75

(1) 配置临时 IP 地址，命令如图 12-76 所示。

```
ipmitool -H ILO 地址 -I lanplus -U root -P changeme sol activate
ifconfig gbe0  服务器地址 netmask 255.255.255.0 up
route add default gw  服务器网关
```

图 12-76

(2) 清空/dev/sda1 上的文件，命令如图 12-77 所示。

```
mount /dev/sda1 /mnt/ && cd /mnt && rm -rf *
```

图 12-77

(3) 复制 911 服务器安装文件，命令如图 12-78 所示。

```
scp tile-serv.bootrom.ramfs  tileramde-3.0.1.125620_tilepro_tile.tar.bz2  tile-flow-mde-
3.0.1.bootrom 服务器地址:/tmp/
```

图 12-78

(4) 解压缩安装文件，命令如图 12-79 所示。

```
tar jxvf tileramde-3.0.1.125620_tilepro_tile.tar.bz2 -C /mnt
```

图 12-79

(5) 固定 IP 地址，命令如图 12-80 所示。

```
echo "ifconfig gbe0  服务器地址netmask 255.255.255.0 up">>etc/rc.local
echo "route add default gw  服务器网关" >>etc/rc.local
```

图 12-80

(6) 烧写 bootrom，命令如图 12-81 所示。

```
sbim -i tile-flow-mde-3.0.1.bootrom
```

图 12-81

（7）重启服务器，命令如图12-82所示。

```
reboot

netio-link xgbe/1 #查看万兆网卡状态

netio-link -u xgbe/1 #启用万兆网卡
```

图 12-82

常用脚本及工具使用说明如图12-83所示。

```
ssh_key.sh #建立ssh  信任关系
root@ubuntu:~# ./getinfo.sh
getinfo.sh [-img] get mac info & generate dhcp configure file #需要配置ssh  信任关系
getinfo.sh [-i] generate bvs relay jorcol ip list file
getinfo.sh [-m] get mac address from all remote server #需要配置ssh  信任关系
getinfo.sh [-g] generate dhcp configure file for fixed ip address
expect.sh #可以不需要建立ssh  信任关系批量执行命令，和scp  文件
check_ping.sh #按照顺序ip  地址ping 和从文件ping
check_ports.sh #按照顺序ip  地址ping  和从文件测试端口联通性
ipmi_set.sh #设置ilo ip  地址

pssh  使用说明：
pscp-- 多文件复制
pssh-askpass
pslurp  --从多个主机复制文件到当前主机
pssh-- 批量执行命令
pnuke   --并行杀死主机上的进程
prsync  --rsync  文件到多个主机上

example
pssh -P -h hostfile.txt --outdir=output.txt "command"
pscp -h hostfile.txt /data/file1 /data
pscp --recursive  --递归复制目录
```

图 12-83

12.1.12 故障处理

现场工程师在建设中发现设备、配置等存在故障时，需配合客户接口人完成故障诊断定位、排障工作。如涉及硬件故障，按照本章节指导进行报修工作。

（1）服务器故障报修：现场工程师发现故障并经初步排查确认需要报修的，先发邮件给客户接口人确认，再由客户接口人传递至厂商。

（2）整体节点验收：现场工程师根据客户指令，配合完成整体节点验收工作。验收内容包括但不限于：服务器操作系统版本、网络连通性、网络拓扑结构、设备硬件状态等。现场工程师需发挥现场优势，在客户进行远程验收工作中，同时对节点现场环境、布线、标签、供电等实况进行复查，发现问题后配合客户接口人解决。

12.1.13 剩余物品发送

现场工程师与客户相应小组确认节点建设全部完成后，需按照物流使用规范中设备发出环节要求进行剩余物品发回工作。

（1）注意事项：检查CDN工具箱、剩余网线、光纤、交换机、模块等网络硬件或配件数量，与客户相应小组核对确认；新服务器外包装由厂商负责回收。

(2) 申请物流。

发回剩余物品需要提前1天申请物流,可提前通过物流平台(非特殊情况下禁止通过个人或公司邮箱手动发送)统一触发次日设备调动申请,并确认设备可正常搬出。若暂时无法确认具体发送的设备数量及搬出手续办理好的时间,可以先给物流发出预通知邮件,写清楚大概要发的设备类型(如工具箱、网线、模块),告知物流预计取货的时间(如周五下午),具体取货时间在当天12:00前确认后再更新调动申请邮件内容。

(3) 物流申请时间(参考):正常工作日的8:00—18:00,此时间段内物流可以响应调动需求并安排取货。

(4) 物流上门取货具体确认环节。

① 确认发送的调动申请邮件里是否有物流询问设备保价的问题,在客户未回复“已告知保价信息,请物流安排取货”前,不允许现场将设备交给物流。

② 物流人员到达现场后,现场工程师需检查物流人员的工作证件并确定身份,若身份不符不能交付设备并向客户通报。

③ 将客户机房发货单纸质版和所发送货物交于物流人员(物流人员此时不可搬运货物),现场人员监督物流人员进行验货,如无问题,物流人员需在客户机房发货单上签字,签字完成后方可搬运货物。此外,在包装、装车过程中需监督物流人员轻拿轻放,禁止暴力搬运。在整个过程中,如发现物流问题立即拍照反馈给客户项目接口人。

④ 和物流人员逐一确认客户机房发货单纸质文件(SN信息需列全,只填写一份)并进行签字。确认客户机房发货单中的设备信息、搬运工单中的设备信息、实物三样一致,同时还需确认设备外观等其他情况,确认内容在移交设备时让物流人员签字确认,纸质版客户机房发货单连同设备一起发往目的地机房。

12.1.14 节点拍照信息收集

现场工程师与客户确认节点建设全部完成后,对节点进行拍照留档,为后续建设、扩容等工作提供依据。

1. 拍照内容

(1) 机柜样式,托盘样式,供电方式,顶部走线方式。

(2) 整列机柜的情况。

(3) 交换机上架后情况,包括布线、走线方式。

(4) 分光器、光放大器安装后情况,包括布线、接线方式。

(5) 服务器上架后情况,包括布线、绑线方式,以及服务器背面网线的插线情况。

(6) 其他比较特殊的情况,例如运营商特殊的布线要求、特殊的供电方式、卸货区和小推车等影响建设速度的因素。

2. 部分拍照范例

部分拍照范例如表12-11所示。

表 12-11

所有建设机架的正、反面照片	 
顶部走线方式	
整列机柜情况	
机柜托盘或支架标签照片	
网线、光纤标签照片	 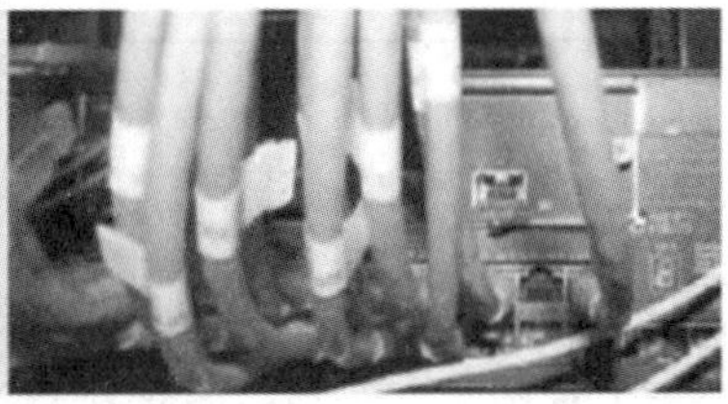

续表

服务器尾端IP地址标签照片	
服务器背面网线、光纤的插线情况	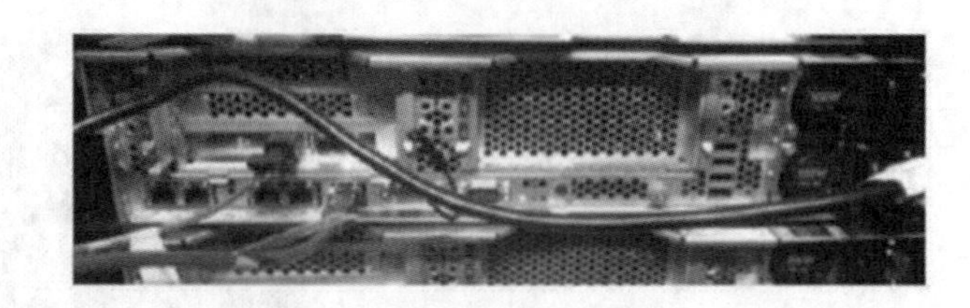
所有网络设备前、后面特写照片,及网络设备所在机柜整体照片	
分光器、光放大器的特写照片	

12.1.15 完成建设离开节点

现场工程师与客户确认节点建设全部完成,正式离开节点,建设工作结束。

现场工程师需在最后一日的机房工作报告邮件中醒目标注:本次CDN节点建设/扩容/故障处理工作已与接口人确认全部完成,于××××-××-×× ××:××(离开时间)离开节点,工作结束。

最后一日机房工作报告邮件正文范例如图 12-84 所示。

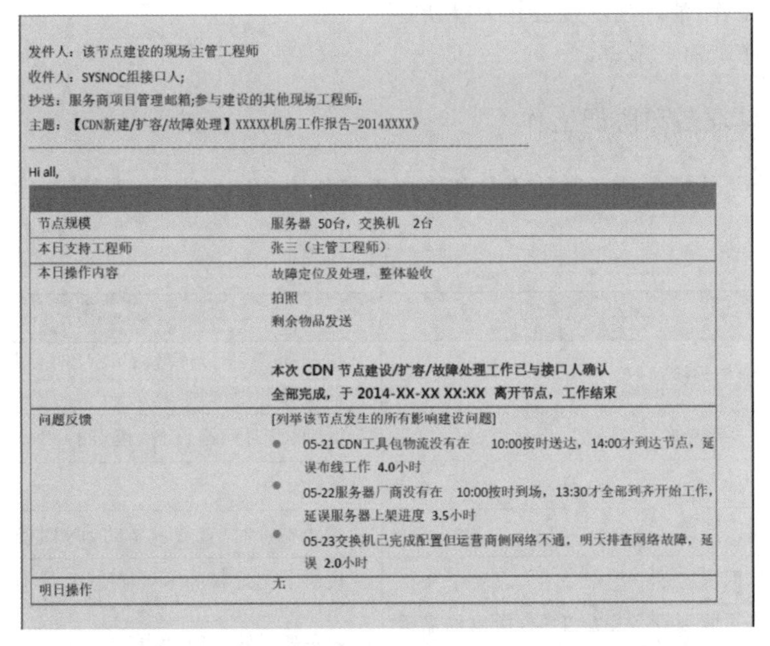

发件人：该节点建设的现场主管工程师

收件人：SYSNOC组接口人；

抄送：服务商项目管理邮箱;参与建设的其他现场工程师；

主题：【CDN新建/扩容/故障处理】XXXXX机房工作报告-2014XXXX》

Hi all,

节点规模	服务器 50台，交换机 2台
本日支持工程师	张三（主管工程师）
本日操作内容	故障定位及处理，整体验收 拍照 剩余物品发送 **本次 CDN 节点建设/扩容/故障处理工作已与接口人确认全部完成，于 2014-XX-XX XX:XX 离开节点，工作结束**
问题反馈	[列举该节点发生的所有影响建设问题] • 05-21 CDN工具包物流没有在 10:00按时送达，14:00才到达节点，延误布线工作 4.0小时 • 05-22服务器厂商没有在 10:00按时到场，13:30才全部到齐开始工作，延误服务器上架进度 3.5小时 • 05-23交换机已完成配置但运营商侧网络不通，明天排查网络故障，延误 2.0小时
明日操作	无

该节点从 2014/0X/XX-2014/0X/XX进行建设，一共进行了 X个工作日，各个阶段用时（单位：天）统计如下：

收货上架	综合布线	网络配置	安装系统	故障处理	发送剩余物品
1	0.8	0.2	1	0.8	0.2

【邮件附件：基本信息表-CDNXXXX.xlsx】

图 12-84

12.2 CDN 节点下线工作指导

CDN 节点建设工作中，会涉及 CDN 节点设备整体下线任务，就是将原有 CDN 老节点的服务器、网络设备、光模块、网线等物品，按照指定的工序进行下线、拆除、搬出、使用物流发走等工作。

该类型任务的发起人员需求、服务商安排现场工程师、发起入室申请、报告发送环节与 CDN 节点建设相同，只是进入节点后工作内容不同。

CDN 节点下线概要工序（该 CDN 节点下线工作指导内容也同样适用于 P2SP、SSL 节点下线任务）如下。

（1）工具准备和协调工作：携带必备工具，与运营商、物流提前协调做好准备。

（2）核查下线工作范围：查看下架工单，核查确认下架设备的位置，确认下架范围。

（3）断开节点网络：根据客户指令，逐步断开网络设备网线。

（4）断开设备供电：根据客户指令，逐步断开设备电源。

（5）拆除缆线：拆除网线、光纤，下线光模块。

（6）资产清点记录：清点并记录节点所有资产。

(7) 物流发走设备:联系物流,发出所有设备。

(8) 扫尾工作:清理现场残留扎带等杂物。

(9) 完成下架离开节点。

12.2.1 工具准备和协调工作

CDN节点下线任务所必需的工具和协调工作如表12-12所示,现场工程师需在进场前提前准备。

表12-12

名称	目的或用途
CDN专用二维扫码枪一把	扫描服务器、光模块的SN时使用,提高清点资产的速度和准确度
十字螺丝刀、一字螺丝刀各一把	拆卸、核对网络设备、板卡的SN时使用
偏口钳一把	剪扎带用
手电筒一个	光线不好时,查看设备的SN时使用
提前打印好的两份工单	核对下架设备的SN时使用,可加快核对速度
确认运营商是否收到设备搬出工单,搬出物品需要何种手续或签章	避免发送物流时受阻
确认运营商是否可以提供梯子、运货小推车,货梯是否可用,是否需要提前办理使用申请	避免高空作业、运输时没有条件支持
确认运营商近期是否会临时限制施工规模和时间(如有封网、参观、领导视察等活动)	避免下架工作突然受到限制
提前与物流沟通,告知设备型号、设备数量以及收发货地址。提前让物流做准备	避免因物流原因延长工期
确认物流是否可以提供运货小推车	避免搬运时因工具不足而影响速度

12.2.2 核查下线工作范围

核查下线工作范围时,严禁对机房所有设备进行操作,只允许进行设备信息核对。

一般情况下,目标下线机房会收到以下类型的工单:网络设备零件上下线工单,包含需要下线的交换机、子卡、电源、附属模块信息,以及发走目的地机房;设备搬迁工单,包含需要下线的服务器主机名、SN、机架位等信息,以及网线光纤信息;网络设备零件出入库工单,包含需要下线的交换机、子卡、电源、附属模块信息,以及发走目的地机房;网络设备零件签收发送工单,包含需要下线的交换机、子卡、电源、附属模块信息,以及发走目的地机房;服务器迁移工单,包含需要下线的服务器主机名、SN、机架位等信息,以及发走目的地机房。

步骤1 现场工程师根据以上工单内容,在机房找到需要下架的所有设备,通过机架位、SN、主机名核对,确认下架设备与工单内容完全一致。工单中的机柜名称与运营商的机柜名称可能不一致,故现场工程师需要由运营商值班人员带到本次下架涉及机柜前。

步骤2 将下架设备核对结果反馈给客户接口人,若有不一致,需客户确认该设备是否在本次下架范围。

步骤3 在客户确认可以开始下线操作后,现场工程师开始下一个工序。

> **注意：**
> 一般情况下，客户会在下线任务开始前，将下线服务器远程关机并点亮UID灯，现场工程师可以据此观察服务器停机状态；现场工程师可以在进入节点前打印好工单，这样核对设备信息时就可以在纸质工单上快速勾选，以提高核对速度，同时降低读错SN的可能性。

12.2.3 断开节点网络

警告：断开网络操作属于高危操作，如发生误操作，会造成严重的客户CDN业务中断。操作时需谨慎，实时沟通，逐步确认，串行操作，禁止同时对1台以上网络设备进行操作。

步骤1 客户给出网络设备名，并指定要断开的上联端口信息。此时，各CDN现场工程师必须同客户保持不间断的电话通话状态；另1名CDN现场工程师在旁边通过3G网卡上网，实时查看CDN支持的Hi群消息。

步骤2 CDN现场工程师在Hi群中发出通告，告知对该节点的断开网络操作开始。

步骤3 将网络设备上联端口断开（轻轻拔开线缆，但将线缆保持在端口内，以便迅速恢复），立即在电话中通告客户已断开网络，请客户观察节点流量是否正常。如客户通告正常，可根据客户指令继续操作；如客户通告异常，需根据客户指令，立即恢复网络连接。

注意：若此节点网络设备上联为双链路，客户可登录设备，现场工程师先断开1条链路，请客户观察端口状态，反复2次，若客户观察到的端口状态与现场变化一致，可进行下1步操作。

步骤4 按上述方法，根据客户指令，依次将该节点所有下线网络设备上联口断开。

步骤5 根据客户指令，将所有网络设备服务器下联线缆断开。

客户确认节点状态正常后，现场工程师开始下一个工序。

注意：一般情况下，客户会在下线任务开始前，将下线服务器远程关机并点亮UID灯，所以对应网络设备的下联端口会处于端口关闭、LED灯灭的状态，现场工程师可以观察网络设备的端口指示灯状态，将其作为核对依据之一。

12.2.4 断开设备供电

警告：断开设备供电操作属于高危操作，机柜内可能存在客户其他业务用设备，如发生误操作，会造成严重的客户CDN业务中断。操作时需谨慎，实时沟通，逐步确认，串行操作，禁止同时对1台以上设备进行断电操作。

步骤1 确认操作设备为本次下架设备。

步骤2 根据电源线标签指示，断开PDU端插头，同时立即查看目标设备的供电是否断开，如断开的设备不是下线设备，需立即恢复供电。

步骤3 按上述方法,先将机柜内下线设备的一路供电全部断开,再将另一路供电全部断开。

步骤4 将断开的电源线小心地从机柜中拆除,盘放好,等待发送物流。

客户确认节点状态正常后,现场工程师开始下一个工序。

12.2.5 拆除线缆

警告:拆除线缆属于高危操作,机柜内、走线槽内、走线桥架上会有客户其他业务、其他公司用的光纤、网线,如操作不当会造成严重的业务中断。拆除线缆时必须充分查看好线缆排布情况,谨慎操作。

步骤1 将网络设备上所有上的联光纤取下,从机柜中移除,按照光纤长度、类型分类盘放好,等待发送物流。

步骤2 将网络设备端服务器下联线缆全部从网络设备端口拔开,与1U理线器分离,保持之前的绑扎状态,成股取下,从机柜顶部走线口送出到走线桥架上,与网络设备所在机柜完全分离。依照此法将网络设备侧下联线缆全部移除。

步骤3 将服务器端下联线缆全部从服务器端口拔开,与机柜分离,成股从机柜顶部走线口送出到走线桥架上,与服务器所在机柜完全分离。依照此法将服务器侧下联线缆全部移除。

步骤4 将走线桥架、走线槽中的线缆小心取下,按照长度摆放好,等待发送物流。

客户确认节点状态正常后,现场工程师开始下一个工序。

注意:工程师可以在拆除线缆前,将所有光纤、网线的数量、规格核对好,这样可以避免拆除后再清点,可以加快清点线材的速度和准确性。

12.2.6 资产清点记录

现场工程师将节点下线设备信息,记录在节点下线表格中,附加在工作报告邮件中。

步骤1 记录下架服务器的SN和机架位信息。

步骤2 记录网络设备、电源模块、板卡的SN信息。

步骤3 从网络设备上取下光模块,记录光模块的SN、型号、厂商信息。

步骤4 记录线缆、电源线的数量、规格信息。

客户确认节点状态正常后,现场工程师开始下一个工序。

12.2.7 剩余工作

1. 物流发走设备

现场工程师与客户确认节点下线设备信息正确无误后,按照物流使用规范中设备发出环节要求进行设备发出工作。

2. 扫尾工作

现场工程师完成物流发送后，返回机房进行现场扎带、标签等杂物的清理，关好机柜前后门，确认机房环境正常无安全隐患。

3. 完成下架离开节点

现场工程师根据客户要求，完成所有相关工单。现场工程师需每日发出工作报告邮件，报告要求与正式建设相同。

现场工程师与客户确认节点下线工作全部完成，正式离开节点，工作结束。

12.3 CDN 节点资产盘点工作指导

CDN 节点日常工作中，会涉及资产盘点任务。客户会定期对 CDN 老节点进行抽盘或者全盘线上服务器资产，需现场工程师配合。对原建设 CDN、节点的服务器、网络设备、光模块、机架位等资产和资源进行盘点，核查设备型号、数量、所在位置，机架位是否占用等情况。

客户会在盘点前 1 个工作日发出冻结通知，并按照通知中规定的时间开始冻结节点资产的所有操作。如有紧急操作，现场工程师在与客户确认后，发送操作申请邮件至客户服务邮件组，得到客户回复确认后方可操作。盘点完毕后，客户会发出解冻通知，节点资产恢复可操作状态。

CDN 资产盘点任务发起人员需求、运营商安排现场工程师、发起入室申请、报告发送环节与 CDN 建设相同，只是进入节点后工作内容不同。该类型任务通常伴随其他 CDN 支持任务一同分配，进入节点后，现场工程师完成主要支持任务后，根据具体情况灵活安排资产盘点工作。

CDN 节点资产盘点概要工序如下。

操作准备和确认工作：携带必备工具，确认是否发出工单，工单打印，确认入室信息。

盘点线上服务器：根据工单数据，逐台核对 SN、机架位是否一致。

盘点线上网络设备：根据工单数据，逐台核对设备名、机架位、板卡数目、电源模块数目、光纤模块数目是否一致。

盘点线上服务器光纤模块：根据工单数据，逐台核对 SN、机架位对应设备的光纤模块数量是否一致。

盘点节点机架位占用情况：根据工单数据，逐个核对机架位占用情况。

盘点网络设备库存：根据工单数据，按照 SN 信息逐个确认光模块、交换机等设备是否能在节点现场找到。

完成盘点工作，离开节点：完成工单，发出工作报告，工作结束离开节点。

12.3.1 操作准备和确认工作

CDN 节点资产盘点任务所需工具和确认工作如表 12-13 所示，现场工程师需在进场前提前准备。

表 12-13

名　　称	目的或用途
平台中资产盘点工单是否发出	含资产盘点所必需的信息
提前打印好的工单	核对设备的SN时使用,可加快核对速度
照相机或高像素拍照手机	盘点过程中有需要时进行现场实物拍照
CDN专用二维码扫枪一把	扫描服务器、交换机、光模块的SN时使用,可提高资产清点速度和准确度
手电筒一个	光线不好时,查看设备的SN时使用

进行资产盘点工作时,严禁对机房内所有设备进行操作,只允许进行设备信息核对。

工单中的机柜名称与运营商的机柜名称可能不一致,若不一致,现场工程师需要由运营商值班人员带到本次盘点涉及机柜前。盘点工作完成后,将不一致的情况反馈给客户盘点接口人,若需现场工程师对机柜名称按照运营商名称进行更新,请反馈并记录于盘点数据中。若需运营商对机柜名称按照盘点信息进行更新,由现场工程师与运营商进行沟通协调处理,如需客户介入处理此事,请联系客户。

若盘点存在任何差异或问题,现场工程师需第一时间联系客户,以便及时进行处理。盘点结束后,将盘点结果反馈在盘点表格中的正确、盘盈/盘亏列表中。对于盘盈、无法识别类型或SN的网络零件,需对实物拍摄清晰照片并进行反馈。

12.3.2 盘点内容

1. 盘点线上服务器

现场工程师在机房现场按照资产盘点工单中待核查内容,根据机架位、SN、设备型号信息,核对机架位与服务器放置的对应关系是否与工单内容一致,将核对结果在指定时间内反馈给客户。

2. 盘点线上网络设备

现场工程师在机房现场按照资产盘点工单中待核查内容,根据机架位、设备名等信息,核对机架位对应的交换机及交换机涉及的模块、板卡等的数量是否与工单内容一致,将核对结果在指定时间内反馈给客户。

警告:若需要核查已经上线到设备的光模块的SN,请务必联系客户接口人,在确认业务已切走可以插拔光模块后,才可拔下光模块查看SN。

3. 盘点线上服务器光纤模块

现场工程师在机房现场按照资产盘点工单中待核查内容,根据机架位、SN、设备型号信息,核对机架位对应的服务器上所插模块的数量是否与工单内容一致,将核对结果在指定时间内反馈给客户。

警告:若需要核查已经上线到设备的光模块的SN,请务必联系客户接口人,在确认业务已切走可以插拔光模块后,才可拔下光模块查看SN。

4. 盘点节点机架位占用情况

现场工程师在机房现场按照资产盘点工单中待核查内容,根据机架位、SN、设备型号信息,核对机架位占用情况是否与工单内容一致,将核对结果在指定时间内反馈给客户。

5. 盘点网络设备库存

现场工程师在盘点工作开始前,需查看平台上历史工单和历史 CDN 工作日报邮件,对该节点之前的操作情况进行收集、了解,到达机房现场后,按照资产盘点工单中待核查内容,追踪需盘点网络设备目前的状态,按照 SN 信息逐个确认光模块、交换机等设备是否能在节点现场找到,将核对结果在指定时间内反馈给客户。

警告:若需要核查已经上线到设备的光模块的 SN,请务必联系客户接口人,在确认业务已切走可以插拔光模块后,才可拔下光模块查看 SN。

12.3.3 完成盘点工作,离开节点

现场工程师根据客户接口人要求,完成平台所有相关工单。现场工程师需每日发出工作报告邮件,报告要求与正式建设相同。

现场工程师与客户确认节点资产盘点工作全部完成,正式离开节点,工作结束。

本章练习

1. 简述物流申请流程。
2. 设备损坏维修流程中的注意事项有哪些?
3. 设备签收过程中的注意事项有哪些?
4. 如何清除各型号设备(请至少列举三种型号设备)的管理员密码?
5. 简述节点下线流程。